你一定要努力，但千万不能急

连山 编著

中国华侨出版社

图书在版编目（CIP）数据

你一定要努力，但千万不能急 / 连山编著 . — 北京：中国华侨出版社，2017.8

ISBN 978-7-5113-6986-4

Ⅰ . ①你… Ⅱ . ①连… Ⅲ . ①成功心理—通俗读物 Ⅳ . ① B848.4-49

中国版本图书馆 CIP 数据核字（2017）第 172694 号

你一定要努力，但千万不能急

编　　著：	连　山
出 版 人：	刘凤珍
责任编辑：	章　璋
封面设计：	施凌云
封面供图：	www.quanjing.com
文字编辑：	胡宝林
美术编辑：	杨玉萍　盛小云
经　　销：	新华书店
开　　本：	710mm×1000mm　1/16　印张：18　字数：320 千
印　　刷：	北京鑫海达印刷有限公司
版　　次：	2017 年 10 月第 1 版　2017 年 10 月第 1 次印刷
书　　号：	ISBN 978-7-5113-6986-4
定　　价：	29.80 元

中国华侨出版社　北京市朝阳区静安里 26 号通成达大厦 3 层　邮编：100028
法律顾问：陈鹰律师事务所
发 行 部：（010）58815874　　　传　　真：（010）58815857
网　　址：www.oveaschin.com
E-mail：oveaschin@sina.com

如果发现印装质量问题，影响阅读，请与印刷厂联系调换。

前言

王国维在《人间词话》里说:"古今之成大事业、大学问者,必经过三重境界:'昨夜西风凋碧树。独上高楼,望尽天涯路',此第一境也;'衣带渐宽终不悔,为伊消得人憔悴',此第二境也;'众里寻他千百度,蓦然回首,那人却在灯火阑珊处',此第三境也。"

第一境界"昨夜西风凋碧树。独上高楼,望尽天涯路"的含义是,做学问、成大事业者,首先要有执著的追求,登高望远,勘察路径,明确目标与方向,了解事物的概貌。这也是人生寂寞迷茫、独自寻找目标的阶段。

第二境界"衣带渐宽终不悔,为伊消得人憔悴",作者以此两句来比喻成大事业、大学问者,不是轻而易举、随便可得的,必须坚定不移,经过一番辛勤劳动,废寝忘食,孜孜以求,直至人瘦带宽也不后悔。这也是人生的孤独追求阶段。

第三境界"众里寻他千百度,蓦然回首,那人却在灯火阑珊处"是说,做学问、成大事业者,必须有专注的精神,反复追寻、研究,下足工夫,自然会豁然贯通,有所发现,也就自然能够从寂寞王国进入自由王国。这也是人生的实现目标阶段。由此可见,大凡成功者都是孤独而执著的。坚持不懈地努力,不急于求成,是一个人思想灵魂修养的体现,是难能可贵的一种风范。

然而,在现在这样一个"浮躁"的年代,又有多少人能够努力而不急于求成呢?许多人有了学衔后还要追求官衔,有了名还要有利,名缰利锁之下,怎么能做出大学问?实际上,大学问家往往是沉寂的,没有一个成功的学者没有经历过学术上的沉寂时期。王国维就经历过这样的时期。1912年,他与罗振玉一起去了日本,住在京都的乡下,用了六七年的时间,王国维系统地阅读了罗振玉大云书库的藏书,那段时间,他几乎与世隔绝。此外,郭沫若在甲骨文、金文方面的成就，也是得益于他 1927 年至 1937 年的十年苦读。

有很多时候我们需要等待，需要静下心来，等待属于自己的那一刻。周润发等待过，刘德华等待过，周星驰等待过，王菲等待过，张艺谋也等待过……看到了他们如今的功成名就，你可曾看到当初他们的等待和耐心？你可曾看到金马奖获得者在街边摆地摊？你可曾看到德云社一群人在剧场里给一位观众说相声？你可曾看到周星驰当年的角色甚至连一句台词都没有？每一个成功者都有一段低沉苦闷的日子，闭上眼睛，几乎就能想象得出来他们当年借酒浇愁的样子，也可以想象得出他们为了生存而挣扎的窘迫。在他们一生中最灿烂美好的日子里，他们渴望成功，但却两手空空，一如现在的你。没有人保证他们将来一定会成功，而他们选择的是继续平静地努力。如果当时的他们总念叨着"成功只是属于特权阶级的"，那么他们今天会有如此的成就吗？

人生总会遇到挫折，总会有低潮，总会有不被人理解的时候，总会有要低声下气的时候，这既是人深感失意的时候，也恰恰是人生最关键的时候，因为大家都会碰到挫折，而大多数人因急于求成，一蹶不振，过不了这个门槛，你挺住了，你就成功了。在这样的时刻，我们需要耐心并满怀信心地去等待，相信生活不会放弃你，机会总会来的。路要一步步地走，虽然到达成功终点的那一步很激动人心，但大部分的脚步是平凡甚至枯燥的，没有这些脚步，或者耐不住这些平凡枯燥中的努力，你终归无法迎来最后那激动人心的时刻。

安静的准备和漫长的等候是寂寞的。多少次，我们尚未了解寂寞的真谛就急于抛弃它，以至于同时把成功抛弃！多少次，我们因耐不住寂寞，而选择了热闹的旅途，以至于最终失败又失败！这是多么可悲！《圣经》上说："人哪！你为什么跃跃欲试？你为什么这样急于求成？你要安静地努力，因为成功的辉煌就隐藏在它的背后。" 安静地努力是一种心境，一种智慧，一种精神内涵，一种蓄积的惊人的力量。也许安静地努力是痛苦的，但不是一首悲歌，而是一条不疾不徐向前流淌的大河，在迂回曲折中孕育出人生真正的成功。

目录

第一章 你一定要努力,但千万不能急

人这一辈子总有一个时期需要卧薪尝胆 / 2
只专注于脚下的路 / 5
不做自己的"降兵" / 6
脚踏实地是最好的选择 / 8
在别人贪婪的时候保持一份冷静 / 10
沉住气,成大器 / 12
面对诱惑时懂得坚持 / 14
辉煌的背后,总有一颗努力拼搏的心 / 16
大收获必须付出长久努力 / 17
当风雨过去,你还是你 / 19
不眼红别人的辉煌,心中只装着自己的目标 / 21
执著于成功,才能创造成功 / 23
永抱必胜之心 / 25
过多的欲望会蒙蔽你的幸福 / 26

第二章 不是成功来得慢,而是放弃速度快

不是每一次播种都有收获 / 30
低谷的短暂停留,是为了向更高峰攀登 / 31
坦然面对自己的失意 / 33
有一种成功叫锲而不舍 / 34
屡战屡败的死敌是屡败屡战 / 36
把"冷板凳"坐热 / 38
低谷时不放弃,在寂寞中悄然突破 / 40
怀有成为珍珠的信念 / 41
成功的秘诀在于不放弃 / 43

在顺境中修行，永远不能成佛 / 45
不要陷入自己画的悲伤牢 / 47

第三章 伟大和辉煌是熬出来的

人生总是从寂寞开始 / 50
不懈追求才能羽化成蝶 / 52
坚守寂寞，坚持梦想 / 53
一生只能认真做好一件事 / 55
坚忍的乌龟快过睡觉的兔子 / 56
用坚忍创造闪光的快乐 / 58
不怕失败才会成功 / 60
放低姿态，像南瓜一样默默成长 / 61
坚忍的骆驼在沙漠中行走自如 / 63
不抱怨的人才能在寂寞中爆发 / 64
耐得住寂寞，苦尽甘来 / 66
享受寂寞才能强大 / 68
耐得住寂寞是成功的前提 / 69
目标专一，方成大器 / 71

第四章 没有翅膀，所以努力奔跑

你只需努力，剩下的交给时光 / 74
把工作当作幸福和快乐的源泉 / 76
当你竭尽全力，上帝自会主持公道 / 77
谁都知道要努力，但是真正努力的人少之又少 / 80
如果不得不跪在地上，那我们就用双膝奔跑 / 82
你必须很努力，才能看起来毫不费力 / 83
青春的使命不是"竞争"，而是"成长" / 85
真正的强者，不是没有眼泪的人，而是含着眼泪奔跑的人 / 87
再大的风浪我们也要远航 / 89
你需要奔跑的最重要理由，就是为了自己的幸福 / 91

第五章 在难过的日子笑出声来

阳光照不到你的生活,微笑着才发现沿途开满花朵 / 96
美好的日子给你带来经历,阴暗的日子给你带来阅历 / 97
情绪低落时不妨假装一下快乐 / 99
冬天里会有绿意,绝境中也会有生机 / 101
笑看天下几多愁 / 103
世上最美的,莫过于从泪水中挣脱出来的那个微笑 / 104
用你的笑容去改变这个世界,别让这个世界改变了你的笑容 / 107
你对生活笑,生活就不会对你哭 / 110
世上没有绝对不幸的人,只有不肯快乐的心 / 112
快乐不快乐,完全取决于你 / 115

第六章 对自己狠一点,离成功近一点

你最大的敌人就是自己 / 118
咬咬牙,人生没有过不去的坎儿 / 119
狠下心,绝不为自己找借口 / 121
不经历风雨,怎能见彩虹 / 123
从现在起,感谢折磨你的人吧 / 125
战胜自己的人,才配得上天的奖赏 / 128
多一份磨砺,多一份强大 / 131
PMA 黄金定律:能飞多高,由自己决定 / 133
拒做呻吟的海鸥,勇做积极的海燕 / 135
纵使平凡,也不要平庸 / 137
把自己"逼"上巅峰 / 139

第七章 等来的只是命运,拼出来的才是人生

强者绝不轻言放弃 / 142
决心取得成功比任何一件事情都重要 / 144
信念达到了顶点,就能够产生惊人的效果 / 146
自信能使一个人征服他相信可以征服的东西 / 148

顽强能创造令人难以想象的奇迹 / 149
进取心是不竭的动力 / 151
面对困难，你强它便弱 / 152
过去的历史并不重要，重要的是现在与将来 / 154
永不知足才能与成功握手 / 155

第八章 今天低头，明天才能抬头

抬头之前先低头 / 160
"草根"为什么这样红 / 161
应届大学毕业生：你只值 300 元 / 163
还当不了领头羊时，就先躲在羊群里 / 165
只有坐得了冷板凳，才能坐得了高堂 / 167
从宋兵甲到喜剧王的蜕变：星爷的成功是从龙套跑起的 / 169
怎样正确对待"怀才不遇"和"大材小用" / 171
做人要"降低"一个层次，做事要提高一个档次 / 173
天地之间的高度只有 3 尺 / 175
鹤立鸡群被鸡啄 / 177
矮人一截不等于低人一等 / 179
为什么小丑有时比主角更受欢迎 / 181
破碎的葡萄成就红酒的美丽 / 182
为什么到处都是有才华的失败者 / 184

第九章 知道自己要去哪儿，全世界都会为你让路

没有梦想，何必远方 / 188
停下匆匆赶路的脚步，倾听内心的声音 / 189
人生有主见，青春不迷茫 / 192
起点低不要紧，有想法就有地位 / 194
踩着别人的脚印，永远找不到自己的方向 / 196
知道自己要去哪儿，全世界都会为你让路 / 198
活出你自己的样子：年轻，就是用来折腾的 / 199

生命太短暂，岂能渺小度一生 / 201

心若没有栖息的地方，到哪里都是流浪 / 204

十年后，你会变成谁，过得怎么样 / 206

第十章 感谢折磨你的人，没有对手不会强大

叫嚣抵不过低头实干 / 210

反击别人不如充实自己 / 211

做你自己的伯乐 / 213

不要让别人拿走你的潜能 / 216

在行动中激发自己的潜能 / 217

学会必要的忍耐 / 218

善待你的对手 / 221

远离虚荣才能接近对手 / 224

感谢你的竞争对手 / 226

化压力为动力 / 228

在压力中奋起 / 229

给自己一个悬崖 / 230

找一个竞争对手"叮"自己 / 231

从现在起，感谢折磨你的人吧 / 233

第十一章 机遇，给做好准备的人

机遇，在寂寞的准备之中 / 236

成功的人生，始于准确地判断并抓住机会 / 238

机遇可以等待，但也可以创造 / 239

机遇只青睐那些有准备的头脑 / 241

风险的背后，就是机会和成功 / 243

挑战自我，多给自己一个机会 / 245

机遇没有彩排，只有直播 / 247

机遇是靠自己争取的 / 249

有"心机"才能发现转机 / 251

第十二章 选择不了好的起点,但可以赢一个漂亮的终点

挑战极限,和"不可能"过招 / 254

掌控情绪"转换器",生气不如争气 / 256

人生苦旅,等闲视之 / 258

借别人的棉袄过冬 / 260

成功没有霸王条款,勇于挑战就能跨越起点 / 262

要敢于决断 / 264

愚者赚今朝,智者赚明天 / 266

"破冰之船"如何行万里 / 268

心向着太阳,就能"开花" / 270

不炒自己鱿鱼,保留赢牌的机会 / 271

虽然每一步都走得很慢,但我不曾退缩过 / 273

第一章
你一定要努力，但千万不能急

人这一辈子总有一个时期需要卧薪尝胆

人生不如意事十之八九，即使是一个十分幸运的人，在他的一生中也总有一个或几个时期处于十分艰难的情况下，总能一帆风顺的时候几乎没有。看一个人是否成功，我们不能看他成功的时候或开心的时候怎么过，而要看其在不顺利的时候，在没有鲜花和掌声的落寞日子里怎么过。有句话是这么说的："在前进的道路上，如果我们因为一时的困难就将梦想搁浅，那只能收获失败的种子，我们将永远不能品尝到成功这杯美酒芬芳的味道。"

在中国商界，史玉柱代表着一种分水岭。

他曾经是20世纪90年代最炙手可热的商界风云人物，但也因为自己的张狂而一赌成恨，血本无归。下了很大的决心后，史玉柱决定和自己的三个部下爬一次珠穆朗玛峰，那个他一直想去的地方。

"当时雇一个导游要800元，为了省钱，我们四个人什么也不知道就那么往前冲了。"1997年8月，史玉柱一行四人就从珠峰5300米的地方往上爬。要下山的时候，四人身上的氧气用完了。走一会儿就得歇一会儿。后来，又无法在冰川里找到下山的路。

"那时候觉得天就要黑了，在零下二三十摄氏度的冰川里，如果等到明天天黑肯定要冻死。"

许多年后，史玉柱把这次的珠峰之行定义为自己的"寻路之旅"。之前的他张狂、自傲，带有几分赌徒似的投机秉性。33岁那年刚进入《福布斯》评选的中国大陆富豪榜前十名，两年之后，就负债2.5亿，成为"中国首负"，自诩是"著名的失败者"。珠峰之行结束之后，他沉静、反思，仿佛变了一个人。

不管在高耸入云的珠穆朗玛峰上，史玉柱找没找到自己的路，一番内心的跌宕在所难免。不然，他不会从最初的中国富豪榜第8名沦落到"首负"之后，又发展到如今的百亿身价。其中艰辛常人必定难以体会。正因为如此，有人用"沉浮"二字去形容他的过往，而史玉柱从失败到重新崛起的经历，也值得我们

第一章
你一定要努力，但千万不能急

长久地铭记。

20世纪90年代，史玉柱是中国商界的风云人物。他通过销售巨人汉卡迅速赚取超过亿元的资本，凭此赢得了巨人集团所在地珠海市第二届科技进步特殊贡献奖。那时的史玉柱事业达到了顶峰，自信心极度膨胀，似乎没有什么事做不成。也就是在获得诸多荣誉的那年，史玉柱决定做点"刺激"的事：要在珠海建一座巨人大厦，为城市争光。

大厦最开始定的是18层，但史玉柱的手在一次又一次的跟中央高层握过之后，大厦层数节节攀升，一直飙到72层。此时的史玉柱就像打了鸡血一样，明知大厦的预算超过10亿，手里的资金只有2亿，还是不停地加码。最终，巨人大厦的轰然倒地让不可一世的史玉柱尝尽了苦头。他曾经在最后的关头四处奔走寻觅资金，但"所有的谈判都失败了。"

随之而来的是全国媒体的一哄而上，成千上万篇文章骂他，欠下的债也是个极其恐怖的数字。史玉柱最难熬的日子是1998年上半年，那时，他连一张飞机票也买不起。"有一天，为了到无锡去办事，我只能找副总借，他个人借了我一张飞机票的钱，1000元。"到了无锡后，他住的是30元一晚的招待所。女招待员认出了他，没有讽刺他，反而给了他一盆水果。那段日子，史玉柱一贫如洗。如果有人给那时的史玉柱拍摄一些照片，那上面的脸孔必定是极度张狂到失败后的落寞，焦急、忧虑是史玉柱那时最生动的写照。

经历了这次失败，史玉柱开始反思。他觉得性格中一些癫狂的成分是他失败的原因。他想找一个地方静静，于是就有了一年多的南京隐居生活。

在中山陵前面的一块地方，有一片树林，史玉柱经常带着一本书和一个面包到那里充电。那段时间，他读了洪秀全和毛泽东的书，包括第五次"反围剿"及长征的内容，在史玉柱看来，这些书都比较"悲壮"。那时，他每天十点左右起床，然后下楼开车往林子那边走，路上会买好面包和饮料。部下在外边做市场，他只用手机遥控。晚上快天黑了就回去，在大排档随便吃一点，一天就这样过去了。

后来有人说，史玉柱之所以能"死而复生"，就是得益于那时候的"卧薪尝胆"。他是那种骨子里希望重新站起来的人。事业可以失败，精神上却不能倒下。经过一段时间的修身养性，他逐渐找到了自己失败的症结：之前的事业过于顺利，所以忽视了许多潜在的隐患。不成熟、盲目自大，野心膨胀，这些，就是他性格中的不安定因素。

他决心从头再来，此时，史玉柱身体里"坚强"的秉性体现出来。他在那次珠峰以及多次"省心"之旅后踏上了负重的第二次创业。这次事业的起点是保健品脑白金。

因为之前的巨人大厦事件，全国上下已经没有几个人看好史玉柱。他再次的创业只是被更多的人看做赌徒的又一次疯狂。但脑白金一经推出，就迅速风靡全国，到2000年，月销售额达到1亿元，利润达到4500万。自此，巨人集团奇迹般的复活。虽然史玉柱还是遭到全国上下诸多非议，但不争的事实却是，史玉柱曾经的辉煌确实慢慢回来了。

赚到钱后，他没想到为自己谋多少私利，他做的第一件事就是还钱。这一举动，再次使其成为众人的焦点。因为几乎没有人能够想到史玉柱有翻身的一天，更没想到这个曾经输的一贫如洗的人能够还钱。但他确实做到了。

认识史玉柱的人，总说这些年他变化太大。怎么能没有变化呢？一个经历了大起大落的人，内心总难免泛起些波澜。而对于史玉柱，改变最多的，大概是心态和性格。几番沉浮，很少有人再看到他像早些年那样狂热、亢奋、浮躁，更多的是沉稳、坚忍和执著。即使是十分危急的关头，他也是一副胸有成竹、不慌不忙的样子。

回想自己早年的失败时，史玉柱曾特意指出，巨人大厦"死"掉的那一刻，他的内心极其平静。而现在，身价百亿的他也同样把平静作为自己的常态。只是，这已是两种不同的境界。前者的平静大概象征一潭死水，后者则是波涛过后的风平浪静。起起伏伏，沉沉落落，有些人生就是在这样的过程中变得强大和不可战胜。良好的性情和心态是事业成功的关键，少了它们，事业的发展就可能徒增许多波折。

人生难免有低谷的时候，在这样的时刻，我们需要的就是忍受寂寞，卧薪尝胆。就像当年越王勾践那样，三年的时间里，作为失败者他饱受屈辱，被放回越国之后，他选择了在寂寞中品尝苦胆，铭记耻辱，奋发图强，最终得以雪耻。

不要羡慕别人的辉煌，也不要眼红别人的成功，只要你能忍受寂寞，满怀信心地去开创，默默付出，相信生活一定会给你丰厚的回报。

人生的低谷是难免的，这样的时刻，要耐得住寂寞，用一颗平和的心去面对寂寞，用一颗乐观的心去感受寂寞，这时寂寞就不会令你感到害怕，相反还会让你感到欣喜。只有这样，成功才会在寂寞之后来临。

只专注于脚下的路

我们之所以没有成功，很多时候是因为在通往成功的路上，我们没能耐得住寂寞，没有专注于脚下的路。

张艺谋的成功在很大程度上来源于他对电影艺术的诚挚热爱和忘我投入。正如传记作家王斌所说的那样："超常的智慧和敏捷固然是张艺谋成功的主要因素，但惊人的勤奋和刻苦也是他成功的重要条件。"

拍《红高粱》的时候，为了表现剧情的氛围，他亲自带人去种一块100多亩的高粱地；为了"颠轿"一场戏中轿夫们颠着轿子踏得山道尘土飞扬的镜头，张艺谋硬是让大卡车拉来十几车黄土，用筛子筛细了，撒在路上；在拍《菊豆》中杨金山溺死在大染池一场戏时，为了给摄影机找一个最好的角度，更是为了照顾演员的身体，张艺谋自告奋勇地跳进染池充当"替身"，一次不行再来一次，直到摄影师满意为止。

我们如果还在抱怨自己的命运，还在羡慕他人的成功，就需要好好反省自身了。很多时候，你可能就输在对事业的态度上。

1986年，摄影师出身的张艺谋被吴天明点将出任《老井》一片的男主角。没有任何表演经验的张艺谋接到任务，二话没说就搬到农村去了。

他剃光了头，穿上大腰裤，露出了光脊背。在太行山一个偏僻、贫穷的山村里，他与当地乡亲同吃同住，每天一起上山干活，一起下沟担水。为了使皮肤粗糙、黝黑，他每天中午光着膀子在烈日下曝晒；为了使双手变得粗糙，每次摄制组开会，他不坐板凳，而是学着农民的样子蹲在地上，用沙土搓揉手背；为了电影中的两个短镜头，他打猪食槽子连打了两个月；为了影片中那不足一分钟的背石镜头，张艺谋实实在在地背了两个月的石板，一天三块，每块150斤。

在拍摄过程中，张艺谋为了达到逼真的视觉效果，真跌真打，主动受罪。在拍"舍身护井"时，他真跳，摔得浑身酸疼；在拍"村落械斗"时，他真打，打得鼻青脸肿。更有甚者，在拍旺泉和巧英在井下那场戏时，为了找到垂死前那种奄奄一息的感觉，他硬是三天半滴水未沾、粒米未进，连滚带爬拍完了全部镜头。

在通往成功的道路上，如果你能耐得住寂寞，专注于脚下的路，目的地就在你的前方，只要努力，你一定会走到终点；如果你专注于困难，始终想不到目的地就在离你不远的前方，你永远都走不到终点！

可能在人生旅途中我们会有理想也会有很多目标，但我们从来都不知道会遇到什么困难，所以你努力地朝着终点前进，你在过程中变得更自信更坚强，最终也走到了目的地。但如果你已经预测到了，我们的旅途是何等的艰辛，它困难重重，我们千方百计地去设想、规划每个可能碰到的困难，结果我们在攻克中迷失了方向，在想的过程中目的地已经离我们太远了。

在通往成功的路上，没有平坦，没有捷径，唯有脚踏实地、一步一个脚印地前行。过程是艰辛、漫长甚至是寂寞的，但请你相信，经历过所有的这一切，胜利也就离你不远了。

不做自己的"降兵"

生活中，很多事情你越是想远离痛苦就越觉得痛苦，越是想要放弃或逃避越是逃脱不了：父母生活在社会的底层，不能做你强有力的靠山，还要你赚钱贴补家用；你没有过人的才华，不懂得为人处世的技巧，在办公室里，你要小心翼翼地做人，唯恐一时失言把别人得罪了；你没有漂亮的脸蛋、魔鬼的身材，走在人群当中，你不知道该用怎样的资本去高昂头颅，展露属于自己的那份自信……

其实，逆风的方向，更适合飞翔。"我不怕被人阻挡，只怕自己投降。"一个人无论面对怎样的环境，面对再大的困难，都不能放弃自己的信念，放弃对

第一章
你一定要努力，但千万不能急

生活的热爱。很多时候，打败自己的不是外部环境，而是你自己。

只要一息尚存，我们就要追求、奋斗。那么，即便遭遇再大的困难，我们都一定能化解、克服，并于逆风之处扶摇直上，做到"人在低处也飞扬"。

现今，日本国民中广为传颂着一个动人的小故事：

许多年前，一个妙龄少女来到东京酒店当服务员。这是她的第一份工作，因此她很激动，暗下决心：一定要好好干！她想不到：上司安排她洗厕所！洗厕所！实话实说没人爱干，何况她从未干过粗重的活儿，细皮嫩肉，喜爱洁净，干得了吗？她陷入了困惑、苦恼之中，也哭过鼻子。这时，她面临着人生的一大抉择：是继续干下去，还是另谋职业？继续干下去——太难了！另谋职业——知难而退？人生之路岂有退堂鼓可打？她不甘心就这样败下阵来，因为她曾下过决心：人生第一步一定要走好，马虎不得！这时，同单位一位前辈及时地出现在她面前，他帮她摆脱了困惑、苦恼，帮她迈好这人生第一步，更重要的是帮她认清了人生路应该如何走。但他并没有用空洞理论去说教，而是亲自做给她看。

首先，他一遍遍地抹洗着马桶，直到抹洗得光洁如新；然后，他从马桶里盛了一杯水，一饮而尽喝了下去！竟然毫不勉强。实际行动胜过万语千言，他不用一言一语就告诉了少女一个极为朴素、极为简单的真理：光洁如新，要点在于"新"，新则不脏，因为不会有人认为新马桶脏，也因为马桶中的水是不脏的，是可以喝的；反过来讲，只有马桶中的水达到可以喝的洁净程度，才算是把马桶抹洗得"光洁如新"了，而这一点已被证明可以办得到。

同时，他送给她一个含蓄的、富有深意的微笑，送给她关注的、鼓励的目光。这已经够用了，因为她早已激动得几乎不能自持，从身体到灵魂都在震颤。她目瞪口呆、热泪盈眶、恍然大悟、如梦初醒！她痛下决心：

"就算一生洗厕所，也要做一名洗厕所最出色的人！"

从此，她成为一个全新的、振奋的人；从此，她的工作质量也达到了那位前辈的高水平，当然她也多次喝过马桶水，为了检验自己的自信心，为了证实自己的工作质量，也为了强化自己的敬业心。

她的名字叫野田圣子——日本前邮政大臣。

野田圣子坚定不移的人生信念，表现为她强烈的敬业心："就算一生洗厕所，也要做一名洗厕所最出色的人。"这一点就是她成功的奥秘之所在；这一点使她几十年来一直奋进在成功路上；这一点使她从卑微中逐渐崛起，直至拥有了成功的人生。

　　缺点并不可怕，平凡也不是闪光的坟墓。人生之中，无论我们处于何种在他人看来卑微的境地，我们都不必自暴自弃，只要我们能耐得住寂寞，心中有渴望崛起的信念，只要我们能坚定不移地笑对生活，那么，我们一定能为自己开创一个辉煌美好的未来！

　　人活着就是一个过程，人生不能等死，要去干一些有意义的事。在得意时要泰然处之，失意时淡然释之，从容面对，为自己的心灵找一片寂寞宁静的空间，用它来点缀繁杂社会中的短暂人生。

脚踏实地是最好的选择

　　当我们不具备成功的天赋时，只有脚踏实地，才能让自己站稳脚跟。正如山崖上的松柏，经过无数暴风雪的洗礼，只有坚定地盘固于土地，它们才长成坚固的树干。

　　一个人若不敢向命运挑战，不敢在生活中开创自己的蓝天，命运给予他的也许仅是一个枯井的地盘，举目所见将只是蛛网和尘埃，充耳所闻的也只是唧唧虫鸣。

　　所以，成功需要付出，希望需要汗水来实现，人生需要勤奋来铸就。

　　在美国，有无数感人肺腑、催人奋进的故事，主人公胸怀大志，尽管他们出身卑微，但他们以顽强的意志、勤奋的精神努力奋斗，锲而不舍，最终获得了成功。林肯就是其中的一位。

　　幼年时代，林肯住在一所极其简陋的茅草屋里，没有窗户，也没有地板，用当代人的居住标准来看，他简直就是生活在荒郊野外。但是他并没放弃希望，为了希望他流再多的汗水也不会后悔。当时他的住所离学校非常远，一些生活必需品都相当缺乏，更谈不上可供阅读的报纸和书籍了。然而，就是在这种情况下，他每天还持之以恒地走二三十里路去上学。晚上，他只能靠着木柴燃烧发出的微弱火光来阅读……

众所周知，林肯成长于艰苦的环境中，只受过一年的学校教育，但他努力奋斗、自强不息，最终成为美国历史上最伟大的总统之一。

任何人都要经过不懈努力才可能有所收获。世界上没有机缘巧合这样的事存在，唯有脚踏实地、努力奋斗才能收获美丽的奇迹。

亨利·福特从一所普通的大学毕业之后，便开始四处奔波求职，但均以失败告终。福特没有丧失对生活的希望，他依旧信心十足，自强不息、永不气馁。

为了找一份好工作，他四处奔走。为了拥有一间安静、宽敞的实验室，他和妻子经常搬家。短短的几年时间里，夫妻俩到底搬过几次家连他们自己也说不清了，但他们依旧乐此不疲。因为每一次搬迁，夫妇俩都有新的收获。贫困和挫折不仅磨炼了福特坚韧的性格，也锻炼了他的耐力和恒心，更使他有机会熟悉社会、了解人生，为未来新的冲刺做好了思想和技术的准备。

尽管贫困和挫折给他增添了不少的麻烦，但为了理想福特依然勤奋努力着，依然奋力拼搏着。功夫不负有心人，福特自强不息的精神和奋不顾身的打拼终于得到了回报。他应聘到爱迪生照明公司主发电站负责修理蒸气引擎，终于实现了自己的心愿。不久，他又因为工作出色，被提升为主管工程师。

坚定自强不息的信念，让它深深地根植于你的心中，它就会激发你各方面的潜能，使你勇敢面对工作中的一切困难和障碍。

努力把自己的事做得更好，就是一种创造！厨师把菜做得更美味可口，裁缝把衣服做得更美观耐穿，建筑师盖出更舒适的房屋，司机开车更安全，作家努力写出更好的文章，都会为自己带来幸运，同时也为他人带来幸福。

无论是在生活中还是在工作中，都需要我们脚踏实地，时时衡量自己的实力，不断调整自己的方向，一步一步达到自己的目标。

人生有各种各样的舞台，但最能展现你才华的舞台，却只有一个。只有准确地选择这个舞台，脚踏实地地干下去，你的才华才能得到更好的发挥，从而实现自己的人生梦想。

在别人贪婪的时候保持一份冷静

我们所拥有的并不是太少,而是欲望太多,一旦落入欲望的圈套,再强的抵抗能力都会被瓦解。

水中垂着一个钓饵,装的是一块新鲜的虾肉。

一条鲫鱼游过来了。它看了一眼钓饵:真不错,是块美味的东西。可是警惕的鲫鱼是不会轻易上当的,它记得有不少同伴,就是因为贪吃钓饵而断送了性命。因此,它小心翼翼地向这块食物看了又看。

"这准是钓饵,不能吃。"鲫鱼赶紧游开了。

鲫鱼找了半天也找不到其他吃的,过了一会儿,又游回到这个钓饵旁边。

饥饿使它不得不对这块诱人的食物又进行了一番研究和观察。

"不行,绝不能上当!这块东西一定是钓饵。"鲫鱼警告自己,随即又游开了。

鲫鱼游了没多远,心里老记挂着那块鲜美的东西。不一会儿,又游回来了。

它再一次仔细地观察和分析着这块令人垂涎的美味。

"哦,看来似乎没有什么危险吧,让我试它一试。"鲫鱼便用尾巴打了一下钓饵。

钓饵在水中荡了几下,又垂挂在那儿纹丝不动。

"看来没什么问题。"鲫鱼想,"难道就白白放弃这样一块美味可口的东西?那不是太可惜了吗?"

鲫鱼犹豫不决,考虑再三。

"哎哟!肚子这样饿,眼看着这鲜美的食物不吃,可真难受啊!"鲫鱼在钓饵旁边转来转去。"上帝保佑吧!让我冒一次险,仅仅这一次。说不定是我自己过于谨慎了,其实一点危险也没有呢!"

这时候,鲫鱼看见远处有一条鲤鱼向它这儿游过来。

"快,再要迟疑,这美味的东西将是别人腹中之物了!"

说着，鲫鱼扑上去，张开大嘴把那块食物吞了下去。

"哎哟！我的妈……"

钓竿一提，鲫鱼上钩了。

不能抵抗人性弱点的诱导，让精神软化，势必不能主宰自我。鲫鱼终于没有抵抗住美味的诱惑，成为垂钓者的猎物。鲫鱼原本是小心谨慎的，只是因为欲望太盛，才沦为欲望的奴隶。

人常常也是如此，人的私心与贪欲常常使自己重重地跌倒在"欲望"的漩涡里。

事实上，我们所拥有的并不是太少，而是欲望太多。欲望使我们感到不满足、不快乐；欲望解除了我们的思想武装，使我们最终任人摆布。

鱼有水才能自在地优游嬉戏，但是它们忘记自己置身于水；鸟借风力才能自由翱翔，但是它们却不知道自己置身风中。人如果能看清此中道理，就可以超然置身于物欲的诱惑之外，获得人生的乐趣。

不可否认，在这个灯红酒绿的社会，物质的诱惑何其多，你若能够沉下心来对抗心底的那份寂寞，坦然面对，不忘乎所以，那么你就不会被身外之物所苦，不被身外之物所累，在正确的道路上一往无前。

耐得住寂寞，方能抵制诱惑，成就事业。如今的世界缤纷多彩，价值取向多元，红尘喧嚣的大环境，对于每一个人都是一种无形的诱惑。如果说"寂寞"考验的是心境，"诱惑"考验的就是定力。大量事实证明，在诱惑面前，就有人静不下心，守不住神，心浮气躁，导致一事无成。

沉住气，成大器

随着 CPI 上涨、房价暴涨、股市暴跌，在我们的心灵深处，总有一种力量使我们茫然不安，让我们无法宁静，这种力量叫浮躁。"浮躁"在字典里解释为："急躁，不沉稳。"浮躁常常表现为：心浮气躁，心神不宁；自寻烦恼，喜怒无常；见异思迁，盲动冒险；患得患失，不安分守己；这山望着那山高，既要鱼也要熊掌；静不下心来，耐不住寂寞，稍不如意就轻易放弃，从来不肯为一件事倾尽全力。

随着经济发展如浪潮般步步攀高，这种浮躁的气息在社会中蔓延，几乎触及了参与其中的每一个人：某些官员领导急功近利，大搞不切实际的形象工程；演员不苦练基本功，借助绯闻来炒作自己；商人不一心一意经营自己的产业，却去炒股、炒房；学生不专心念书，妄想通过不相干的社会活动增加综合测评分数或通过考试作弊拿到高分；还有的人做事具有更强的目的性，交朋友具有更强的工具性，处世具有更强的功利性。很多人都想成功，却总是被成功拒之门外。

有一个人叫小付，他看到有人要将一块木板钉在树上，便走过去管闲事，想要帮那个人一把。小付对那人说："你应该先把木板头子锯掉再钉上去。"于是，小付找来锯子，但没锯两三下又撒手了，想把锯子磨快些。于是他又去找锉刀，接着又发现必须先在锉刀上安一个顺手的手柄。于是，他又去灌木丛中寻找小树，可砍树又得先磨快斧头……

后来人们发现，小付无论学什么都是半途而废。小付从未获得过什么学位，他所受过的教育也始终没有用武之地，但他的祖辈为他留下了一些本钱。他拿出 10 万元投资办一家煤气厂，可造煤气所需的煤炭价钱昂贵，这使他大为亏本。于是，他以 9 万元的售价把煤气厂转让出去，开办起煤矿来。可又不走运，因为采矿机械的耗资大得吓人。因此，小付把在矿里拥有的股份变卖成 8 万元，转入了煤矿机器制造业。从那以后，他便像一个滑冰者，在有关的各种工业部

第一章
你一定要努力，但千万不能急

门中滑进滑出，没完没了。

正如小付困惑的那样，为什么自己付出那么多，终究一事无成呢？答案很简单，小付总是这山望着那山高，急于追求更高的目标，而不是在一个既定的目标上下工夫。要知道，摩天大厦也是从打地基开始的。小付这种浮躁的心态只能导致他最后落个两手空空。

很多人在做事情的时候不能静下心来扎扎实实地从基础开始，总是觉得踏踏实实地做事情的方法很笨，于是做什么事情都求快，想以最小的付出获得最大的利益，浮躁的心态让人不会专注地做一件事情，所以也就很难成功。在人生的牌局中，要想赢牌，浮躁就是最大的敌人。

《士兵突击》中，许三多显然是一个"异类"，他不明白做人做事为什么要如此复杂，一切投机取巧、偷奸耍滑的世故做法，他都做不来，或者根本就没有想过。他有的只是本性的憨厚与刻入骨髓的执著。他做每一件小事都像抓住一根救命稻草一样，投入自己所有的能量和智慧，把事情做到最好，他这样做并不是为了得到旁人的赞赏与关注，只是因为这是有意义的。他面对困难从来不说"放弃"，而是默默地承受，慢慢地解决，毫无抱怨，绝不气馁。当一个又一个问题被他以执著的劲头解决之后，他俨然成长为了一个巨人。他不会面对诱惑放弃忠诚，当老A部队的队长向他发出邀请时，许三多用一句"我是钢七连的第4956个兵"作出了态度鲜明的回答。

"许三多"已成为家喻户晓的人物形象，他被定格为一种沉稳、踏实的**文化符号**，成为"浮躁"的反义词。毛主席曾经教导我们说："世界上怕就怕'认真'二字。"如果我们能安下心来认真做一件事情，就没有做不好的。很多人开始做事情时会满腔热血，但慢慢地这种热情会消退，最后就会被完全放弃。是什么原因让那么多人半途而废呢？是急于求成、不愿直面困难的浮躁心理。很多人好高骛远，总是急于看到事情的结果，而不能忍受事情完成的过程，当他们觉得这些事情没有意义时，于是选择了放弃。

古往今来，那些成大器者，无不是沉稳、干练、能够耐得住寂寞的人。

在当今中国市场经济的大背景下，很少有人能按捺住自己一颗烦躁的心，守住自己可贵的孤独与寂寞，而变得越发盲目和急功近利。浮躁是一种情绪，一种并不可取的生活态度。人浮躁了，会终日处在又忙又烦的应急状态中，脾气会暴躁，神经会紧绷，长久下来，会被生活的急流所挟裹。凡成事者，要心存高远，更要脚踏实地，这个道理并不难懂。

踏实、沉稳、心平气和、不急不躁，抛开浮躁的心态，从身边的小事做起，脚踏实地地坚持，坚忍不拔地努力，我们才有可能达成人生的目标，走到成功的那一步。

纵观现实生活，灯红酒绿，歌舞升平，可谓热闹非凡。但生活终将归于平静，每个人也将归于平淡。耐得住寂寞，平淡对待得失，冷眼看尽繁华，在人生的历练中，是一种气度与志向。但愿"守得住寂寞"不只是当下的一句警世通言，更是每个人的自觉行为。

面对诱惑时懂得坚持

传说中，西西里岛附近海域有一座塞壬岛，长着鹰的翅膀的塞壬女妖日日夜夜唱着动人的魔歌引诱过往的船只。在古希腊神话中，特洛伊战争的英雄奥得修斯曾路过塞壬女妖居住的海岛。之前早就听说过女妖善于用美妙的歌声勾人魂魄，而登陆的人总是要死亡。奥得修斯嘱咐同伴们用腊封住耳朵，免得他们被女妖的歌声所诱惑，而他自己却没有塞住耳朵，他想听听女妖的声音到底有多美。为了防止意以外发生，他让同伴们把自己绑在桅杆上，并告诉他们千万不要在中途给他松绑，而且他越是央求，他们越要把他绑得更紧。

果然，船行到中途时，奥得修斯看到几个衣着华丽的美女翩翩而来，她们声音如莺歌燕啼，婉转跌宕，动人心弦。听着这美妙的歌声，奥得修斯心中顿时燃起熊熊烈火，他急于奔向她们，大声喊着让同伴们放他下来。但同伴们根本听不见他在说什么，他们仍然在奋力向前划船。有一位叫欧律罗科斯的同伴看到了他的挣扎，知道他此刻正在遭受着诱惑的煎熬，于是走上前，把他绑得更紧。就这样，他们终于顺利通过了女妖居住的海岛。

这是一个很熟悉的传说，不过它正在越来越多地被运用到情商上作为自制能力成功的正面范例。似乎有越来越多的例子证明，能够耐得住寂寞的人比较容易成功。哈佛大学心理学家丹尼尔·戈尔曼的《情商》一书，把情绪智力（也称情商）定义为"能认识自己和他人的感觉，自我激励，以及很好地控制自己在人际交往中的情绪的能力。"情商分为五种情绪能力和社会能力：自知、移情、自律、自强和社交技巧。自知，意味着知道自己当前的感受。因为我们整天都忙忙碌碌，所以就无暇顾及反省和自知。一个人的自我形象与其在他人眼中的形象越一致，他的人际关系就越成功。情商的第二个组成部分移情，能培养我们的同情心和无私精神，并能带来合作。情商的第三部分是控制自己情绪的能力。情商高的人能更好地从人生的挫折和低潮中恢复过来。第四部分是自强。自强的人能够很好地控制情绪，不靠冲击或刺激就能采取行动。最后，社交技巧指的是通过与他人友好地交流来掌握人际关系的能力。一个高智商的人，完全可以与一个低智商但有着高水平交往技巧的人很好地合作。

戈尔曼和研究人员针对4岁小孩子成长过程中对诱惑的控制来说明抵制诱惑、强烈自制的重要性，以及和个人成功的关系。调查表明，那些在四岁时能以坚忍换得第二颗软糖的孩子常成为适应性较强、冒险精神较强、比较受人喜欢、比较自信、比较独立的少年；而那些在早年经不起软糖诱惑的孩子则更可能成为孤僻、易受挫、固执的少年，他们往往屈从于压力并逃避挑战。对这些孩子分两级进行学术能力倾向测试的结果表明，那些在软糖实验中坚持时间较长的孩子的平均得分高达210分。研究还发现，那些能够为获得更多的软糖而等待得更久的孩子要比那些缺乏耐心的孩子更容易获得成功，他们的学习成绩要相对好一些。在后来的几十年的跟踪观察中发现，有耐心的孩子在事业上的表现也较为出色。

在一粒芝麻与一个西瓜之间，你一定明白什么是明智的选择。如果某种诱惑能满足你当前的需要，但却会妨碍达到更大的成功或长久的幸福。那就请你屏神静气，站稳立场，耐得住寂寞。一个人是这样，一个企业，一个社会也是这样。

具备坚强的意志和高度的自控能力，能抵制住通往成功道路上的一切诱惑，是取得最后胜利的必要条件。因为诱惑分散了人的精力，腐蚀了人的意志，让人误入歧途，迷失了原有的方向。

辉煌的背后,总有一颗努力拼搏的心

2009年的春节联欢晚会上,和小品大师赵本山一起合作表演小品《不差钱》的演员"小沈阳"沈鹤,一夜之间红遍中国。他的那几句台词也成为很多人模仿的样本:"人这一生其实可短暂了,有时候一想跟睡觉是一样儿一样儿的。眼睛一闭,一睁,一天过去了,眼睛一闭,不睁,这一辈子就过去了。""人不能把钱看得太重,钱乃身外之物。人生最痛苦的事情你知道是什么吗?人死了,钱没花了。"

沈鹤靠着春晚迅速蹿红,一时之间全国各大媒体上都会看见小沈阳的影子,不论是赞扬的还是质疑的,但无可厚非的一个事实就是他的表演起码已经被大部分的电视观众所接受。这么快的蹿红对于一个艺人来说是求之不得的事情,但是在光鲜的背后,小沈阳也有着心酸的回忆。

小沈阳家境贫寒,他很早就辍学了。为了将来有口饭吃,他曾经学过武术,但发现不适合自己,最终他选择了二人转,报考了铁岭县剧团。学成之后,他又去了长春小剧场进行表演,这一演就是七年。七年之后,赵本山接纳了他,收他为徒,从此他跟着赵本山认真学艺,直到2009年被更多的人认识。

早在2008年的时候,沈鹤其实已经"进军"春晚,但是几个回合下来,他的节目被刷下来了。而他的节目本来打算上央视的元宵晚会,但是又临时被取消了,当时的沈鹤这样对自己说,连大艺术家都有被刷下的可能,更何况自己呢?他依旧努力跟师傅赵本山学习二人转,学习表演。直到2009年,他终于踏入春晚的大门,并且真正地红了。

如今的小沈阳是令人羡慕的,就像有人说的那样,很多人关心的只是我们跑得快不快,而很少有人关心我们跑得累不累。在这一行,如果出名了,你大红大紫;如果不出名,那么,便只是一个默默在后面跑台的小角色,不会有人注意你,你的去留没有人在乎。所以,在每一个出人头地者的背后,不知道隐藏了多少委屈和艰辛的泪水。

香港喜剧大王周星驰也是一样，在成名之前，他自己一个人默默地奋斗着，对于自己追逐的梦想从没想过要放弃。在他的好友梁朝伟已经春风得意的时候，他却在《射雕英雄传》里饰演一个刚一出场就被打死的士兵。他甚至问导演，在死之前伸出手去挡一下可以吗？

他在演艺这条道路上默默地前行、摸索。今天的周星驰已不可同日而语，他算得上是香港电影史上的里程碑，他开创了周氏幽默。凡是讲到香港电影史，一定不能落下周星驰的电影，它是一个时代的标志，是香港喜剧的集大成者。

那些仍然在黑暗中努力拼搏的人们，千万不要丧失了信心，失去前进的动力。任何成功都充满着艰辛，或许，再坚持一会儿，你就会看到前面灿烂的阳光；或许再坚持一会儿，人生就会改变。

许多人做事时非常努力，却坚持不到最后。其实，若心中有梦，总会有实现的那一天，哪怕现在我们仍在黑暗中摸爬滚打，哪怕别人认为我们现在是如何的不起眼，没有关系，只要自己相信自己，付出努力，坚持向着梦想的方向努力，就会让我们心中的幼芽开花、结果。

人生在世，要有所为，有所不为，选准自己的目标，踏踏实实地去做，不要被别人的成功晃花眼睛，不要被别人的成功搞得三心二意，争一时之长短，计一时之得失，更不要为眼前的蝇头小利所迷惑。

大收获必须付出长久努力

幸运、成功永远只能属于辛劳的人，有恒心不易变动的人，能坚持到底、绝不轻言放弃的人。

耐性与恒心是实现目标过程中不可缺少的条件，是发挥潜能的必要因素。耐性、恒心与追求结合之后，形成了百折不挠的巨大力量。

一位青年人问著名的小提琴家格拉迪尼："你用了多长时间学琴？"格拉迪尼回答："20年，每天12小时。"

我们与大千世界相比，或许微不足道，不为人知，但是我们能够耐心地增长自己的学识和能力，当我们成熟的那一刻、一展所能的那一刻，将会有惊人的成就。正如布尔沃所说的："恒心与忍耐力是征服者的灵魂，它是人类反抗命运、个人反抗世界、灵魂反抗物质的最有力支持。从社会的角度看，考虑到它对种族问题和社会制度的影响，其重要性无论怎样强调也不为过。"

凡事没有耐性，耐不住寂寞，不能持之以恒，正是很多人最后失败的原因。英国诗人布朗宁写道：

实事求是的人要找一件小事做，
找到事情就去做。
空腹高心的人要找一件大事做，
没有找到则身已故。
实事求是的人做了一件又一件，
不久就做一百件。
空腹高心的人一下要做百万件，
结果一件也未实现。

拥有耐力和恒心，虽然不一定能使我们事事成功，但却绝不会令我们事事失败。古巴比伦富翁拥有恒久的财富秘诀之一，便是保持足够的耐心，坚定发财的意志，所以他才有能力建设自己的家园。任何成就都来源于持久不懈的努力，要把人生看作是一场持久的马拉松。整个过程虽然很漫长、很劳累，但在挥洒汗水的时候，我们已经慢慢接近了成功的终点。半路放弃，我们就必须要找到新的起点，那样我们只会更加迷失，可是如果能坚持原路行进，终点不会弃我们而去。也许，我们每个人的心里都有一个执著的愿望，只是一不小心把它丢失在了时间的蹉跎里，让天下间最容易的事变成了最难的事。然而，天下事最难的不过十分之一，能做成的有十分之九。要想成就大事大业的人，尤其要有恒心来成就它，要以坚忍不拔的毅力、百折不挠的精神、排除纷繁复杂的耐性、坚贞不变的气质，作为涵养恒心的要素，去实现人生的目标。

人生像一场马拉松赛跑，有耐力能支持到最后的就是成功者；中途脱队倒下都不行。只要我们有恒心达到目标，比别人慢没有关系，到终点时一样会有人为我们鼓掌。

当风雨过去，你还是你

日复一日，年复一年，人生犹如一条看不到尽头的路。在这条不平坦的道路上，我们经历过风霜雪雨，同样也看见过旭日彩虹。

骄阳似火，粉嫩的花被烤得无精打采，而次日清晨，它总是会绽放得更美丽；风雨交加，树苗被吹得东倒西歪，当彩虹悬挂之时，它总是成长得更茁壮；秋风萧瑟，所有枝桠都突兀颓然，来年春天，它的花朵总是更加繁盛。

海明威笔下的老人可以孤独地面对大海，一个未知的世界。在一无所获的 84 天之后钓到了一条无比巨大的鱼。他拖着小船漂流了整整两天两夜，老人在这两天两夜中经历了从未经受的艰难考验，然而这时却遇上了鲨鱼，老人与鲨鱼进行了殊死搏斗，结果大鱼被鲨鱼吃光了，老人最后拖回家的只剩下一副光秃秃的鱼骨架和一身的伤。但他还是勇敢而快乐地活着。

他不是盲目乐观，他知道无论是精神上还是肉体上他困难重重，寒冷、饥饿、死亡都无形地笼罩着他，而他却有如此坚定的信念，在死亡面前表现得如此平静而乐观。无论怎么样，他的每一次划桨，每一次艰难，每一次用最后的力气刺向鲨鱼，他心里没有惧怕任何对手和困难，因为他知道，风雨之后，他还是他，彩虹总是会出现。

曾有一位妇女，在一次车祸中，她永远失去了自己的丈夫，她悲痛欲绝，觉得生活中再也没有了阳光。自那以后，她便陷入了一种孤独与痛苦之中。她不知道自己该怎样做，不知道自己还能不能拥有幸福，甚至不知道自己将在哪里住，以一种什么样的姿态和别人相处，她已经全然习惯了丈夫的呵护。一个月后，她只好向她的好友求助。

朋友极力向她解释，她的焦虑是因为自己身处不幸的遭遇之中，才 50 多岁便失去了自己的生活伴侣，自然令人悲痛异常。但时间一久，这些伤痛和忧虑便会慢慢减缓消失，她也会开始新的生活——从痛苦的灰烬之中建立起自己新的幸福。

"不！"一开始她绝望地说道，"我不相信自己还会有什么幸福的日子。我已不再年轻，孩子也都长大成人，成家立业。我还有什么地方可去呢？"可怜的女人得了严重的自怜症，而且不知道该如何治疗这种疾病。好几年过去了，她的心情一直都没有好转。

　　直到后来又有一次，这位朋友忍不住对她说："我想，你并不是要特别引起别人的同情或怜悯。无论如何，你可以重新建立自己的新生活，结交新的朋友，培养新的乐趣，千万不要沉溺在旧的回忆里，无论你怎么做，你的丈夫都不会再回来，你现在的生活不止为你自己，更加为你的丈夫，他在天堂看着你。"听完这些话，她泪如雨下，她想起丈夫在生命最后一刻握着她的手说："亲爱的，虽然只有你一个人了，但你要好好地。"

　　没过多久，她便搬去与一个结了婚的女儿同住。

　　一开始她还是觉得很孤独，房间里面放满了丈夫的照片和生前的物品，甚至每天都梦见丈夫，梦里丈夫总是握着她的手告诉她要坚强，每次醒来的时候她都总是在伤感之后又想起丈夫的话。日子一天天地过去，她的心情渐渐好起来，有时候她好像感觉丈夫并没有去世，只是去了很远的地方。她每天帮女儿照顾孩子、打扫房间，周末总是和女儿女婿上公园、电影院。

　　一年很快过去，当她再次和那位朋友见面时，那位朋友只是对她会心地一笑，说：亲爱的，我知道你能挺过去，真的没什么。你还是你，像当初一样：美丽，乐观。

　　忘记本要与自己长相厮守的丈夫对于她来说确实太困难、太残忍，但是每个人毕竟都有各自的旅程，在人生的旅途之中，当遇到阴霾的时候，只有转移视线，才不会错过一些更为美好的人生山水。只有这样，一切过后，才会海阔天空。

　　如果连你自己都不再认识你自己，都不在乎你自己，那么便没有人会认识你、在乎你。磕磕碰碰之中，有些东西，我们必须学会放弃才能拥有一份成熟，才会活得更加充实、坦然和轻松。

　　有人说："上帝为他们关上一道门的同时，也同样为他们开启了另一扇窗。"转一道门，成功还是属于你。聪明的你应该坚信人的一生是应该什么都经历一次的，哪怕是风雨，都是上帝送给他们锻炼自己的一份礼物。

　　每个人都经历过风雨，但是每个人经历过风雨后的人生态度却是截然不同的。聪明的人说："我经历了风雨，但我仍然笑看人生，因为我知道我经历过了！"而愚蠢的人却是每天都在唉声叹气中度过，认为风雨是上帝对他的不公，每天只是怨天尤人，不懂得勇敢地面对。聪明的人经历了风雨以后就懂得了更加珍惜上帝所赐予他的一切；而愚蠢的人就萎靡不振，每天荒废着自己的光阴。

今天，请你勇敢一点，风雨前面就是柳暗花明，成功地走过风雨，前面等待的必将是一片艳阳天！不要畏惧风雨，因为既然风雨已经来了，那就不要回头看，昨天已成为了历史，今天就是上帝送给你的崭新的礼物。

人生就是这样，什么都应该经历一次。笑过一次，甜过一次，胜过一次，你还是你，没什么可骄傲；哭过一次，痛过一次，败过一次，你还是你，没什么可悲凉。幸福不是靠别人来布施，而是要自己去赢取，哪怕是从痛苦的灰烬之中建立起自己新的幸福，风雨之中，请远离自怜的阴影。

不眼红别人的辉煌，心中只装着自己的目标

别人的人生再辉煌，你也感受不到任何光和热，别人的辉煌与自己毫无关联，你所能做的就是耐住寂寞，认准自己的目标，然后一步步地向自己的目标迈进，千万不要被别人的成功晃花了眼。

在2006年之前，低调的张茵对于大众而言还是一张很陌生的面孔。一夜间，"胡润富豪榜"将这一当年中国女首富推出水面，这个颇具传奇色彩的商界红颜瞬间成为公众瞩目的焦点。

在美国《财富》杂志"2007年最有影响力商业女性50强"中，她被称为"全球最富有的白手起家的女富豪"！张茵已成为这个时代平民女性的榜样。

玖龙造纸有限公司，当这一企业红遍大江南北时，张茵也因此赢得了"废纸大王"的美誉。这个东北姑娘当年的泼辣闯劲至今还留在亲人的脑海里。

张茵出生于东北，走出校门后，做过工厂的会计，后在深圳信托公司的

一个合资企业里也做过财务工作。1985年，她曾有过当时看来绝好的机遇：分配住房，年薪50万港币……然而，张茵却只身携带3万元前往香港创业，在香港的一家贸易公司做包装纸的业务。

一直指导张茵的财富法则就是做事专注而坚定。看准商机就下手，全心全意去做事。对于中国的传统行业——造纸业，张茵情有独钟，倾注了很多的心血：从香港到美国，再到香港，继而把战场转向家乡，扩大到全世界，她的足迹随着纸浆的流动遍布全球。最初入行的张茵以"品质第一"为本，坚决不往纸浆里面掺水，因而触犯同行的利益吃尽了苦头，她曾接到黑社会的恐吓电话，也曾被合伙人欺骗。从未退缩的张茵凭借豪爽与公道逐渐赢得了同行的信任，废纸商贩都愿意把废纸卖给她，尽管她的粤语说得不好，但是诚信之下，沟通不是问题。

6年时间很快过去，赶上香港经济蓬勃时期的张茵不但站稳了脚跟，而且还在完成资本积累的同时，把目光投向了美国市场。因为有了在香港积累的丰富创业实践经验和一定资本，加之美国银行的支持，1990年起，张茵的中南控股（造纸原料公司）成为美国最大的造纸原料出口商，美国中南有限公司先后在美建起了7家打包厂和运输企业，其业务遍及美国、欧亚各地，在美国各行各业的出口货柜中数量排名第一。

成为美国废纸回收大王后，独具慧眼的张茵有了新的想法：做中国的废纸回收大王！1995年，玖龙纸业在广东东莞投建。12年后，玖龙纸业产能已近700万吨，成为一家市值300多亿港元的国际化上市公司……

从张茵的身上，我们看到了她的专注与坚定。无论做什么事，都全身心地投入。只要全心全意想要做好一件事，无论遇到什么困难与挫折，只要沉着应对，都可以化险为夷。

有人说，挡住人前进步伐的不是贫穷或者困苦的生活环境，而是内心对自己的怀疑。但是，如果一个人内心里始终装着自己的目标，并且能够耐得住寂寞，静下心来学着为自己的目标积累能量，坚定不移地为实现自己的目标而努力，那么即使他贫穷到买不起一本书，仍然可以通过借阅来获得知识。

人若是耐不住寂寞，老是眼红别人的成就，则不免会产生愤懑之心，看不惯别人取得的成就，要么悲叹命运之苦，要么控诉社会不公，这样一来，难免会让自己陷入负面情绪当中，而影响了自己的前程。

别人的人生再辉煌，你也感受不到任何光和热，别人的辉煌与自己毫无关联，你所能做的就是耐住寂寞，认准自己的目标，然后一步步地向自己的目标迈进，千万不要被别人的成功晃花了眼。

执著于成功，才能创造成功

心界决定一个人的世界。只有渴望成功，你才能有成功的机会。

《庄子》开篇的文章是"小大之辩"。说北方有一个大海，海中有一条叫做鲲的大鱼，宽几千里，没有人知道它有多长。鲲化为鸟叫做鹏。它的背像泰山，翅膀像天边的云，飞起来，乘风直上九万里的高空，超绝云气，背负青天，飞往南海。

蝉和斑鸠讥笑说："我们愿意飞的时候就飞，碰到松树、檀树就停在上边；有时力气不够，飞不到树上，就落在地上，何必要高飞九万里，又何必飞到那遥远的南海呢？"

那些心中有着远大理想的人常常不能为常人所理解，就像目光短浅的麻雀无法理解大鹏鸟的志向，更无法想象大鹏鸟靠什么飞往遥远的南海。因而，像大鹏鸟这样的人必定要比常人忍受更多的艰难曲折，忍受心灵上的寂寞与孤独。因而，他们必须要坚强，把这种坚强潜移到远大志向中去，这就铸成了坚强的信念。这些信念熔铸而成的理想将带给大鹏一颗伟大的心灵，而成功者正脱胎于这些伟大的心灵。

本侯根是世界上最伟大的高尔夫选手之一。他并没有其他选手那么好的体能，能力上也有一点缺陷，但他在坚毅、决心，特别是追求成功的强烈愿望方面高人一筹。

本侯根在玩高尔夫球的巅峰时期，不幸遭遇了一场灾难。在一个有雾的早晨，他跟太太维拉丽开车行驶在公路上，当他在一个拐弯处掉头时，突然看到一辆巴士的车灯。本侯根想这下可惨了，他本能地把身体挡在太太面前保护她。这个举动反而救了他，因为方向盘深深地嵌入了驾驶座。事后他昏迷不醒，过了好几天才脱离险境。医生们认为他的高尔夫生涯从此结束了，甚至断定他若能站起来走路就很幸运了。

但是他们并未将本侯根的意志与需要考虑进去。他刚能站起来走几步，就渴望恢复健康再上球场。他不停地练习，并增强臂力。起初他还站得不稳，再次回到球场时，也只能在高尔夫球场蹒跚而行。后来他稍微能工作、走路，就走到高尔夫球场练习。开始只打几球，但是他每次去都比上一次多打几球。最后，当他重新参加比赛时，名次很快地上升。理由很简单，他有必赢的强烈愿望，他知道他会回到高手之列。是的，普通人跟成功者的差别就在于有无这种强烈的成功愿望。

成功学大师卡耐基曾说："欲望是开拓命运的力量，有了强烈的欲望，就容易成功。"因为成功是努力的结果，而努力又大都产生于强烈的欲望。正因为这样，强烈的创富欲望，便成了成功创富最基本的条件。如果你不想再过贫穷的日子，就要有创富的欲望，并让这种欲望时时刻刻激励你，让你向着这一目标坚持不懈地前进。许多成功者有一个共同的体会，那就是创富的欲望是创造和拥有财富的源泉。

20世纪人类的一项重大发现，就是认识到思想能够控制行动。你怎样思考，你就会怎样去行动。你要是强烈渴望致富，你就会调动自己的一切能量去创富，使自己的一切行动、情感、个性、才能与创富的欲望相吻合。对于一些与创富的欲望相冲突的东西，你会竭尽全力去克服；对于有助于创富的东西，你会竭尽全力地去扶植。这样，经过长期努力，你便会成为一个富有者，使创富的愿望变成现实。相反，你要是创富的愿望不强烈，一遇到挫折，便会偃旗息鼓，将创富的愿望压抑下去。

保持一颗渴望成功的心，你就能获得成功。

只要有一颗渴望成功的心，你会创造奇迹。告诉自己的心，让它永远保持着对成功的渴望。记住这句话："成功源于一颗渴望成功的心。"

永抱必胜之心

1869年,富有创造精神的工程师约翰·罗布林雄心勃勃地意欲着手建造一座横跨曼哈顿和布鲁克林的桥。然而桥梁专家却说这计划纯属天方夜谭,不如趁早放弃。罗布林的儿子华盛顿,是一个很有前途的工程师,也确信这座大桥可以建成。父子俩克服了种种困难,在构思着建桥方案的同时也说服了银行家们投资该项目。

然而桥开工几个月,施工现场就发生了灾难性的事故。罗布林在事故中不幸身亡,华盛顿的大脑也严重受伤。许多人都以为这项工程因此会泡汤,因为只有罗布林父子才知道如何把大桥建成。

尽管华盛顿丧失了活动和说话的能力,但他的思维还同以往一样敏锐,他决心坚持要把父子俩费了很多心血的大桥建成。一天,他脑中忽然一闪,想出一种用他唯一能动的一个手指和别人交流的方式。他用那只手敲击他妻子的手臂,通过这种密码方式由妻子把他的设计意图转达给仍在建桥的工程师们。整整13年,华盛顿就这样坚持着用一根手指指挥工程,直到雄伟壮观的布鲁克林大桥最终落成。

与之相似,博迪是法国的一名记者,在1995年的时候,他突然心脏病发作,导致四肢瘫痪,而且丧失了说话的能力。被病魔袭击后的博迪躺在医院的病床上,头脑清醒,但是全身的器官中,只有左眼还可以活动。可是,他并没有被病魔打倒,虽然口不能言,手不能写,他还是决心要把自己在病倒前就开始构思的作品完成并出版。出版商便派了一个叫门迪宝的笔录员来做他的助手,每天工作6小时,给他的著述做笔录。

博迪只会眨眼,所以就只有通过眨动左眼与门迪宝来沟通,逐个字母逐个字母地向门迪宝背出他的腹稿,然后由门迪宝抄录出来。门迪宝每一次都要按顺序把法语的常用字母读出来,让博迪来选择,如果博迪眨一次眼,就说明字母是正确的。如果眨两次,则表示字母不对。

由于博迪是靠记忆来判断词语的，因此有时可能出现错误，有时他又要滤去记忆中多余的词语。开始时他和门迪宝并不习惯这样的沟通方式，所以中间也产生不少障碍和问题。刚开始合作时，他们两个每天用6个小时默录词语，每天只能录一页，后来慢慢加到3页。

几个月之后，他们经历艰辛终于完成这部著作。据粗略估计，为了写这本书，博迪共眨了左眼20多万次。这本不平凡的书有150页，已经出版，它的名字叫《潜水衣与蝴蝶》。

在很多时候，我们看似都缺少成功的条件。在困难面前停滞不前。似乎看不到成功的条件和未来。其实缺少成功的条件不要紧，因为条件是可以创造的。如果我们主动去创造了条件，成功就指日可待。

如果你缺少成功的条件，请记住：逆境不是你不成功的理由。

逆境，只是一种相对，唯有努力奋斗才是永恒。不管多么险峻的高山，总会给攀爬者留一条上山的路。往上走，无限的风光会在前方等待着你。

过多的欲望会蒙蔽你的幸福

人很多时候是很贪心的，就像很多人形容的那样：吃自助的最高境界是：扶墙进，扶墙出。进去扶墙是因为饿得发昏，四肢无力，而扶墙出则是因为撑得路都走不了。人愿意活受罪是因为怕吃亏。而有些时候，人总是对自己不满，还是因为太贪心，什么都想得到。

很多人常常抱怨自己的生活不够完美，觉得自己的个子不够高，身材不够好，自己的房子不够大，自己的工资不够高，自己的老婆不够漂亮，自己在公司工作了好几年了却始终没有升职……总之，对于自己拥有的一切都感到不满，觉得自己不幸福。真正不快乐的原因是：不知足。一个人不知足的时候，即使有金屋银屋摆在面前也不会快乐，一个知足的人即使住在茅草屋中也会快乐的。一个人拥有总比没有好多了。

剑桥教授安德鲁·克罗斯比常说：真正的快乐是内心充满喜悦，是一种发自内心对生命的热爱。不管外界的环境和遭遇如何变化，都能保持快乐的心情，这就需要一种知足的心态。知足者常乐，因为对生活知足，所以他会感激上天的赠予，用一颗感恩的心去感谢生活，而不是总抱怨生活不够照顾自己。

有一个村庄，里面住着一个独眼的瞎爷。

瞎爷九岁那年一场高烧后，左眼就看不见东西了。他爹娘顿时泪流满面，独生的儿子瞎了一只眼睛可怎么办呀！没料他却说自己左眼瞎了，右眼还能看得见呢！总比两只眼都瞎了要好！比起世界上的那些双目失明的人，不是要强多了吗？儿子的一番话，让爹娘停止了流泪。

他的家境不好，爹娘无力供他读书，只好让他去私塾里旁听。他的爹娘为此十分伤心，瞎爷劝道："我如今也已识了些字，虽然不多，但总比那些一天书没念、一个字不识的孩子强多了吧！"爹娘一听也觉得安然了许多。

瞎爷娶了个嘴巴很大的媳妇。爹娘又觉得对不住儿子，瞎爷却说和世界上的许多光棍汉比起来，自己是好到天上去了！这个媳妇勤快、能干，可脾气不好，把婆婆气得心口作疼。瞎爷劝道：天底下比她差得多的媳妇还有不少。媳妇脾气虽是暴躁了些，不过还是很勤快，又不骂人。爹娘一听真有些道理，怄的气也少了。

瞎爷的孩子都是闺女，于是媳妇总觉得对不起他们家，瞎爷说世界上有好多结了婚的女人，压根儿就没有孩子，等日后老了，五个女儿和女婿一起孝敬他们多好！比起那些虽有儿子几个，却妯娌不和、婆媳之间争得不得安宁要强得多！

可是，瞎爷家确实贫寒得很，妻子实在熬不下去了，便不断抱怨。瞎爷说：比起那些拖儿带女四处讨饭的人家，饱一顿饥一顿，还要睡在别人的屋檐下，弄不好还会被狗咬一口，就会觉得日子还真是不赖。虽然没有馍吃，可是还有稀饭可以喝；虽然买不起新衣服，可总还有旧的衣裳穿；房子虽然有些漏雨的地方，可总还是住在屋子里边，和那些讨饭维持生活的人相比，日子可以算是天堂了。

瞎爷老了，想在合眼前把棺材做好，然后安安心心地走。可做的棺材属于非常寒酸的那一种，妻子愧疚不已，瞎爷却说这棺材比起富豪大家们的上等柏木是差远了，可是比起那些穷得连棺材都买不起，尸体用草席卷的人，不是要强多了吗？

　　瞎爷活到72岁，无疾而终。在他临死之前，对哭泣的老伴说："有啥好哭的，我已经活到72岁，比起那些活到八九十岁的人，不算高寿，可是比起那些四五十岁就死了的人，我不是好多了吗？"

　　瞎爷死的时候，神态安详，脸上还留有笑容……

　　瞎爷的人生观，正是一种乐天知足的人生观，永远不和那些比自己强的人攀比，用自己的拥有与那些没有的人进行比较，并以此找到了快乐的人生哲学。人生不就这样吗？有总比没有强多了。

　　很多时候，我们就缺少瞎爷的这种心境，当我们抱怨自己的衣服都不是名牌的时候，是否想到还有很多人连一套像样的衣服都没有；当我们抱怨自己的丈夫没有钱的时候，可否想到那些相爱但却已阴阳两重天的人；当我们抱怨自己的孩子没有拿第一的时候，是否想到那些根本上不起学的孩子；当我们抱怨工作太累的时候，可否想到那些在街上摆小摊的小贩们，他们每天起早贪黑，根本没有工夫去抱怨……其实，我们已经过得很好了，我们能够在偌大的城市拥有自己的房子，哪怕只是租的，我们不用为吃饭发愁，我们拥有体贴疼爱自己的妻子，我们拥有可爱的孩子，有着依旧对自己牵肠挂肚的父母……实际上我们已经拥有得够多了，还有什么不满意的呢？快乐也是在知足中获得。

　　剑桥教授安德鲁·克罗斯比常说：真正的快乐是内心充满喜悦，是一种发自内心对生命的热爱。不管外界的环境和遭遇如何变化，都能保持快乐的心情，这就需要一种知足的心态。

第二章

不是成功来得慢,而是放弃速度快

不是每一次播种都有收获

并不是你的每一份努力都会收到效果，并不是你的每一次坚持都会有人看到，并不是你每一点付出都能得到回报，并不是你的每一个善意都能被理解……也许这就是世道。有很多时候，人需要一点耐心，一点信心。每个人总会轮到几次不公平的事情，而通常情况下，耐心等待是最好的应对办法。

有很多时候我们需要等待，需要耐得住寂寞，等待属于自己的那一刻。周润发等待过，刘德华等待过，周星驰等待过，王菲等待过，张艺谋也等待过……看到了他们如今的功成名就的，你可曾看到当初他们的等待和耐心？你可曾看到金马奖影帝在街边摆地摊？你可曾看到德云社一群人在剧场里给一位观众说相声？你可曾看到周星驰当年的角色甚至连一句台词都没有？每一个成功者都有一段低沉苦闷的日子，闭上眼睛，几乎就能想象得出来他们当年借酒浇愁的样子，也可以想象得出他们为了生存而挣扎的窘迫。在他们一生中最灿烂美好的日子里，他们渴望成功，但却两手空空，如现在的你。没有人保证他们将来一定会成功，而他们选择的是耐住寂寞。如果当时的他们总念叨着"成功只是属于特权阶级的"，那么他们今天会有如此的成就吗？

人总是会遇到挫折，总是会有低潮，总是会有不被人理解的时候，总是有要低声下气的时候，而这些恰恰是人生最关键的时候，因为大家都会碰到挫折，而大多数人过不了这个门坎，你能过，你就成功了。在这样的时刻，我们需要耐心等待，满怀信心地去等待，相信生活不会放弃你，机会总会来的。至少，还年轻，有什么可怕的呢？路要一步步走，虽然到达终点的那一步很激动人心，但大部分的脚步是平凡甚至枯燥的，但没有这些脚步，或者耐不住这些平凡枯燥，你终归是无法迎来最后的那些激动人心。

逆境，是上帝派来淘汰不合格者的帮手。要知道，你不好受，别人也不好受，你坚持不下去了，别人也一样，当遇到困境的时候千万不要告诉别人你坚持不住了，那只能让别人获得坚持的信心，让竞争者微笑地看着你失去信心，退出比赛。胜利永远属于那些在寂寞中能够沉得住气的人。在最绝望的时候，去看看电影《The Pursuit of Happiness》(《甜心先生》)、《Jerry Maguire》、《当幸福来敲门》，让自己重新鼓起勇气吧。因为无论什么时候，我们总还是有希望。即便是所有的人都失去了希望，我们也不可以对自己失去信心。每天下班坐在车里，我喜欢哼着《隐形的翅膀》看着窗外，我知道，我在静静等待，等待属于我的那一刻。

现代人为什么迷失，为什么找不到自己？这不仅是因为我们太过于浮躁、太过于追求外在的感觉了，更重要的原因是我们在繁华喧闹的社会中失去了真正的自己。一个人如果不能看清真实的自己，就会使自己产生一种飘忽不定、没有方向、没有目的的感觉。

低谷的短暂停留，是为了向更高峰攀登

随着最后一棒雷扎克触壁，美国队在北京奥运会游泳男子4×100米混合泳接力比赛中夺冠了，并打破了世界纪录！泳池旁的菲尔普斯激动得跳起来，和队友们紧紧拥抱在一起。这也是菲尔普斯本人在北京奥运会上夺得的第8枚金牌，可谓是前无古人。菲尔普斯已经彻底超越了施皮茨，成为奥运会的新王者。

如果说一个人的一生就像一条曲线，那么，北京奥运会上的菲尔普斯无疑达到了人生的一个新高峰；如果说一个人的一生就像四季轮回，那么，北京奥运会上的菲尔普斯必定是处在灿烂热烈、光芒四射的夏季。在2008年北京的水立方，菲尔普斯创造了令人大为惊叹的8金神话，无比荣耀地登上了他人生的巅峰。

而2009年2月初，当北半球大部分国家还被冬天的低温笼罩时，从美国传出了一条让菲迷们更觉冰冷的消息，菲尔普斯吸食大麻！菲迷们伤心了，媒体哗然了，菲尔普斯竟以"大麻门"的方式再次让人们瞠目结舌。

北京奥运会后，菲尔普斯完全放弃了训练，流连于各个俱乐部、夜店，继而沉醉于赌城拉斯维加斯豪赌，私生活可谓靡烂。他也不再严格控制饮食，导致体重增加了至少6公斤。《纽约时报》说，"这是有史以来最胖的菲尔普斯，他更像是明星，而不是运动员"。

尽管"大麻门"曝光后，菲尔普斯痛心疾首，向公众真诚致歉并表示会痛改前非，很多热爱飞鱼的菲迷们都采取了宽容的态度，美国泳协也仅对菲尔普斯禁赛三个月。但事情既然发生，就不得不引发人们深深的思考。

相比于风光无限的2008年夏季，2008年底到2009年初，菲尔普斯似乎在走下坡路，他人生也似乎走进了寒冷的冬季。喜欢他的人们帮他解脱，比如年少无知、交友不慎，比如生活单调、压力过大。其实和菲尔普斯相比，现实生活中很多人的生活轨迹又何尝不是如此呢，春风得意，自我膨胀，然后屡犯错误，最后跌入人生的低谷。无论是主观原因还是客观因素，成功的背后总会有失败的影子，得意过后总会伴着失意，有顺境就有逆境，有春天也会有冬季，这似乎是人生无可置疑的辩证法。

人生就像四季，有着寒暑之分，也会有冷暖交替的变化。情场失意、工作不得志、与家人无法沟通、在同事中不被认同、亲人病危……当我们面临人生的"冬季"时，不可避免地会陷入情绪的低潮，并经常在低潮与清醒中来回摇摆。其实，当一个人处于人生中的"冬季"时，正是好好反省、重新认识自己的时候，因为在所谓清醒的时刻，往往并非是真正的清醒。不管是刻意压抑或是在潜意识中，都会在有意或无心的时候，否定了内心种种孤寂、空虚的感受，也压抑了由恐惧所引起的各种负面情绪。

当然，一般人也想过办法来解决这样的问题，有人尝试各种各样的方法，只是到了最后，还是不忘提醒自己这样的话："书上写的、朋友说的我都懂，不过，懂是一回事，能不能做又是另外一回事！"就这样，不是畏惧改变，就是不耐于等待，而错失了反省自己的机会！

人在顺境时得意是非常自然的事情，但是能在低谷中苦中寻乐，或是让心情归于平静去认识平常疏于了解的自己，能帮助自己成长。

生活中的"冬季"就像开车遇到红灯一样，短暂的停留是为了让你放松，甚至可以看看是否走错了方向。人生是长途旅行，如果没有这种短暂的休息，也就无法精力充沛地完成未完的旅程。生命有高潮也有低谷，低谷的短暂停留是为了整顿自我，向更高峰攀登。

坦然面对自己的失意

如果一个人在 46 岁的时候，在一次意外事故中被烧得不成人形，4 年后的一次坠机事故中使腰中部以下全部瘫痪，他会怎么办？接下来，你能想象他变成百万富翁、受人爱戴的公共演说家、春风得意的新郎官及成功的企业家吗？你能想象他会去泛舟、玩跳伞、在政坛争得一席之地吗？

这一切，米歇尔全做到了，甚至有过之而无不及。在经历了两次可怕的意外事故后，米歇尔的脸因植皮而变成一块彩色板，手指没有了，双腿细小，无法行动，他只能瘫痪在轮椅上。第一次意外事故把他身上六成五以上的皮肤都烧坏了，为此他动了 16 次手术。

手术后，他无法拿起叉子，无法拨电话，也无法一个人上厕所，但曾是海军陆战队队员的米歇尔从不认为自己被打败了。他说："我完全可以掌控自己的人生之船，那是我的浮沉，我可以选择把目前的状况看成倒退或是一个新起点。"6 个月之后，他又能开飞机了！

米歇尔为自己在科罗拉多州买了一幢维多利亚式的房子，另外也买了房地产、一架飞机及一家酒吧，后来他和两个朋友合资开了一家公司，专门生产以木材为燃料的炉子，这家公司后来变成佛蒙特州第二大私人公司。第一次意外发生后 4 年，米歇尔所开的飞机在起飞时又摔回跑道，把他胸部的十二块脊椎骨压得粉碎，他永远瘫痪了。

米歇尔仍不屈不挠，努力使自己达到最大限度的自主。后来，他被选为科罗拉多州孤峰顶镇的镇长，保护小镇的环境，使之不因矿产的开采而遭受破坏。米歇尔后来还竞选国会议员，他用一句"不只是另一张小白脸"作为口号，将自己难看的脸转化成一项有利的资产。后来，行动不便的米歇尔开始泛舟。他坠入爱河且完成终身大事，他还拿到了公共行政硕士，并持续他的飞行活动、环保运动及公共演说。米歇尔坦然面对自己失意的态度使他赢得了人们的尊敬。

米歇尔说："我瘫痪之前可以做 1 万件事，现在我只能做 9000 件，我可以把注意力放在我无法再做的1000件事上，或是把目光放在我还能做的9000件事上。告诉大家，我的人生曾遭受过两次重大的挫折，而我不能把挫折当成放弃努力的借口。或许你们可以用一个新的角度，看待一些一直让你们裹足不前的经历。你们可以退一步，想开一点，然后，你们就有机会说：'或许那也没什么大不了的！'"

月有阴晴圆缺，人生也是如此。情场失意、朋友失和、亲人反目、工作不得志……类似的事情总会不经意纠缠你，令你的情绪跌至低谷。其实，生活中的低谷就像是行走在马路上遇到红灯一样，你不妨以一种平和的心态坦然面对，不妨利用这段时间休息、放松一下，为绿灯时更好地行走打下基础。

丘吉尔说："做人就要做坚强和刚猛的大雄狮！"

人生是一个与困难作战的过程，你不打败困难，困难就打败你。当人生的困难挫折降临到你的头上，你是坦然面对，勇敢迎接挑战，还是灰心丧气，知难而退，落荒逃走？这是一个关系到人生成败的大问题。

有一种成功叫锲而不舍

德国伟大诗人歌德在《浮士德》中说："始终坚持不懈的人，最终必然能够成功。"人生的较量就是意志与智慧的较量，轻言放弃的人注定不是成功的人。

约翰尼·卡许早就有一个梦想——当一名歌手。参军后，他买了自己有生以来的第一把吉他。他开始自学弹吉他，并练习唱歌，他甚至创作了一些歌曲。服役期满后，他开始努力工作以实现当一名歌手的夙愿，可他没能马上成功。没人请他唱歌，就连电台唱片音乐书目广播员的职位他也没能得到。他只得靠挨家挨户推销各种生活用品维持生计，不过他还是坚持练唱。他组织了一个小型的歌唱小组在各个教堂、小镇上巡回演出，为歌迷们演唱。最后，他灌制的一张唱片奠定了他音乐工作的基础。他吸引了两万名以上的歌迷，金钱、荣誉、在全国电视屏幕上露面——所有这一切都属于他了。他对自己深信不疑，这使他获得了成功。

接着，卡许经受了第二次考验。经过几年的巡回演出，他被那些狂热的歌迷拖垮了，晚上须服安眠药才能入睡，而且要吃些"兴奋剂"来维持第二天的精神状态。他沾染上了一些恶习——酗酒、服用催眠镇静药和刺激兴奋性药物。他的恶习日渐严重，以致对自己失去了控制能力。他不是出现在舞台上，而是更多地出现在监狱里。到了1967年，他每天须吃一百多片药。

一天早晨，当他从佐治亚州的一所监狱刑满出狱时，一位行政司法长官对他说："约翰尼·卡许，我今天要把你的钱和麻醉药都还给你，因为你比别人更明白你能充分自由地选择自己想干的事。看，这就是你的钱和药片，你现在就把这些药片扔掉吧，否则，你就去麻醉自己，毁灭自己。你选择吧！"

卡许选择了生活。他又一次对自己的能力做了肯定，深信自己能再次成功。他回到纳什维利，并找到他的私人医生。医生不太相信他，认为他很难改掉服麻醉药的坏毛病，医生告诉他："戒毒瘾比找上帝还难。"他并没有被医生的话吓倒，他知道"上帝"就在他心中，他决心"找到上帝"，尽管这在别人看来几乎不可能。他开始了他的第二次奋斗。他把自己锁在卧室闭门不出，一心一意要根绝毒瘾，为此他忍受了巨大的痛苦，经常做噩梦。后来在回忆这段往事时，他说，他总是觉得昏昏沉沉，好像身体里有许多玻璃球在膨胀，突然一声爆响，只觉得全身布满了玻璃碎片。当时摆在他面前的，一边是麻醉药的引诱，另一边是他奋斗目标的召唤，结果后者占了上风。九个星期以后，他恢复到原来的样子了，睡觉不再做噩梦。他努力实现自己的计划，几个月后，他重返舞台，再次引吭高歌。他不停息地奋斗，终于再一次成为超级歌星。

卡许的成功来源于什么？很简单，坚持。

一个人身处困境之中，不自强永远也不会有出头之日，仅仅一时的自强而不能长期坚持，也不会走上成功之路。因此，坚持不懈地自强，才是扭转命运的根本力量。

古希腊哲人苏格拉底说："许多赛跑者的失败，都是失败在最后几步。跑'应跑的路'已经不容易，'跑到尽头'当然更困难。"一个人的成功往往来自于自己内心的一份坚持，虽然每个人的境遇完全不同，可是他们都没有放弃自己内心的追求！这一点点坚持使他们在竞争中成为真正的赢家！

屡战屡败的死敌是屡败屡战

当塞洛斯·W.菲尔德从商界引退的时候，他已经积累了大量的财富。而这时他却对在大西洋中铺设海底电缆这一构想产生了极大的兴趣，这样一来欧洲和美洲就能建立电报联系。菲尔德倾其所有来完成这一事业。前期的准备工作包括建造一条从纽约到纽芬兰圣约翰的电话线路，全长1000多英里。这其中有400多英里需要穿过一片原始森林，为此他们不得不在铺设电话线的同时修建一条穿越纽芬兰的道路。这条线路中还有140多英里要通过法国的布列塔尼，建设者们在那儿也投入了大量的人力。与此相同的还有铺设通过圣劳伦斯的电缆。

通过艰苦的努力，菲尔德得到了英国政府对他的公司的援助。但是在国会，他曾经遭到了一个很有影响力的团体的强烈反对，在参议院表决时，菲尔德的方案仅以一票的优势获得通过。英国海军派出了驻塞瓦斯托波尔舰队的旗舰"阿伽门农"号来铺设电缆，而美国则由新建的护卫舰"尼亚加拉"号来承担这一工作。但是由于一次意外，已铺设了5英里长的电缆卡在了机器里，被折断了。在第二次实验中，船只驶出200英里时，电流突然消失了，人们在甲板上焦急沮丧地来回走动，似乎死期就要来临。正当菲尔德先生要下令切断电缆的时候，电流就像它消失时那样，突然又神奇地恢复了。接下来的一个晚上，电缆以每小时6英里的速度延伸，但由于停船过于突然，船只猛烈地倾斜了一下，电缆又被卡断了。

菲尔德不是一个轻言放弃的人。他重新购买了700多英里长的电缆，委托一位精通此行的专家设计一套更好的铺设电缆的机器设备。美国和英国的发明家齐心协力地工作，最后决定从大西洋中央开始铺设两段电缆。于是两艘船开始分头工作，一艘往爱尔兰，另一艘驶往纽芬兰，每艘船都各自承担一头的铺设工作。大家希望这样能够把两个大陆连接起来。就在两艘船相距3英里时，电缆断了。人们重新连上了电缆，但是当两艘船相距80英里时，电流又消失

第二章
不是成功来得慢，而是放弃速度快

了。电缆再次连上了，大约又铺设了200英里之后，在距"阿伽门农"号20英尺处，不幸电缆又断了，"阿伽门农"号随即返回了爱尔兰海岸。

项目负责人都感到非常沮丧，公众开始怀疑，投资商开始退却。如果不是菲尔德先生不屈不挠、夜以继日、废寝忘食地工作，说服众人，整个工程项目早就被放弃了。终于开始了第三次尝试，这一次成功了，整条电缆线顺利地铺设完成。几个信号在大西洋上传送了将近700多英里之后，突然电流中断了。

大家都失去了信心，只有菲尔德先生和他的一两个朋友仍然对此抱有希望。他们继续坚持工作，并且说服了人们继续投资进行试验。一条崭新的更为高级的电缆由"大东部"号负责铺设。"大东部"号慢慢地驶向大西洋，一边前进一边铺设。一切都进行得很顺利，直到距离纽芬兰600英里处，电缆突然折断沉入海底。几次捞起电缆的尝试都失败了，这一项目也因此停顿了将近一年。但是菲尔德先生并没有被这些困难吓倒，他继续为自己的目标努力。他组建了新公司，并制造了一条当时最为先进的电缆。1866年7月13日，试验开始了，这一次他们成功地向纽约传送了信息，全文如下：

无比满足，7月27日。

我们于早上9点到达，一切顺利。感谢上帝！电缆铺设成功，运行良好。

塞洛斯·W. 菲尔德

那条旧的电缆也找到了，重新连接起来，通往纽芬兰。这两条线路现在仍在使用，而且将来也会有用。

屡战屡败的死敌是屡败屡战，只要我们不放弃，任何困难都难不倒我们。可是如果面对困难，我们畏惧了，退缩了，那么我们只能是生活的失败者，而看不到胜利的希望。

把"冷板凳"坐热

人这一辈子,最常犯的错误就是不甘于坐冷板凳,很多人一旦坐上冷板凳,就难奈寂寞,难挡诱惑,难以坚持下来。

其实坐冷板凳不要紧,关键的是你在坐冷板凳的时候想到什么,能不能坚持下去,把冷板凳坐热。很多人都会在刚刚坐上冷板凳的时候还能坚持一段时间,但时间一长,有不少人就坚持不下去了,于是就放弃了,这样的人,成功对于他们来说是遥遥无期的。

在华为,就有这样一个甘于将冷板凳坐热的优秀员工小刘。小刘刚进华为的时候,公司正提倡"博士下乡,下到生产一线去实习、去锻炼"。实习结束后,领导安排他从事电磁元件的工作。堂堂的电力电子专业博士理应干一些大项目,不想却坐了冷板凳,搞这种不起眼的小儿科,小刘实在有些想不通。

想法归想法,工作还要进行。就在小刘接手电磁元件的工作之后不久,公司电源产品不稳定的现象出现了,结果造成许多系统瘫痪,给客户和公司造成了巨大损失,受此影响公司丢失了 5000 万以上的订单。在这种比较严峻的形势下,研发部领导把解决该电磁元件问题故障的重任,交给了刚进公司不到三个月的小刘。

在工程部领导和同事的支持与帮助下,小刘经过多次反复实验,逐渐清晰了设计思路。又经过 60 天的日夜奋战,小刘硬是把电磁元件这块硬骨头啃下来了,使该电磁元件的市场故障率从 18% 降为零,而且每年节约成本 110 万元。现在,公司所有的电源系统都采用这种电磁元件,时过近两年,再未出现任何故障。

这之后,小刘又在基层实践中主动、自觉地优化设计和改进了 100A 的主变压器,使每个变压器的成本由原 750 元降为 350 元,且减小了体积和重量,每年为公司节约成本 250 万元,并为公司的产品战略决策提供了依据。

小小的电磁元件这件事对小刘的触动特别大,他不无感慨地说道:"貌似渺小的电磁元件,大家没有去重视,结果我这样起初'气吞山河'似的'英雄'在其面前也屡次受挫、饱受煎熬,坐了两个月冷板凳之后,才将这件小事搞透。现在看起来,之所以出现故障,不就是因为绕线太细、匝数太多了吗?把绕线加粗、匝数减少不就行了?而我们往往一开始就只想干大事,而看不起小事,结果是小事不愿干,大事也干不好,最后只能是大家在这些小事面前束手无策、慌了手脚。当年苏联的载人航天飞机在太空爆炸,不就是因为将一行程序里的一个小数点错写成逗号而造成的吗?!电磁元件虽小,里面却有大学问。更为重要的是它是我们电源产品的核心部件,其作用举足轻重,非得要潜下心、冷静下来,否则不能将貌似小小的电磁元件弄透、搞明白。做大事,必先从小事做起,先坐冷板凳,否则,在我们成长与发展的道路上就要做夹生饭。现在看来,当初领导让我做小事、坐冷板凳是对的,而自己又能够坚持下来也是对的。有专家说:'我们有许多研究学术的、搞创作的,吃亏在耐不住寂寞,总是怕别人忘记了他。由于耐不住寂寞,就不能深入地做学问,不能勤学苦练。他不知道耐得住寂寞才能不寂寞,耐不住寂寞,偏偏寂寞。'这段话推而广之,适合于各行各业和各类人员,凡想做点事情的人,都应该先学会耐得住寂寞,先学会坐冷板凳,先学会做小事,然后才能做大事,才能取得更大的业绩和成效。"

不管你的能力有多强,你都必须从最基础的工作做起。职场永远不会有一步登天的事情发生,任何人要想脱颖而出,唯一的方法就是把现在的工作做好,在普通平凡的工作中创造奇迹。诸葛亮在《诫子书》中有言:"非淡泊无以明志,非宁静无以致远。"愿大家都能牢记这句至理名言,远离浮躁,宁静致远。

纵观古今中外,凡成大事者,无一不是具有持之以恒的精神,他们能够耐得住寂寞,经得起诱惑,无论身处怎样的环境,都能坚定操守,把自己的"冷板凳"坐热。

低谷时不放弃，在寂寞中悄然突破

　　人生之中，难免会经历这样或那样的波折。面对生活中的痛苦，如果一味沉浸在对命运的抱怨中，那么我们看到的只能是漫无天际的悲观和失望，可是如果保持一颗豁达的心，即使是在人生的风雪里，也只会当成是风景来观赏。

　　曼德拉因为领导反对白人种族隔离的政策而入狱，白人统治者把他关在荒凉的大西洋小岛罗本岛上27年。当时曼德拉年事已高，但看守他的狱警依然像对待年轻犯人一样对他进行残酷的虐待。

　　罗本岛上布满岩石，到处是海豹、蛇和其他动物。曼德拉被关在总集中营一个锌皮房，白天打石头，将采石场的大石块碎成石料。他有时要下到冰冷的海水里捞海带，有时干采石灰的活儿——每天早晨排队到采石场，然后被解开脚镣，在一个很大的石灰石场里，用尖镐和铁锹挖石灰石。因为曼德拉是要犯，看管他的看守就有三个人。他们对他并不友好，总是寻找各种理由虐待他。

　　谁也没有想到，1991年曼德拉出狱当选总统以后，他在就职典礼上的一个举动震惊了整个世界。

　　总统就职仪式开始后，曼德拉起身致辞，欢迎来宾。他依次介绍了来自世界各国的政要，然后他说，能接待这么多尊贵的客人，他深感荣幸，但他最高兴的是，当初在罗本岛监狱看守他的三名狱警也能到场。随即他邀请他们起身，并把他们介绍给大家。

　　曼德拉的博大胸襟和宽容精神，令那些残酷虐待了他27年的白人汗颜，也让所有到场的人肃然起敬。看着年迈的曼德拉缓缓站起，恭敬地向三个曾看管他的看守致敬，在场的所有来宾以至整个世界，都静下来了。

　　后来，曼德拉向朋友们解释说，自己年轻时性子很急，脾气暴躁，正是狱中生活使他学会了控制情绪，因此才活了下来。牢狱岁月给了他时间与激励，也使他学会了如何处理自己遭遇的痛苦。他说，感恩与宽容常常源自痛苦与磨难，必须通过极强的毅力来训练。

获释当天，他的心情平静："当我迈过通往自由的监狱大门时，我已经清楚，自己若不能把悲痛与怨恨留在身后，那么我其实仍在狱中。"

没错，面对生活中的磨难，如果不能以豁达的心胸面对，那么我们只能一直生活在痛苦当中。在生活中，很多人都不能放下心中的痛苦，他们觉得是命运的薄待，让他们感受到了诸多痛苦。所以，他们愤恨，他们抱怨，甚至于还会想到要报复。

可是，即便是我们把心中的痛苦都发泄出来，我们仍然没办法减轻自己心中的痛苦，因为我们不曾放下。所以，与其让别人加入我们的痛苦，不如我们自己释怀，看淡得失。

人生之中，难免会经历这样或那样的波折。面对生活中的痛苦，如果一味沉浸在对命运的抱怨中，那么我们看到的只能是漫无天际的悲观和失望，可是如果保持一颗豁达的心，即使是在人生的风雪里，也只会当成是风景来观赏。

怀有成为珍珠的信念

在日本有一个学业优秀的青年，去一家大公司应聘，结果没被录用。这位青年得知这一消息后，深感绝望，顿生轻生之念，幸亏抢救及时，自杀未遂。不久传来消息，他的考试成绩名列榜首，是统计考分时电脑出了差错，他被公司录用了。但很快又传来消息，说他又被公司解聘了，理由是一个人连如此小的打击都承受不起，又怎么能在今后的岗位上建功立业呢？

在我们的周围，有很多人之所以没有成功，并不是因为他们缺少智慧，而是因为他们面对事情的艰难没有做下去的勇气，他们自认为已陷入绝境，只知道悲观失望。

而有的人却恰恰相反，他们面对失败从不气馁，而是以百折不挠的精神向目标不断前进。

　　有一位穷困潦倒的年轻人，身上全部的钱加起来也不够买一件像样的西服。但他仍全心全意地坚持着自己心中的梦想，他想做演员，当电影明星。好莱坞当时共有500家电影公司，他根据自己仔细划定的路线与排列好的名单顺序，带着为自己量身定做的剧本前去一一拜访，但第一遍拜访下来，500家电影公司没有一家愿意聘用他。

　　面对无情的拒绝，他没有灰心，从最后一家被拒绝的电影公司出来之后不久，他就又从第一家开始了他的第二轮拜访与自我推荐。第二轮拜访也以失败而告终。第三轮的拜访结果仍与第二轮相同。但这位年轻人没有放弃，不久后又咬牙开始了他的第四轮拜访。当拜访到第350家电影公司时，老板竟破天荒地答应让他留下剧本先看一看。他欣喜若狂。几天后，他获得通知，请他前去详细商谈。就在这次商谈中，这家公司决定投资开拍这部电影，并请他担任自己所写剧本中的男主角。不久这部电影问世了，名叫《洛奇》。这位年轻人的名字就叫史泰龙，后来他成了红遍全世界的巨星。

　　其实，陷入绝望的境地往往是对今后的路没有信心，或者是对曾经得到而又失去的东西感到痛心，所以有人会因此而绝望。人常说，"绝境逢生"，这个词能够出现就有它出现的道理，很多时候，有些事情看起来是没有回旋的余地了，但只要不放弃，很可能就会出现转机。

　　常言道："留得青山在，不怕没柴烧。"任何时候，只要人在就有希望，遇到任何处境都不至于绝望，流过血，流过泪，付出了汗水，痛哭过后，擦干眼泪，一切可以重新开始。

　　所以，不论是遇到什么事情，不论事情在现在看来是如何的糟糕，千万不要以为没有了办法，也不要因为一次失败就认为自己无能，每一个人几乎都是由不断失败，再不断爬起来才获得成功的。或者每当觉得开始绝望的时候，多鼓励自己再试一次，再试一次很可能让自己跨越了苦难的沼泽地，给自己一个机会，生活的机会才会留给自己。

　　其实，人生没有绝望的处境，只有对处境绝望的人。即使自己是一粒细沙，也要相信自己能够成为一颗珍珠。只有抱着这样的信念，我们才能走向成功。

成功的秘诀在于不放弃

威尔玛·鲁道夫从小就"与众不同",她在家中22个孩子中排行20。她出生时因早产而险些丧命。6岁时她患了肺炎和猩红热,后来又患了小儿麻痹症,由于左腿不能正常使用,她只能穿着固定腿的金属绷带。她的左腿因此而残废。童年时候的她不要说像其他孩子那样欢快地跳跃奔跑,就连平常走路都做不到。寸步难行的她非常悲观和忧郁。随着年龄的增长,她的忧郁和自卑感越来越重,甚至,她拒绝所有人的靠近。但也有例外,邻居家的残疾老人却是她的好伙伴。老人在一场战争中失去了一只胳膊,但他非常乐观,她也喜欢听老人讲故事。

有一天,威尔玛被老人用轮椅推着去附近的一所幼儿园,操场上孩子们动听的歌声吸引了他俩。当一首歌唱完,老人说道:"让我们为他们鼓掌吧!"她吃惊地看着老人,问道:"你只有一只胳膊,怎么鼓掌啊?"老人对她笑了笑,解开衬衣扣子,露出胸膛,用手掌拍起了胸膛……

那是一个初春的早晨,风中还有几分寒意,但她却突然感觉自己的身体里涌起一股暖流。老人对她笑了笑,说道:"只要努力,一个巴掌也可以拍响。你一定能站起来的!"那天晚上,威尔玛·鲁道夫让父亲写了一张纸条贴在墙上:"一个巴掌也能拍响!"

从那之后,她开始配合医生做运动。无论多么艰难和痛苦,她都咬牙坚持着。有一点进步了,她又以更大的受苦姿态,来求更大进步。甚至父母不在家时,她自己扔开支架,试着走路……蜕变的痛苦牵扯到筋骨。她坚持着,相信自己能够像其他孩子一样行走、奔跑!

很快她的付出有了回报,到她九岁的时候,她不再需要她的金属护腿绷带。威尔玛很高兴,因为她能够跑步,并能像其他孩子们那样玩耍。她的哥哥在后院树立起一个篮球筐,自打那以后,她每天玩篮球。她终于扔掉支架,开始向另一个更高的目标努力着:锻炼打篮球和参加田径运动。无论严寒酷暑,她都始终坚持着，从不气馁，从不放弃。

　　人生难免遭遇不幸，面对不幸，只有用积极、乐观的心态去面对，才可能扭转人生命题。如果你还在为不幸的遭遇自怨自艾的话，那你的人生将不会有任何前途。

　　威尔玛·鲁道夫没有被病魔打倒，她选择了勇敢的反击，并且通过自己的努力她战胜了困难。在她16岁仍在上中学的时候，她已经成为一名非常优秀的田径运动员，她代表美国参加了1956年在澳大利亚墨尔本举行的奥运会，她是美国代表队中最年轻的选手，在接力跑4×100米接力比赛中获得了一枚铜牌。

　　1960年，罗马奥运会女子100米决赛，当她以11秒18第一个撞线后，掌声雷动，人们都站起来为她喝彩，齐声欢呼着她的名字："威尔玛·鲁道夫！威尔玛·鲁道夫！"那一届奥运会上，威尔玛·鲁道夫成为当时世界上跑得最快的女人，她共摘取了三枚金牌，也是第一个黑人奥运女子百米冠军。

　　"人可以被消灭，但不能被打败！"在人生旅途中，通往理想的道路上总会遇到大大小小的困难和挫折，埋怨、消沉、哀叹命运都无济于事。面对挫折，要有宽阔的胸襟、无畏的勇气。要记住，挫折是通向理想的阶梯。只要你有走出的愿望，就没有走不出的人生低谷。我们需要不断地自我激励，不能因为一时的挫折就把自己的一生永远地困在逆境的泥淖中。人的可贵之处在于，无论跌倒多少次，都能从失败的废墟上站起来，人生也因此而显得绚丽多彩。如果只为不幸的遭遇自怨白艾，那你将不会有仜何前途。

　　每个人都需要不断地自我激励，不能因为一时的挫折就把自己的一生永远地困在逆境的泥淖中。人的可贵之处在于，无论我们跌倒多少次，都能从失败的废墟上站起来，人生也因此而显得绚丽多彩。

在顺境中修行，永远不能成佛

人在顺境中，是不能修行成佛的，人只能在逆境中修行。

世间人常说的一句话是：逆境出人才。人们最出色的工作往往是在处于逆境的情况下做出的。逆境是对人生的一种考验，是对人的生活的一种磨炼。

一个人生活在世上，不可能永远走平坦的路。从佛学角度说的四圣谛"苦、集、灭、道"，第一个就是"苦谛"。人生最根本的问题就是苦，"苦"有生、老、病、死苦，再加上怨憎会苦、爱离别苦、求不得苦，能看透人生最根本的问题是苦，其他还有什么比它再苦的呢？要想离苦得乐，你最好按照佛的教育去做。佛，是释迦牟尼，也是你自己。你能离苦得乐，你就是佛。

佛曰：逆境是增上缘。佛陀还告诉我们："十方三世一切佛皆以苦为良师。"没有苦不可能成道。如果一个人要想更坚强，应该接受逆境的磨炼；顺境不一定就好，逆境也不一定不好。在顺境中修行，永远不能成佛。在我们现在生活的世界，因为有苦，所以人会努力、思考、精进，才会思变，才会改变，才会领悟。这就叫因苦成佛。

释迦牟尼佛在无量劫以前已经成佛了。可是他老人家慈悲心太重，为了教化没有恒远心、没有坚强心、没有诚恳心的众生，在雪山苦修六年，示现成佛。

生活中挫折是在所难免的，重要的不是绝对避免挫折，而是要在挫折面前采取积极进取的态度。勇敢面对艰险，不怕挫折，这是一种积极心态，更是人生必修课。

公元742年，唐朝的鉴真和尚第一次东渡，正准备从扬州扬帆出海时，不料被人诬告与海盗串通，东渡未能实现。同年年底，鉴真和同船856人第二次东渡。刚一出海，就遇到了狂风恶浪，船只被击破，船上水没腰，这次东渡又告失败。

鉴真修好船后，到了浙江沿海，又遇到狂风恶浪，船只触礁沉没，人虽上岸，但水米皆无，他们忍饥挨饿好几天，才被搭救出来，第三次东渡又遇挫折。

第四次东渡因人阻拦,也未成功。

遭受挫折最为惨重的是第五次东渡。公元748年,鉴真一行345人又从扬州乘船东渡,船入深海不久,就遇上特大台风,船只受风吹浪涌漂到浙江舟山群岛附近。停泊三个星期后,鉴真再度入海,不料又误入海流。这时,风急浪高,水黑如墨,船只犹如一片竹叶,忽而被抛上小山高的浪尖,忽而陷入几丈深的波谷。

这样漂了七八天,船上的淡水用完了,每天只靠嚼点干粮充饥。口渴难忍时就喝点海水,这样苦熬了半个多月,最后飘到了海南岛最南端崖县,才侥幸上了岸。他们跋涉千里,历尽千辛万苦才回到了扬州。在路上几经磨难,63岁的鉴真身染重病,以致双目失明。即使是在这样的情况之下,鉴真东渡日本的决心丝毫未动,仍为第六次的东渡做准备,后来终于获得了成功。

逆境,对弱者是一种打击,对强者却是一种激励。逆境之所以出人才,是因为人能够正视生活中的种种困难,有迎刃而上的精神,有坚持不懈的意志。逆境是块磨刀石,它能磨砺出奋发向上的意志和百折不挠的精神,逆境是所学校,人能在这里学到丰富的人生知识。

所以,人要乐于迎接人生中的每一个逆境,这才是真正的修行之道。在实现自我追求、幸福的过程中会遇到各种逆境,我们要能够"千里云海漫漫路,虔心不移志如磐"。很多人刚开始满怀信心地踏上人生大道,但是只要一遇逢逆境就很自然地向后转,情况好点的就留在原地踏步,只有极少数的人能突破瓶颈过关斩将,他们才是真正的英雄好汉。

佛界有言:"此身不向今生度,更待何时度此身。"如果你今生遭遇逆境,深受苦难,那正是你修行精进的大好时机。

在追求成功的道路上,我们要能够忍耐从肉体到精神上的全面折磨,之后才能"历劫成圣"。依靠忍耐,许多困难都能克服,甚至许多原本已经无望的事情都可以起死回生。像拥抱幸福一样拥抱苦难,我们的人生会更精彩!

不要陷入自己画的悲伤牢

任何一种心态都是每个人对生活的不同看法。在现实生活中，每个人都可能遭受这样或那样的打击和挫折：因为高考落榜而精神委靡或是因为失恋而忧伤，因为无法适应快节奏的工作而垂头丧气……这些心理多半是人们意志薄弱、心态不成熟的一种表现。而这些异常的悲观的心理往往导致痛苦的人生，往往影响你对世界的正确看法。

悲观的人实际上是以自己悲观消极的想法看客观世界，在悲观者心中，现实是或多或少地被丑化了的。社会上许多人，对未来和生活，往往持有一种悲观的迷茫心理。对自己的过去，无论辉煌与否，都一概加以否定，心里充满了自责与痛苦，口中有说不完的遗憾和悔恨。他们对未来缺乏信心，认为自己一无是处，什么事都干不好，认知上否定自己的优势与能力，无限放大自己的缺陷。他们经常出现失眠多梦、嗜睡懒动，或觉得自己比平时更敏感、更爱掉眼泪等，重者自我意象消极，时常自怨自艾，或心境悲哀、待人冷漠。

20世纪的女作家张爱玲的一生完整地注释了悲观给人带来的负面影响是多么巨大。

张爱玲一生聚集了一大堆矛盾，她是一个善于将艺术生活化、生活艺术化的享乐主义者，又是一个对生活充满悲剧感的人；她是名门之后，贵族小姐，却宣称自己是一个自食其力的小市民；她悲天悯人，时时洞见芸芸众生"可笑"背后的"可怜"，但在实际生活中却显得冷漠寡情；她通达人情世故，但她自己无论是待人还是穿衣均是我行我素，独标孤高。她在文章里同读者拉家常，但在生活中始终与人保持着距离，不让外人窥测她的内心；她在20世纪40年代的上海大红大紫，一时无二，然而几十年后，她在美国又深居简出，过着与世隔绝的生活。所以有人说："只有张爱玲才可以同时承受灿烂夺目的喧闹与极度的孤寂。"这种生活态度的确并不是普通人能够承受或者是理解的，但用现代心理学的眼光看，其实张爱玲的这种生活态度源于她始终抱着一种悲观的心态活在人间，这种悲观的心态让她无法真正地深入生活，因此她总在两种生活状态里不停地左右徘徊。

张爱玲悲观苍凉的色调，深深地沉积在她的作品中，无处不在，产生了巨大而独特的艺术魅力。但无论作家用怎样流利俊俏的文字，写出怎样可笑或传奇的故事，终不免露出悲音。那种渗透着个人身世之感的悲剧意识，使她能与时代生活中的悲剧氛围相通，从而在更广阔的历史背景上臻于深广。

张爱玲所拥有的深刻的悲剧意识，并没有把她引向西方现代派文学那种对人生彻底绝望的境界。个人气质和文化底蕴最终决定了她只能回到传统文化的意境，且不免自伤自怜，因此在生活中，她时而沉浸在世俗的喧嚣中，时而又沉浸在极度的寂寞中，最后孤老死去。

张爱玲的悲剧人生让我们看到了悲观对一个人的残害是多么惨重。人要追求幸福的生活，就要让自己的心灵从悲观的冰河里泅渡出来。

我们不难发现，那些生长在废墟之下的植物，它们被压在沉重的石头砖瓦之下，一年又一年，几乎已经丧失了生存的机会，但一旦它们见到阳光，就立刻恢复了勃勃生机，而且会令人意外地绽开了一朵朵美丽的鲜花。

其实，我们每个人也是如此。

不管经受了多少苦难，一旦信念的阳光照耀在身上，他便能获得至高无上的力量，这力量推动他去改变生活，拥抱幸福灿烂的人生。

第三章

伟大和辉煌是熬出来的

人生总是从寂寞开始

每个想要突破目前困境的人首先都需要耐得住寂寞，只有在寂寞中才能催生一个人的成长。

曾有人在谈及寂寞降临的体验时说："寂寞来的时候，人就仿佛被抛进一个无底的黑洞，任你怎么挣扎呼号，回答你的，只有狰狞的空间。"的确，在追寻事业成功的路上，寂寞给人的精神煎熬是十分厉害的。想在事业上有所成就，自然不能像看电影、听故事那么轻松，必须得苦修苦练，必须得耐疑难、耐深奥、耐无趣、耐寂寞，而且要抵得住形形色色的诱惑。能耐得住寂寞是基本功，是最起码的心理素质。

耐得住寂寞，才能不赶时髦，不受诱惑，才不会浅尝辄止，才能集中精力潜心于所从事的工作。耐得住寂寞的人，等到事业有成时，大家自然会投来钦佩的目光，这时就不寂寞了。而有着远大志向却耐不住寂寞，成天追求热闹，终日浸泡在欢乐场中，一混到老，最后什么成绩也没有的人，那就将真正寂寞了。

其实，寂寞不是一片阴霾，寂寞也可以变成一缕阳光。只要你勇敢地接受寂寞，拥抱寂寞，以平和的爱心关爱寂寞，你会发现：寂寞并不可怕，可怕的是你对寂寞的惧怕；寂寞也不烦闷，烦闷的是你自己内心的空虚。

寂寞的人，往往是感情最为丰富、细腻的人，他们能够体验别人所不能体验的生活，感悟别人所不能感悟的道理，发现别人所不能发现的思想，获取别人所不能获取的能量，最后成就别人所不能成就的事业。

唯一获得奥斯卡最佳导演奖的华人导演李安，他的经历常常被我想起，并拿出来鼓励自己。

李安去美国念电影学院时已经26岁，遭到父亲的强烈反对。父亲告诉他：纽约百老汇每年有几万人去争几个角色，电影这条路走不通的。李安毕业后，

第三章
伟大和辉煌是熬出来的

七年，整整七年，他都没有工作，在家做饭带小孩。

有一段时间，他的岳父岳母看他整天无所事事，就委婉地告诉女儿，也就是李安的妻子，准备资助李安一笔钱，让他开餐馆。

李安自知不能再这样拖下去，但也不愿拿丈母娘家的资助，决定去社区大学上计算机课，从头学起，争取可以找到一份安稳的工作。李安背着老婆硬着头皮去社区大学报名，一天下午，他的太太发现了他的计算机课程表。他的太太顺手就把这个课程表撕掉了，并跟他说："安，你一定要坚持理想。"

因为这一句话、这样一位明理智慧的老婆，李安最后没有去学计算机，如果当时他去了，多年后就不会有一个华人站在奥斯卡的舞台上领那个很有分量的奖。

李安的故事告诉我们，人生应该做自己最喜欢最爱的事，而且要坚持到底，把自己喜欢的事发挥得淋漓尽致，必将走向成功。

如果你真正的最爱是文学，那就不要为了父母、朋友的谆谆教诲而去经商，如果你真正的最爱是旅行，那就不要为了稳定选择一个一天到晚坐在电脑前的工作。

你的生命是有限的，但你的人生却是无限精彩的。也许你会成为下一个李安。

但你需要耐得住寂寞，七年你等得了吗？很有可能会更久，你等得到那天的到来吗？别人都离开了，你还会在原地继续等待吗？

一个人想成功，一定要经过一段艰苦的过程。任何想在春花秋月中轻松获得成功的人都是惘然。这寂寞的过程正是你积蓄力量、开花前奋力地汲取营养的过程。如果你耐不住寂寞，成功永远不会降临于你。

每个人都会寂寞，也都会在痛苦与无奈中困惑，过去的，谁都无法去改变，将来的，谁也无法去预料。这些是谁都无法去避免的。何不在困境中为自己找一个新的起点。即使不能重新开始至少可以让自己全身而退。

不懈追求才能羽化成蝶

成功贵在坚持，要取得成功就要坚持不懈地努力，很多人的成功，也是饱尝了许多次的失败之后得到的，我们经常说什么"失败乃成功之母"，成功诚然是对失败的奖赏，但却也是对坚持者的奖赏。

古往今来，那些成功者们不都是依靠坚持而取得成就的吗？

被鲁迅誉为"史家之绝唱，无韵之离骚"的《史记》，其作者司马迁，享誉千古的文学大师，可是他取得这么大的成就是在什么情况下呢？

汉武帝为了一时的不快阉割了堂堂的大丈夫，那是多么大的耻辱啊，而且这给他带来的身心伤害是多么的巨大！从此，他只能在四处不通风的炎热潮湿的小屋里生活，不能见风，不能再无畏地欣赏太阳、花草，换一个人，简直就活不下去了。

司马迁也曾想过死，对于当时的他来说，死是最容易的解脱方法了。可是他心中始终有一个梦想，他的梦想就是写一部历史的典籍，把过去的事记下来，传诸后世，为了这个梦，他坚持了下来，坚持着忍受了身体的痛苦，坚持着忍受了别人歧视的目光，坚持着在严酷的政治迫害下活着，以继续撰写《史记》，并且终于完成了这部光辉著作。

他靠的是什么？只有两个字：坚持。如果他在遭受了腐刑以后，丧失一切斗志，那么我们现在就再也看不到这本巨著，吸收不了他的思想精华。所以他的成功，他的胜利，最主要的还是靠坚持。如果真的可以有对比，他的著作所带给我们的震撼倒其次了，他的坚持的精神所激励鼓舞我们的更多。

外国名作家杰克·伦敦的成功也是建立在坚持之上的。就像他笔下的人物"马丁·伊登"一样，坚持坚持再坚持，他抓住自己的一切时间，坚持把好的字句抄在纸片上，有的插在镜子缝里，有的别在晒衣绳上，有的放在衣袋里，以便随时记诵。所以他成功了，他的作品被翻译成多国文字，我们的书店中他的作品放在显眼的位置，赫然在目。当然，他所付出的代价也比其他人多好几倍，甚至几十倍。成功是他坚持的结果。

　　功到自然成。成功之前难免有失败，然而只要能克服困难，坚持不懈地努力，那么，成功就在眼前。

　　石头是很硬的，水是很柔软的，然而柔软的水却穿透了坚硬的石头，这其中的原因无他，唯坚持而已。我们在黑暗中摸索，有时需要很长时间才能找寻到通往光明的道路。以勇敢者的气魄，坚定而自信地对自己说，我们不能放弃，一定要坚持。也只有坚持，才能让我们冲破禁锢的蚕茧，最终化成美丽的蝴蝶。

　　再长的路，一步一步总能走完；再短的路，不去迈开双脚将永远无法到达。再多一点努力，多一点坚持，你会惊奇地发现：空气里到处都穿行着绚烂的成功之花。

坚守寂寞，坚持梦想

　　当你面对人类的一切伟大成就的时候，你是否想到过，曾经为了创造这一切而经历过无数寂寞的日夜，他们不得不选择与寂寞结伴而行，有了此时的寂寞，才能获得自己苦苦追求的似锦前程。

　　很多时候成功不是一蹴而就的，要经过很多磨难，每个人无论如何都不能丢弃自己的梦想。执著于自己的目标和理想，把自己开拓的事业做下去。

　　肯德基创办人桑德斯先生在山区的矿工家庭中长大，家里很穷，他也没受什么教育。他在换了很多工作之后，自己开始经营一个小餐馆。不幸的是，由于公路改道，他的餐馆必须关门，关门则意味着他将失业，而此时他已经65岁了。

　　也许他只能在痛苦和悲伤中度过余年了，可是他拒绝接受这种命运。他要为自己的生命负责，相信自己仍能有所成就。可是他是个一无所有、只能靠政府救济的老人，他没有学历和文凭，没有资金，没有什么朋友可以帮他，他应该怎么做呢？他想起了小时候母亲炸鸡的特别方法，他觉得这种方法一定可以推广。

经过不断尝试和改进之后，他开始四处推销这种炸鸡的经销权。在遭到无数次拒绝之后，他终于在盐湖城卖出了第一个经销权，结果立刻大受欢迎，他成功了。

65岁时还遭受失败而破产，不得不靠救济金生活，在80岁时却成为世界闻名的杰出人物。桑德斯没有因为年龄太大而放弃自己的成功梦想，经过数年拼搏，终于获得了巨大的成功。如今，肯德基的快餐店在世界各地都是一道风景。

很多时候，在日常生活、工作中我们必须在寂寞中度过，没有任何选择。这就是现实，有嘈杂就有安静，有欢声笑语，就有寂静悄然。

既然如此，你逃脱不掉寂寞的影子，驱赶不走寂寞的阴魂，为什么非要与寂寞抗争？寂寞有什么不好，寂寞让你有时间梳理躁动的心情，寂寞让你有机会审视所作所为，寂寞让你站在情感的外圈探究感情世界的课题，寂寞让你向成功的彼岸挪动脚步，所以，寂寞不光是可怕的孤独。

寂寞是一种力量，而且无比强大。事业成就者的秘密有许多，生活悠闲者的诀窍也有许多。但是，他们有一个共同的特点，那就是耐得住寂寞。谁耐得住寂寞，谁就有宁静的心情，谁有宁静的心情，谁就水到渠成，谁水到渠成谁就会有收获。山川草木无不含情，沧海桑田无不蕴理，天地万物无不藏美，那是它们在寂寞之后带给人们的享受。所以，耐住寂寞之士，何愁做不成想做的事情。有许多人过高地估计自己的毅力，其实他们没有跟寂寞认真地较量过。

我们常说，做什么事情需要坚持，只要奋力坚持下来，就会成功。这里的坚持是什么？就是寂寞。每天循规蹈矩地做一件事情，心便生厌，这也是耐不住寂寞的一种表现。

如果有一天，当寂寞紧紧地拴住你，哪怕一年半载，为了自己的追求不得不与寂寞搭肩并进的时候，心中没有那份失落，没有那份孤寂，没有那份被抛弃的感觉，才能证明你的毅力坚强。

人生不可能总是前呼后拥，人生在世难免要面对寂寞。寂寞是一条波澜不惊的小溪，它甚至掀不起一个浪花，然而它却孕育着可能成为飞瀑的希望，渗透着奔向大海的理想。坚守寂寞，坚持梦想，那朵盛开的花朵就是你盼望已久的成功。

寂寞是孤单；寂寞是冷清；寂寞是寂静；寂寞是无人问津；寂寞是磨练耐性的招术；寂寞是一条无形的枷锁，它悄悄地绑住了你的灵魂，轻易不会松手。

一生只能认真做好一件事

生活里，总是存在着这样那样的诱惑，这些诱惑扰乱着我们的思维，影响着我们的判断力。所以，如果我们要想做好一件事情，持之以恒，拒绝其他因素的诱惑、干扰，是至关重要的。

古希腊著名演说家戴摩西尼年轻时为了提高自己的演说能力，躲在一个地下室练习口才。由于耐不住寂寞，他时不时就想出去溜达溜达，心总也静不下来，练习的效果很差。无奈之下，他横下心，挥动剪刀把自己的头发剪去一半，变成了一个怪模怪样的"阴阳头"。如此一来，因为头发羞于见人，他只得彻底打消了出去玩的念头，一心一意地练口才，演讲水平突飞猛进。正是凭着这种专心执著的精神，戴摩西尼最终成为世界闻名的大演说家。

1830年，法国作家雨果同出版商签订合约，半年内交出一部作品，为了确保能把全部精力放在写作上，雨果把除了身上所穿毛衣以外的其他衣物全部锁在柜子里，把钥匙丢进了小湖。就这样，由于根本拿不到外出要穿的衣服，他彻底断了外出会友和游玩的念头，一头钻进小说里，除了吃饭与睡觉，从不离开书桌，结果作品提前两周脱稿。而这部仅用五个月时间就完成的作品，就是后来闻名于世的文学巨著《巴黎圣母院》。

许多人才华横溢，却往往因为抵抗不住外界的诱惑与干扰而与成功失之交臂。面对外界的干扰，你的抗御力决定了你成功的几率，抗御力越强，你成功的几率就越大。

鲁迅说过:"如果一个人,能用十年的时间,专注于一件事,那么他一定能够成为这方面的专家。"成就大事的人都不会把精力同时集中在几件事情上,而只是关注其中之一。手里做着一件事,心里又想着另一件事,这只能让每件事情都做不好。黑格尔说:"那些什么事情都想做的人,其实什么也不能做。一个人在特定的环境内,如果欲有所成,必须专注于一件事,而不分散他的精力在多方面。"是啊,人的精力是有限的,要取得事半功倍的成就,必须集中精力,一次只做一件事。

"一次只做一件事",可以使我们静下神来,心无旁骛,一心一意地把那件事做完做好。倘若我们见异思迁,心浮气躁,什么都想抓,最终猴子掰玉米,掰一个,丢一个,到头来两手空空,一无所获。

俗话说,蚂蚁可以游遍深山老林,而两头蛇永远也走不远。专注于自己的目标,用尽全力去奋斗,我们就能品尝到生命甘甜的果实!生活的法则无数次告诉我们,那些具有非凡毅力、顽强意志的人,经过自己不懈的执著追求,终会换来成功的喜悦,也会赢得世人的尊崇。

坚忍的乌龟快过睡觉的兔子

"登泰山而小天下",这是成功者的境界,如果达不到这个高度,就不会有这个视野。但是,若想到达这种境界亦非易事,人们从岱庙前起步上山,进中天门,入南天门,上十八盘,登玉皇顶,这一步步拾级而上,起初倒觉轻松,但愈到上面便愈感艰难。十八盘的陡峭与险峻曾使无数登山客望而却步。游人只有努力向前,才能登上泰山山顶,体验杜甫当年"一览众山小"的酣畅意境。

许多人盼望长命百岁,却不理解生命的意义;许多人渴求事业成功,却不愿持之以恒地努力。其实,人的生命是由许许多多的"现在"累积而成的,人

第三章
伟大和辉煌是熬出来的

只有珍惜"现在",不懈奋斗,才能使生命焕发光彩,事业获得成功。

要成功,最忌"一日曝之,十日寒之","三天打鱼,两天晒网"。数学家陈景润为了求证哥德巴赫猜想,用过的稿纸几乎可以装满一个小房间;作家姚雪垠为了写成长篇历史小说《李自成》,竟耗费了 40 年的心血,大量的事实告诉我们:无论你多么聪明,成功都是在踏实中,一步一步、一年一年积累起来的。

莎士比亚说:"斧头虽小,但多次砍劈,终能将一棵挺拔的大树砍倒。"

现在有一种流行病,就是浮躁。许多人总想"一夜成名"、"一夜暴富"。他们不扎扎实实地长期努力,而是想靠侥幸一举成功。比如投资赚钱,不是先从小生意做起,慢慢积累资金和经验,再把生意做大,而是如赌徒一般,借钱做大投资、大生意,结果往往惨败。网络经济一度充满了泡沫。有的人并没有认真研究市场,也没有认真考虑它的巨大风险,只觉得这是一个发财成名的"大馅饼",一口吞下去,最后没撑多久,草草倒闭,白白"烧"掉了许多钞票。

俗话说:"滚石不生苔","坚持不懈的乌龟能快过灵巧敏捷的野兔。"如果能每天学习一小时,并坚持 12 年,所学到的东西,一定远比坐在学校里混日子的人所学到的多。

人类迄今为止,还不曾有一项重大的成就不是凭借坚持不懈的精神而实现的。

大发明家爱迪生也如是说:"我从来不做投机取巧的事情。我的发明除了照相术,也没有一项是由于幸运之神的光顾。一旦我下定决心,知道我应该往哪个方向努力,我就会勇往直前,一遍一遍地试验,直到产生最终的结果。"

要成功,就要强迫自己一件一件地去做,并从最困难的事做起。有一个美国作家在编辑《西方名作》一书时,应约撰写 102 篇文章。这项工作花了他两年半的时间。加上其他一些工作,他每周都要干整整七天。他没有从最容易阐述的文章入手,而是给自己定下一个规矩:严格地按照字母顺序进行,绝不允许跳过任何一个自感费解的观点。另外,他始终坚持每天都首先完成困难较大的工作,再干其他的事。事实证明,这样做是行之有效的。

一个人如果要成功,就应该学习这些名人的经验,从小事入手,坚持下去,总有一天你会看到成功的阳光。

那些被困难压倒的人,其失败的真正原因,不是因为遇到的阻力或障碍多大,而是因为自己过早地放弃或屈服;那些不畏困难而取得胜利的人总是能忍受不幸,进而战胜不幸,因为他们相信困难是有限的,人的潜力是无限的,只要有坚定的意志,就一定能渡过难关,将最初的"不可能"战胜的困难变成最终的"可能"收获的成就。

用坚忍创造闪光的快乐

人生最大的自由,莫过于选择成败,成功者寥若晨星,更少有人青史留名,而失败者比比皆是。据有关学者研究证明:48%的人经历一次失败,就一蹶不振了;25%的人经历两次失败就泄气了;15%的人经历三次失败也放弃了;只有12%的人经历无数次的失败后,仍不气馁,始终朝着一个方向冲刺。他们坚信,只要方向不错,方法得当,坚持不懈、锲而不舍,成功只是时间问题。人生最大的敌人是自己,战胜自己是成功者的必经之路。

李健最早涉足茶叶经营是在2001年。在这之前他经营着一家超市,由于拆迁,他只好改行和一个福建籍朋友做起了茶叶生意。那时,茶艺还处于萌芽状态,是一个新兴产业,利润空间和发展空间都比较大。

然而,李健对茶艺、茶文化一窍不通,门市开业后,面对顾客提出的有关茶的问题,他常常脸涨得通红,说不出话来,之后只得向朋友求救。看着朋友和顾客大谈茶文化,李健第一次认识到茶居然有着这样深的内涵,他喜欢上了这一行。

后来,李健和朋友的经营理念发生了分歧,生意也开始变得清淡。李健回忆,在一段时间里,他们不断地往里垫钱,根本没有回款。坚持了三个月后,李健与朋友在经营思路上的分歧越来越大,最后只好分道扬镳。于是,李健开始独自创业。

经过市场调查,他把茶叶门市地址选在了北京茶叶一条街——马连道。也许是初生牛犊不怕虎,李健当初只是想扎堆的生意好做,并没在意这一条街上对手们的来历。后来他才发现这里的人个个都是高手，不论是茶道还是销售，而且他们都来自茶叶生产厂家，对茶有着深刻的理解，唯独他是个门外汉。

李健选定地址后看中了一间60平方米的门市，年租金4万元。他交了租金请来装修工装修门市，自己则赶往茶叶生产地采购茶叶。这是他第一次采购茶叶，由于没有经验，又缺乏茶叶知识，他采购的茶叶无论在色泽上还是质量上都给日后的批发和销售带来了困难。为了不再犯同样的错误，他买来大量有关茶叶的书，仔细研读，凡是上门的客户也都提供最优惠的价格，以便发展市场。即使这样，他的门市仍是门庭冷落。

李健开始托朋友介绍茶叶销售渠道，稍有空闲就亲自背着茶叶样品去零售店推销，有时他请人给他看门市，自己背个大袋子到偏远区县去找销售点。而很多时候，他都吃了闭门羹，偶尔听到"我们有供货方，以后考虑吧"，他都激动半天。"那时我一心想着尽快发展客户，有时一天只能吃一顿饭，一个月下来整个人都快虚脱了。"

在两个月里，他跑遍了6个城市的茶叶零售店，但是没有得到任何回报。

李健的茶叶门市经历了整整14个月的萧条后才开始复苏。在这期间，他不断听到类似他这种门外汉茶业门市倒闭的消息，他的朋友也劝他收手。李健经过激烈的思想斗争后，咬着牙告诉朋友："我已经喜欢上了这个行业，每个行业起步都会有艰难和困苦，更何况我还没有认输。"

随着对茶经的深入了解和对市场的辛勤开拓，李健的门市第14个月开始有了一点利润，就在2003年春节前的一个月，他的门市赚回了之前的所有投资，还略有盈余。2004年，李健的茶叶门市纯利润达20多万元。

事实证明：只要有恒心，铁棒也能磨成针。看一个人，不必看他辉煌耀眼、春风得意之时，而应看他身处逆境时是怎样艰难跋涉的。执著是人类的一种美德，任何天赋、才华、强势都不能代替。不积跬步，无以至千里；不积细流，无以成江河。千里之行始于足下，做任何事情都必须有恒心。

对于能够持之以恒、具有坚忍不拔意志的人，上帝也会为他让出一条通往成功的道路。在你奋斗的大道上永远不会有坦途，但你必须记住：最困难的时候，也就是我们离成功最近的时候。

不怕失败才会成功

在这个世界上,每一个人都经历过无数次的失败。当然,也包括富人在内,他们的成功也并非是一帆风顺的。

没有人不想成为富人,也没有人不想拥有财富,但很多人在追求财富的过程中要么被困难打败,要么对挫折望而却步、半途而废。如果我们换个角度来看问题就不一样了:世界上根本就没有所谓的失败,只有暂时的不成功。这也正是富人们的信条,正是因为在他们的字典里没有"失败",他们才不会放弃,才会继续努力,他们知道不成功只是暂时的,总有一天他们会成功!

金融家韦特斯真正开始自己的事业是在17岁的时候,他赚了第一笔大钱,也是第一次得到教训。那时候,他的全部家当只有255块钱。他在股票的场外市场做掮客,在不到一年的时间里,他发了大财,一共赚了168000元。拿着这些钱,他给自己买了第一套好衣服,在长岛给母亲买了一幢房子。但是这个时候,第一次世界大战结束了,韦特斯以为和平已经到来,就拿出了自己的全部积蓄,以较低的价格买下了雷卡瓦那钢铁公司。"他们把我剥光了,只留下4000元给我。"韦特斯最喜欢说这种话,"我犯了很多错,一个人如果说他从未犯过错,那他就是在说谎。但是,我如果不犯错,也就没有办法学乖。"这一次,他学到了教训。"除非你了解内情,否则,绝对不要买大减价的东西。"

他没有因为一时的挫折而放弃,相反,他总结了相关的经验,并相信他自己一定会成功。后来,他开始涉足股市,在经历了股市的成败得失后,他已赚了一大笔。

1936年是韦特斯最冒险的一年,也是最赚钱的一年。一家叫普莱史顿的金矿开采公司在一场大火中覆灭了。它的全部设备被焚毁,资金严重短缺,股票也跌到了3分钱。有一位名叫陶格拉斯·雷德的地质学家知道韦特斯是个精明人,就游说他把这个极具潜力的公司买下来,继续开采金矿。韦特斯听了以后,拿出35000元支持开采。不到几个月,黄金挖到了,离原来的矿坑只有

213 英尺。

这时，普莱史顿的股票开始往上飞涨，不过不知内情的海湾街上的大户还是认为这种股票不过是昙花一现，早晚会跌下来，所以他们纷纷抛出原来的股票。韦特斯抓住了这个机会，他不断地买进、买进，等到他买进了普莱史顿的大部分股票时，这种股票的价格已上涨了许多。

这座金矿，每年毛利达 250 万元。韦特斯在他的股票继续上升的时候把普莱史顿的股票大量卖出，自己留了 50 万股，这 50 万股等于他一分钱都没有花。

韦特斯的成功告诉我们，不要害怕失败，财富的获得总是在失败中一点点积累的，很少有一夜暴富，而且一夜暴富的财富也总是不长久的。这便是富人们不怕失败的原因，失败也是一种财富。

只有不畏艰难、不怕失败的人才能取得成功。跌倒了以后，就立刻站立起来，要学会从失败中求取胜利，是古往今来伟大人物的成功秘诀，也是每个人的成功宝典。

放低姿态，像南瓜一样默默成长

《伊索寓言》中有这样一个故事：

有一只狐狸喜欢自夸自大，它以为森林中自己最大。

傍晚，它单独出去散步，走路的时候看见一个映在地上的巨大影子，觉得很奇怪，因为它从来没有见过那么大的影子。后来，它知道是它自己的影子，就非常高兴。它平常就以为自己伟大、有优越感，只是一直找不到证据可以证明。

为了证实那影子确实是自己的，它就摇摇头，那个影子的头部也跟着摇动，这证明影子是自己的。它就很高兴地跳舞，那影子也跟着它舞动。它继续跳，正得意忘形时，来了一只老虎。狐狸看到老虎也不怕，就拿自己的影子与老虎比较，结果发现自己的影子比老虎大，就不理它，继续跳舞。老虎趁着狐狸跳得得意忘形的时候扑了过去，把它咬死了。

一个人若种植信心，他会收获品德。一个人若种下骄傲的种子，他必收获众叛亲离的果子，甚至带来不可预知的危险，就像那只自夸自大、自我膨胀的狐狸一样。

但高傲的姿态，却是现代人的通病。大家都想吸引别人的目光，殊不知这目光可能投来善意，也可能投来恶意。越是高调的人，越容易成为众矢之的。老子在《道德经》中说："生而不有，为而不恃，功成而不居。"又说："功成名遂，身退，天之道。"如果成功之后，只知自我陶醉，迷失于成果之中停滞不前，那就是为自己的成就画了句号。

成功常在辛苦日，败事多因得意时。切记：不要老想着出风头。一个人的成绩都是在他谦虚好学、伏下身子踏实肯干的时候取得的，一旦骄气上升、自满自足，必然会停止前进的脚步。

有人会说，大凡骄傲者都有点本事、有点资本。你看，《三国演义》中"失荆州"的关羽和"失街亭"的马谡不是都熟读兵书、立过大功吗？这种说法其实是只看到了事情的表面，而没看到事情的本质。关羽之所以"大意失荆州"，马谡之所以"失街亭"，不正是因为他们自以为"有资本"而铸成的大错吗？

一个人有一点能力，取得一些成绩和进步，产生一种满意和喜悦感，这是无可厚非的。但如果这种"满意"发展为"满足"，"喜悦"变为"狂妄"，那就成问题了。这样，已经取得的成绩和进步，将不再是通向新胜利的阶梯和起点，而成为继续前进的包袱和绊脚石，那就会酿成悲剧。

在这个世界上，谁都在为自己的成功拼搏，都想站在成功的巅峰上风光一下。但是成功的路只有一条，那就是放低姿态，不断学习。在通往成功的路上，人们都行色匆匆，有许多人就是在稍一回首、品味成就的时候被别人超越了。因此，有位成功人士的话很值得我们借鉴："成功的路上没有止境，但永远存在险境；没有满足，却永远存在不足；在成功路上立足的最基本的要点就是学习，学习，再学习。"

要想在成功的道路上走得既坚定又稳健，必须放低自己，戒骄戒躁，永不自满。千万不要做半杯水，要以一种空杯心态虚心学习，养成进取的良好学习习惯。这样，我们才会在有所成绩的基础上更进一步，才会在成功路上走下去。

坚忍的骆驼在沙漠中行走自如

生活不总是公平的,就像大自然中,鸟吃虫子,对虫子来说是不公平的一样,生活中总会有些力量是阻力,不断地打击和折磨我们。

但我们承认生活是不平等的这一客观事实,并不意味着消极处世,正因为我们接受了这个事实,我们才能放平心态,找到属于自己的人生定位。命运中总是充满了不可捉摸的变数,如果它给我们带来了快乐,当然是很好的,我们也很容易接受,但事情往往并非如此。有时它带给我们的会是可怕的灾难,这时如果我们不能学会接受它,反而让灾难主宰了我们的心灵,生活就会永远地失去阳光。

威廉·詹姆士曾说:"心甘情愿地接受吧!接受事实是克服任何不幸的第一步。"

我们应该能接受不可避免的事实。即使我们不接受命运的安排,也不能改变事实分毫,我们唯一能改变的,只有自己。成功学大师卡耐基也说:"有一次我拒不接受我遇到的一种不可改变的情况。我像个蠢蛋,不断作无谓的反抗,结果带来无眠的夜晚,我把自己整得很惨。后来,经过一年的自我折磨,我不得不接受我无法改变的事实。"面对不可避免的事实,我们就应该学着做到诗人惠特曼所说的那样:"让我们学着像树木一样顺其自然,面对黑夜、风暴、饥饿、意外等挫折。"

但是,面对现实,并不等于束手接受所有的不幸。只要有任何可以挽救的机会,我们就应该奋斗。而当我们发现情势已不能挽回时,最好就不要再思前想后、拒绝面对,要坦然地接受不可避免的事实,唯有如此,才能在人生的道路上掌握好平衡。

明白了这些,你就会善于利用不公正来培养你的耐心、希望和勇气。比如在缺少时间的时候,可以利用这个机会学习怎样安排一点一滴珍贵的时间,培养自己行动迅速、思维灵敏的能力。就像野草丛生的地上能长出美丽的花朵,在满是不幸的土地上，也能绽开美丽的人性之花。

生活的不公正能培养美好的品德，我们应该做的就是让自己的美德在不利的环境中放射出奇异的光彩。

你也许正为一个专横的老板服务，并因此觉得很不公平，那么不妨把这看做是对自己的磨炼吧，用亲切和宽容的态度来回应老板的无情。借着这样的机会磨炼自己的耐心和自制力，转化不利的因素，利用这样的时机增强精神的力量。你自己也将提升到更高的精神境界，一旦条件成熟，你就能进入崭新的、更友善的环境中。

外界的事物什么样，这由不得你去选择和控制，但用什么样的态度去对待，可以由你自己做主。面对生活中的种种不公正，能否使自己像骆驼在沙漠中行走一样自如，关键就在于你是否足够坚忍，这也是成大事者的一种格局。

事实证明：只要有恒心，铁棒也能磨成针。看一个人，不必看他辉煌耀眼、春风得意之时，而应看他身处逆境时是怎样艰难跋涉的。执著是人类的一种美德，任何天赋、才华、强势都不能代替。不积跬步，无以至千里；不积细流，无以成江河。千里之行，始于足下，做任何事情都必须有恒心。

不抱怨的人才能在寂寞中爆发

人生路上，当遇到逆境的时候，我们往往会听到很多抱怨的声音，而我们也常常会发现，那些抱怨的人生活似乎一直都不怎么好，有时候抱怨会产生连锁反应，越抱怨，倒霉的事情越是接二连三。所以，我们千万不要陷入自己设置的"抱怨门"。

有这样一个故事：

孔雀向王后朱诺抱怨。她说："王后陛下，我不是无理取闹来诉说，您赐给

第三章
伟大和辉煌是熬出来的

我的歌喉，没有任何人喜欢听。可您看那黄莺小精灵，唱出的歌声婉转，它独占春光，风头出尽。"

朱诺听到如此言语，严厉地批评道："你赶紧住嘴，嫉妒的鸟儿，你看你脖子四周，如一条七彩丝带。当你行走时，舒展的华丽羽毛，出现在人们面前，就好像色彩斑斓的珠宝。你是如此美丽，你难道好意思去嫉妒黄莺的歌声吗？和你相比，这世界上没有任何一种鸟能像你这样受到别人的喜爱。一种动物不可能具备世界上所有动物的优点。我赐给大家不同的天赋，大家彼此相融，各司其职。所以我奉劝你不要抱怨，不然的话，作为惩罚，你将失去你美丽的羽毛。"

孔雀羡慕黄莺清脆的嗓子，所以抱怨自己为什么没有拥有和黄莺一样婉转、美妙的歌喉，却不知道自己的美本来就让其他动物羡慕。由此看来，实际上抱怨不是本身拥有的条件不够好，而是自己不知足。很多时候当你不断地抱怨自己拥有的条件和资源少不能取得成功的时候，后来的不成功就会排着长队等着你，接连不断地到来。

当你把大量的精力都用在了抱怨别人或者上天的不公的时候，用于努力改变局面的时间就少了，大量的抱怨会让你在自己的抱怨声中不断地肯定自己的不幸，在无形之中会在大脑里形成自己成功的道路为什么这样艰难的想法，以及上天对自己不公的想法，所以在下一次困难来临时，又开始抱怨，而如何去战胜困难，如何能够摆脱这种局面的方法早已经被自己抛之脑后。所以爱抱怨的人更容易失败，而且失败是一个接着一个。

喜欢抱怨的人向别人不断抱怨着自己的不幸，起初可能还会有人同情，但是久而久之抱怨的人会让别人生厌。人们喜欢和那些整天乐观的人在一起，而不是和整天发牢骚的人在一起，因为你的牢骚会直接影响别人的心情。这样，喜欢抱怨的人不仅自己在事业上不断落后，在人际关系上也会越来越糟，会导致你更加沮丧，会觉得上天真的对你太不公了，了解你的人为什么这么少呢？实际上这一切都是你无形中造成的。

生活中，当我们个人或者企业遇到困难的时候，首先不要怨天尤人，而是努力寻找突破困难的方法。寻求解决的办法，才能让企业走出困境，让每一个人走出困难的沼泽，向成功迈进。

面对生活，永远不要忧虑，不要发牢骚。如果我们一直向上看，生活积极乐观，工作勤奋努力，就一定会得到幸福。地底下的种子从不抱怨成长的过程中碰到顽固的石头和沙砾，而是不断地把自己柔嫩的绿芽一点一点向上顶出，透过石头和沙砾，坚韧勇敢地生长着，直到露出地面，长出枝叶，并开花结果。

耐得住寂寞，苦尽甘来

2007年，火爆各大电视银屏的电视剧《士兵突击》有下面几个关于主角许三多的情节：

结束了新兵连的训练，许三多被分到了红三连五班看守驻训场，指导员对他说"这是一个光荣而艰巨的任务"，而李梦说"光荣在于平淡，艰巨在于漫长"。许三多并不明白李梦话中的含义，但是他做到了。

在三连五班，在一千二百多华里的大草原上，在你干什么都没人知道的那些时间和那个地点，他修了一条路，一条能使直升机在上空盘旋的路。

钢七连改编后，只剩下许三多独自看守营房，一个人面对着空荡荡的大楼。但他一如既往地跑步出操，一丝不苟地打扫卫生，一样嘹亮地唱着餐前一支歌，那样的半年，让所有人为之侧目。

袁朗的再次出现无疑是许三多人生中的又一个重要转折。对曾经活捉过自己的许三多，袁朗有着自己的见解："不好不坏、不高不低的一个兵，一个安分的兵，不太焦虑、耐得住寂寞的兵！有很多人天天都在焦虑，怕没得到，怕寂寞！我喜欢不焦虑的人！"于是许三多在袁朗的亲自游说下参加了老A的选拔赛，并最终成为老A的一员。

当他离开七〇二团时，团长把自己亲手制作的步战车模型送给许三多，并且说："你成了我最尊敬的那种兵，这样一个兵的价值甚至超过一个连长。"

许三多耐受寂寞的能力是他跨越各种障碍和逆境的性格优势，由此我们可以看出：成功需要耐得住寂寞！成功者付出了多少，别人是想象不到的。

第三章
伟大和辉煌是熬出来的

每个人一生中的际遇都不相同，只要你耐得住寂寞，不断充实、完善自己，当际遇向你招手时，你就能很好地把握，获得成功。有"马班邮路上的忠诚信使"称号的王顺友就是这样一个甘于寂寞、耐得住寂寞的人。

王顺友，四川省凉山彝族自治州木里藏族自治县邮政局投递员，全国劳模，2007年"全国道德模范"的获得者。他一直从事着一个人、一匹马、一条路的艰苦而平凡的乡邮工作。邮路往返里程360公里，月投递两班，一个班期为14天。22年来，他送邮行程达26万多公里，相当于走了21个二万五千里长征，相当于围绕地球转了6圈！

王顺友担负的马班邮路，山高路险，气候恶劣，一天要经过几个气候带。他经常露宿荒山岩洞、乱石丛林，经历了被野兽袭击、意外受伤等艰难困苦。他常年奔波在漫漫邮路上，一年中有330天左右的时间在大山中度过，无法照顾多病的妻子和年幼的儿女，却没有向组织提出过任何要求。

为了排遣邮路上的寂寞和孤独，娱乐身心，他自编自唱山歌，其间不乏精品，像"为人民服务不算苦，再苦再累都幸福"，等等。为了能把信件及时送到群众手中，他宁愿在风雨中多走山路，改道绕行以方便沿途群众。他还热心为农民群众传递科技信息、致富信息，购买优良种子。为了给群众捎去生产生活用品，王顺友甘愿绕路、贴钱、吃苦，受到群众的交口称赞。

20余年来，王顺友没有延误过一个班期，没有丢失过一个邮件，没有丢失过一份报刊，投递准确率达到100%。王顺友是成功的，因为他耐住了寂寞，战胜了自己。耐得住寂寞，是所有成就事业者共同遵循的一个原则。它以踏实、厚重、沉思的姿态作为特征，以一种严谨、严肃、严峻的态度，追求着人生的目标。当这种目标价值得以实现时，他仍不喜形于色，而是以更踏实的人生态度去探求实现另一奋斗目标的途径。而浮躁的人生是与之相悖的，它以历来不甘寂寞和一味追赶时髦为特征，受到强烈的功利主义驱使。浮躁地向往，浮躁地追逐，只能产出浮躁的果实。这果实的表面或许是绚丽多彩的，但不具有实用价值和交换价值。

古人有言，"静而后能安，安而后能虑，虑而后能得"。在人生的历练中，从容淡定，是一种气度与志向。在潮涨潮落的人生戏台上，洒脱娴静，是一种能力与素养。有人说成大事者需要大境界，这种大境界就涵盖守得住寂寞。

享受寂寞才能强大

西方有位哲人在总结自己一生时说过这样的话："在我整整 75 年的生命中，我没有过过四个星期真正的安宁。这一生只是一块必须时常推上去又不断滚下来的崖石。"所以，追求宁静，或者是追求寂寞对许多人来说成了一个梦想。由此看来，寂寞并不是每个人都能享受的。

可是，现实生活中，许多人害怕寂寞，时时借热闹来躲避寂寞，麻痹自己。滚滚红尘中，已经很少有人能够固守一方清静，独享一份寂寞了，更多的人脚步匆匆，奔向人声鼎沸的地方。殊不知，热闹之后的寂寞更加寂寞。我辈如能在热闹中独饮那杯寂寞的清茶，也不失为人生的另类选择与生存。但是，寂寞并不是每个人都会享受的！

对未来进行抗争的人，才有面对寂寞的勇气；在昔日拥有辉煌的人，才有不甘寂寞的感受。

为了收获而不惜辛勤耕耘、流血流汗的人，才有资格和能力享受寂寞。

寂寞是一种难得的感觉，只有在拥有寂寞时，你才能静下心来悉心梳理自己烦乱的思绪，只有在拥有寂寞时，你才能让自己成熟。不在寂寞中升华，就在寂寞中死去。

许多人把失意、伤感、无为、消极等与寂寞联系在一起，认为将自己封闭起来就是寂寞，其实，这是一种误解。倘使这样去超越生活，不仅限制生命的成长，还会与现实产生隔阂，这样的人只是逃避生活。

寂寞是一种感受，是一种难得的感觉，是心灵的避难所，会给你足够的时间去舔拭伤口，重新以明朗的笑容直面人生。

懂得了寂寞，便能从容地面对阳光，将自己化作一杯清茗，在轻啜深酌中渐渐明白，不是所有的生长都能成熟，不是所有的欢歌都是幸福，不是所有的故事都会真实，有时，平淡是穿越灿烂而抵达美丽的一种高度，一种境界。

当寂寞来临时，轻轻合上门窗，隔去外面喧嚣的世界，默默独坐在灯下，平静地等待身体与心灵的一致，让自己从悲欢交集中净化思想。这样，被一度驱远的宁静会重新回归。你静静地用自己的理解去解读人世间风起云涌的内容，思考人生历程中的痛苦和欢悦。你不再出入上流社会，也就不再对那些达官显贵们摧眉折腰；人们不再追逐你，不再关注你，你也因此而少了流言的中伤。当你真实乍窥了人生的丰富与美好，生命的宏伟和阔大，让身心平直地立在生活的急流中，不因贪图而倾斜，不因喜乐而忘形，不因危难而逃避，你就读懂了寂寞，理解了寂寞。于是，寂寞不再是寂寞，寂寞成了一首诗，成了一道风景，成了一曲美妙的音乐。于是，寂寞成了享受，使我们终于获得了人生的宁静。

寂寞来时，轻轻闭上双眼，去聆听远方的鸟鸣，去感受灵魂深处的快乐。

许多人整日被自己的欲望所驱使，好像胸中燃烧着熊熊烈火。一旦受到挫折，一旦得不到满足，便好似掉入寒冷的冰窖中一般。生命如此大喜大悲，哪里有幸福可言？人们因为毫无节制的欲望而狂热而骚动不安，因为不加控制欲望而浮沉波动。只有懂得感悟寂寞的人，才能够控制和引导自己的思想与行为，才能够控制心灵所经历的风风雨雨。

耐得住寂寞是成功的前提

这是一个在中国地图上找不到的小岛，但历史上西方列强曾七次从这一海域入侵京津。在这个小岛上驻守着济空雷达某旅九站官兵。这个雷达站新一代海岛雷达兵在艰苦寂寞、气候恶劣的自然环境中，用青春和汗水铸起了一道天网。

近年来，连队雷达情报优质率始终保持100%，先后20多次圆满完成中俄联合军事演习等重大任务，被誉为京津门户上空永不沉睡的"忠诚哨兵"。

这个雷达站80%的官兵是"80后"人，70%的官兵来自城镇、经济发达地区和农村富裕家庭，50%的官兵拥有大中专以上学历。尽管如此，这些新一代军人仍然能够像当年的"老海岛"一样，吃大苦、作奉献、打硬仗。

风平浪静时，小岛十分美丽，初进海岛的官兵都会感到心清气爽。可不出一个星期，无法言喻的孤独和寂寞就会悄然爬上心头。白天兵看兵，晚上听海风。值班时，盯着枯燥的雷达屏幕看天外目标；休息时，围着电视机看外面的世界。除了连队的文体活动场所外，小岛上没有任何可供官兵休闲娱乐的去处。每当有客船来岛，听到进港的汽笛声，没有值班任务的官兵，就会欢呼雀跃地拉起平板车跑向码头，去接捎给连队的货物，顺便看上一眼岛外来人的陌生面孔，呼吸几口船舱带来的岛外空气。孤岛上的寂寞，连祖祖辈辈生活在这里的渔民都发出这样的感慨："初来小海岛，心境比天高；常住小海岛，不如死了好。"

多年来，60多名战士从当兵到复员没有出过岛，守住了孤独，守住了寂寞。目前，九站已连续12年保持先进，年年被评为军事训练一级单位，先后两次被军区空军评为基层建设标兵连队，荣立集体二等功、三等功各一次。

"论至德者不和于俗，成大功者不谋于众"，从侧面阐明的正是这个意思：至高无上之道德者，是不与世俗争辩的；而成就大业者往往是不与老百姓和谋的。这话乍听起来似乎有悖于历史唯物主义，但细细想来，也不无道理。"头悬梁锥刺骨"也好，"孟母三迁"、"凿壁偷光"也好，大都说的是，成就大业者在其创业初期，都是能耐得住寂寞的，古今中外，概莫能外。门捷列夫的化学周期表的诞生，居里夫人镭元素的发现，陈景润在哥德巴赫猜想中摘取的桂冠等，都是在寂寞中扎扎实实做学问，在反反复复的冷静思索和数次实践后才得以成功的。

耐得住寂寞是一个人的品质，不是与生俱来，也不是一成不变，它需要长期的艰苦磨炼和凝重的自我修养、完善。耐得住寂寞是一种有价值、有意义的积累，而耐不住寂寞往往是对宝贵人生的挥霍。

一个人的生活中有可能会有这样那样的挫折和机遇，但只要你有一颗耐得住寂寞的心，用心去对看待与守望，成功一定会属于你。

有人说，守得住寂寞是一种悲壮的美丽，是呼唤理性的天籁，是人生珍贵的箴言。这说明：一是守得住寂寞者的这种气度与修养，这种克制与坚守，这种信念与定力，正受着新的形势和环境的挑战。另一点是告诫人们，成功往往只与那些"守得住寂寞"的人交朋友，浮躁是事业的大敌。

目标专一，方成大器

天台智者大师说：一切诸佛土，实皆平等。但众生根钝，浊乱者多，若不专系一心一境，三昧难成。

每个人的出生背景不同，天赋条件各有差异，但机会均等，人人都有成大器的可能。打个比方，家庭富裕的人，创业比较容易，但太容易到手的成功，对人缺乏吸引力，难免影响创业激情；出身贫寒的人，举步维艰，但是，穷则思变，过多的生活磨难能让人对成功充满渴望，激发斗志。所以，对创业来说，无论贫者富者，都是一利一弊，如能因利除弊，都可能大获成功。天资聪颖的人，学知识比较快捷，却可能对知识的理解流于肤浅；头脑愚钝的人，学知识比较困难，却可能因穷心钻研而理解透彻。所以，两者在成为智者的条件上几乎是一样的。

虽然每个人都有成大器的可能，也有成大器的意愿，但最终心想事成者却只是少数人。这是为什么？因为多数人不能执定目标、持之以恒。在这个世界上，值得追求的东西很多，如果什么都想要，就什么也得不到。只能选定一个目标，盯紧它，全力追赶它，不受其他目标的诱惑，才可能达成心愿。

这个道理，好比狮子追赶猎物。狮子会盯紧前面的目标穷追不舍，即使身边出现其他猎物，距离前面的猎物更近，它也不会改换目标。这是为什么呢？狮子追赶猎物，不仅是速度的较量，也是体能的较量。只要盯紧前面的目标，当猎物跑累了，十有八九会成为狮子的美餐。如果狮子改换目标，新猎物体能充沛，跑得会更快、更持久，捕捉到的可能性更小。如果狮子不断更换目标，累死了也不会有收获。

干事业也是如此，人的精力有限，能办成的事毕竟很少。如果精力分散，到头来只会两手空空。必须对一个目标穷追不舍，才可望有所收获。

禅宗慧远大师悟道，就是一个目标专一的例子。慧远年轻时喜欢四处云游。有一次，他遇到一位嗜烟的行人，两人结伴走了很长一段山路后，坐在河边休息。那位行人给慧远敬烟，慧远高兴地接受了。由于谈得投机，那人又送给他一根烟管和一些烟草。

两人分手后，慧远心想：这个东西实在令人舒畅，肯定会打扰我禅修，时间长了一定恶习难改，还是趁早戒掉吧！于是，他把烟管和烟草都扔掉了。

过了几年，慧远迷上了《易经》，每日钻研，乐此不疲。冬日的一天，慧远写信给自己的老师索要寒衣。没想到，信寄出去很长时间，老师还没有寄衣服来。慧远用《易经》所教的方法卜了一卦，算出那封信没有寄到。他想："《易经》固然奇妙，如果我沉迷此道，怎么能全心全意参禅呢？"从此，他再也不学《易经》了。

再后来，慧远又迷上了书法，进步甚快，受到行家好评。慧远又想："我的目标不是成为书法家，何必潜心于书法？"自此，他又放弃了书法。

最后，慧远摆脱了一切爱好的诱惑，一心参悟，终成一代大师。

无论从事任何行业，要想获得令人瞩目的成功，都需要具备很强的目标专注力。这就是说，要把心力尽可能用到与目标相关的事情上，而放弃其余。

世上无所谓高尚的职业，也无所谓低贱的职业。无论任何事，只要一心一意把它做到极致，就能成就杰出。

在现代社会，机会多多。但是，过多的选择机会反而容易使人见异思迁，走上迷途。如何克服机会的诱惑？这是有志于造就一番事业者的必修课。

在人生的旅途中，每过一段时期，或每走一段路程，不妨问问自己：我去干什么？这样或许可以明确自己是否偏离了目标，是否抓住了目标的根本，从而活得简洁些。不至于走得太远，失去现在，失掉自我。

第四章

没有翅膀,所以努力奔跑

你只需努力，剩下的交给时光

没有人注定不幸，你绝对不比其他人更不幸。不要因为没有鞋子而哭泣，看看那些没有脚的人吧！绝对不要把自己想象成最不幸的人，否则，你就真正成了最不幸的人。

据说，世界上只有两种动物能达到金字塔顶：一种是老鹰，还有一种就是蜗牛。

老鹰和蜗牛，它们是如此地不同：鹰矫健凶狠，蜗牛弱小迟钝。鹰性情残忍，捕食猎物甚至吃掉同类从不迟疑。蜗牛善良，从不伤害任何生命。鹰有一对飞翔的翅膀，而蜗牛背着一个厚重的壳。它们从出生就注定了一个在天空翱翔，一个在地上爬行，是完全不同的动物，唯一相同的是它们都能到达金字塔顶。

鹰能到达金字塔顶，归功于它有一双善飞的翅膀。也因为这双翅膀，鹰成为最凶猛、生命力最强的动物之一。与鹰不同，蜗牛能到达金字塔顶，主观上是靠它永不停息的执着精神。虽然爬行极其缓慢，但是每天坚持不懈，蜗牛总能登上金字塔顶。

我们中间的大多数人都是蜗牛，只有一小部分能拥有优秀的先天条件，成为鹰。但是先天的不足，并不能成为自暴自弃的理由。因为，没有人注定命中不幸。要知道，在攀登的过程中，蜗牛的壳和鹰的翅膀，起的是同样的作用。可惜，生活中，大多数人只羡慕鹰的翅膀，很少在意蜗牛的壳。所以，我们处于社会下层时，无须心情浮躁，更不应该抱怨颓废，而应该静下心来，学习蜗牛，每天进步一点点，总有一天，你也能登上成功的"金字塔"。

高尔基早年生活十分艰难，3岁丧父，母亲早早改嫁。在外祖父家，他遭受了很大的折磨。外祖父是一个贪婪、残暴的老头儿。他把对女婿的仇恨统统发泄到高尔基身上，动不动就责骂毒打他。更可恶的是，他那两个舅舅经常变着法儿侮辱这个幼小的外甥，使高尔基在心灵上过早地领略了人间的丑恶。只有慈爱的外祖母是高尔基唯一的保护人，她真诚地爱着这个可怜的小外孙，每

第四章
没有翅膀，所以努力奔跑

当他遭到毒打时，外祖母总是搂着他一起流泪。

高尔基在《童年》中叙述了他苦难的童年生活。在19岁那年，高尔基突然得到一个消息：他最为慈爱的、唯一的亲人外祖母，在乞讨时跌断了双腿，因无钱医治，伤口长满了蛆虫，最后惨死在荒郊野外。

外祖母是高尔基在人世间唯一的安慰。这位老人劳苦一辈子，受尽了屈辱和不幸，最后竟这样惨死。这个噩耗几乎把高尔基击懵了。他不由得放声痛哭，几天茶饭不进。每当夜晚，他独自坐在教堂的广场上呜咽流泪，为不幸的外祖母祈祷。1887年12月12日，高尔基觉得活在人间已没有什么意义。这个悲伤到极点的青年，从市场上买了一支旧手枪，对着自己的胸膛开了一枪。但是，他还是被医生救活了。后来，他终于战胜了各种各样的灾难，成为世界著名的大文豪。

你要明白，没有人命定不幸。你的困难、挫折、失败，其他人同样可能遇到，而其他人遇到的更大的困难、挫折、失败，你却没有遇到，你绝对不比其他人更不幸。不要因为没有鞋子而哭泣，看看那些没有脚的人吧！绝对不要把自己想象成最不幸的，否则，那你真正成了最不幸的人。要知道，没有什么困难能够打垮你，唯一能够打垮你的就是你自己，那就是你把自己看作是最不幸的。

许多人常常把自己看作是最不幸的、最苦的，实际上许多人比你的苦难还要大，还要苦，大小苦难都是生活所必须经历的。苦难再大也不能丧失生活的信心、勇气。与许多伟大的人物所遭受的苦难相比，我们个人所遭到的困难又算得了什么。名人之所以成为名人，大都是由于他们在人生的道路上能够承受住一般人所无法承受的种种磨难。他们面对事业上的不顺、情场上的失意、身体上的疾病、家庭生活中的困苦与不幸，以及各种心怀恶意的小人的诽谤与陷害，没有沮丧，没有退缩，而是咬紧牙关，擦净那饱受创伤的心所流出的殷红的鲜血和悲愤的泪水，奋力抗争，不懈地拼搏，用自己惊人的毅力和不屈的奋斗精神，为人类的文明和社会的进步作出了卓越的贡献，从而成为风靡世界的名人。

人生需要的不是抱怨、自怜，而是扎扎实实、艰苦地奋斗。人是为幸福而活着的，为了幸福，苦难是完全可以接受的。

人生的苦难与幸福是分不开的。人类的幸福是人类通过长期不懈的努力而逐步得到的，这其中要经历各种苦难，这正像人们常讲的，幸福是由血汗造就的。有些人太单纯、太简单了，他们只要幸福而不要苦难。切记，拒绝苦难的人，就不可能拥有幸福。

把工作当作幸福和快乐的源泉

你要是在生活中找不到快乐,就绝不可能在任何地方找到它。寻找生活中的乐趣,可以将你的心思从忧虑上移开,让你的生活变得更加简单和舒适,甚至可以给你带来意外的惊喜。即使不这样,也可以把疲劳减至最少,并帮你享受自己的闲暇时光。

有位英国记者到南美的一个部落采访。这天是个集市日,当地土著人都拿着自己的物产到集市上交易。这位英国记者看见一个老太太在卖柠檬,5美分一个。

老太太的生意显然并不好,一上午也没卖出去几个。这位记者动了恻隐之心,打算把老太太的柠檬全部买下来,以便使她能"高高兴兴地早些回家"。

当他把自己的想法告诉老太太的时候,她的话却使记者大吃一惊:"都卖给你?那我下午卖什么?"

人生最大的价值,就是体会生活的乐趣。爱迪生说:"在我的一生中,从未感觉是在工作,一切都是对我的安慰……"然而,在职场中,像卖柠檬的老太太那样,对自己所从事的事业充满热情的人并不是太多,他们看不到生活的乐趣,只看到了生活中痛苦的一面。早上一醒来,头脑里想的第一件事就是:痛苦的一天又开始了……磨磨蹭蹭地挪到公司以后,无精打采地开始一天的工作,好不容易熬到下班,立刻又高兴起来,和朋友花天酒地之时总不忘诉说自己的工作有多乏味,有多无聊。如此周而复始,心情又怎会好起来呢?

工作是一个人幸福和快乐的源泉。卡尔文·库基说过:"真正的快乐不是无忧无虑,不只是享受。这样的快乐是短暂的。缺少一份充满魅力的工作,你就无法领略到真正的快乐和幸福。"然而,现实中能领略到工作中的幸福和快乐的人却寥寥无几。

工作是一个人价值的体现,应该是一种幸福的差事,我们有什么理由把它当做苦役呢?有些人抱怨工作本身太枯燥,然而,问题往往不是出在工作上,而是出在我们自己身上。如果你能够积极地对待自己的工作，并努力从工作中发掘出自身的价值，你就会像上文中的老太太一样，发现工作是一件非做不可的乐事，而不是一种惹人烦恼的苦役。

有本叫作《栽种希望，培育幸福的人》的书，书中有个法国人，他独自生活在法国东南部一块荒凉的土地上。他的生活很简单：每天都出去种树。

一年又一年，他不辞辛劳，就这样一粒粒地播种、栽树。

树开始长成森林，保存住了土壤里的水分，于是其他的植物也能够生长了，鸟儿们可以在这里筑巢了，小溪可以流淌了，这里又成了适合人类居住的绿洲。

临终前，他用自己的辛勤劳作，完全改变和恢复了他生活的地区的自然环境。原来逃离那里的人，又重新搬了回来，幸福地生活在这片土地上。

这是一个关于工作的意义和快乐的故事：每天努力工作，为自己也为他人栽种希望，培育幸福。我们从事的工作可能简单而普通，但可以为我们带来无尽的快乐和价值感。

曾经在美国费城的大楼上立起第一根避雷针、有着"第二个普罗米修斯"之称的富兰克林，说过这样一句话："我读书多，骑马少，做别人的事多，做自己的事少。最终的时刻终将来临，到那时我但愿听到这样的话'他活着对大家有益'，而不是'他死时很富有'。"

当你竭尽全力，上帝自会主持公道

不论你的出身如何，不论别人是否看得起你，首先你就要自己看得起自己。只有相信自己的价值，才能保持奋发向上的劲头。要知道，上帝没有偏见，从不会轻看卑微，你所做的一切他都看在眼里。

人类有一样东西是不能选择的，那就是每个人的出身。在现实生活中，我们常常遇到这样一群人，他们以自己穷困的出身来判定自己未来的生活道路，他们因自己角色的卑微而用微弱的声音与世界对话，他们总是因暂时的生活窘迫而放弃了儿时的绮丽梦想，他们还因为自己的其貌不扬而低下了充满智慧的头颅。

难道一个人出身卑微注定就会永远卑微下去吗？难道命运不是掌握在自己手中吗？实际上，即便一个人的身份卑微，上帝也不会轻看他，上帝偏爱的不是身份高贵的人，而是努力奋斗的人！所以，如果你出身卑微，那么努力奋斗吧，上帝一定会垂青你！

韩国贫民总统卢武铉1946年出生于韩国金海市郊的一个小村庄。卢武铉的父母都是农民，靠种植庄稼和桃子为生。他的故乡十分偏远贫穷，连村里人都说"即使乌鸦飞来这里，也会因没有食物而哭着飞回去"。

卢武铉曾经说过："在韩国政坛，如果你没有钱，或者没有势力，很难当上总统候选人，更别提获胜了，然而我，这两样都没有。"有人说，卢武铉的政治经历与美国前总统林肯十分相似，对此，卢武铉也有同感。林肯是美国200多年历史上为数不多的贫民总统，他上任伊始就遇到美国南北冲突；而韩国的这位贫民总统卢武铉，则遇上了朝鲜核危机。

1968年，卢武铉进入韩国陆军服兵役，34个月后退役返乡。卢武铉知道自己学识不够，也知道家中没有钱供他读书，于是他开始自学法律。勤奋刻苦的他于1975年4月通过韩国第17届司法考试，由此开始了自己的律师生涯。

在卢武铉的律师生涯中，他始终为社会的公正而奋斗。1981年，卢武铉勇敢地站出来，为12名被政府指控为"私藏禁书"的大学生辩护。因为此事，卢武铉有了些名气，被一些媒体称为"人权律师"。6年后，卢武铉又因支持"非法罢工"而遭逮捕，并且被剥夺了6个月的律师权。但牢狱之苦激起了卢武铉通过从政实现自己政治抱负的信念。

1988年，卢武铉步入政坛，当选为国会议员。自1992年起，卢武铉3次放弃了自己在汉城的优势选区，赴釜山进行议员和市长的竞选，结果接连3次饮恨釜山。一批选民被卢武铉的精神感动，自发成立了一个叫"爱卢会"的组织。该组织在民间迅速扩展，以至韩国上下掀起了一股支持卢武铉的热潮，被舆论称为"卢旋风"。凭借这股"卢旋风"，卢武铉顺利当选了议员和市长，之后又登上了总统宝座。

所以，一个人不能选择自己的出身，但可以选择自己的道路。只要踏上正

第四章
没有翅膀,所以努力奔跑

确的人生之路,并能义无反顾地勇往直前,就一定能创建一番辉煌的业绩。

多年前的一个傍晚,一位叫皮埃尔的青年移民,站在河边发呆。这天是他30岁生日。但他不知道自己是否还有活下去的必要。

因为皮埃尔从小在福利院里长大,长相丑陋,身材也非常矮小,讲话又带着浓厚的法国乡下口音,因此他一直很瞧不起自己,认为自己是一个既丑又笨的乡巴佬,连最普通的工作都不敢去应聘,他没有家,也没有工作。

就在皮埃尔徘徊于生死之间的时候,与他一起在福利院长大的好朋友亨利兴冲冲地跑过来对他说:"皮埃尔,告诉你一个好消息!"

皮埃尔一脸悲戚地说:"好消息从来就不属于我。"

"你听我说,我刚刚从收音机里听到一则消息,拿破仑曾经丢失了一个孙子。播音员描述的相貌特征,与你丝毫不差!"

"真的吗,我竟然是拿破仑的孙子?"皮埃尔一下子精神大振。想到自己的爷爷曾经以矮小的身材指挥着千军万马,用带着科西嘉口音的法语发出威严的军令,他顿时感到自己矮小的身材同样充满力量,讲话时的法国口音也带着几分威严和高贵。

第二天一大早,皮埃尔便满怀自信地来到一家大公司应聘。结果,他竟然一应即聘。

10年后,已成为这家大公司总裁的皮埃尔,查证了自己并非拿破仑的孙子,但这早已不重要了。

所以,每一个人都应该相信上帝是公平的,只是有时上帝会和人类开个小小的玩笑,会把那些聪慧的宠儿放在卑微贫困的人群中间,就像我们常把贵重的物品藏在家中最不起眼的地方一样,如此让他们远离金钱和权势,让他们从一出生就在黑暗的穴洞中徘徊,看不到光明,以此来作为对他们的考验。

上帝一定会青睐那些从黑暗中走出来的人——他们有着坚强的生存意识、果敢的斗志、不屈的傲骨和出众的天赋。他们必将会在某个有价值的领域脱颖而出。请相信命运的公正吧!一个人只要知道自己将到哪里去,那么全世界都会给他让路。

谁都知道要努力，但是真正努力的人少之又少

懒惰是一种精神腐蚀剂。因为懒惰，人们不愿意爬过一个小山岗；因为懒惰，人们不愿意去战胜那些完全可以战胜的困难。

记得有位哲人说过："懒惰，像生锈一样，比操劳更能消耗身体——经常用的钥匙总是闪闪发亮的。"懒惰，不但让你一事无成，还会贻害无穷。

谁都知道，深海里氧气稀薄，但为了生存，很多动物不得不根据深海里的环境来进化自己：它们尽量减少活动或者干脆不动，长期蛰伏在一处，以减少身体对氧气的需求。所以，尽管深海里环境恶劣，还是有不少动物顽强地生存了下来。最近，美国的一家海湾水族馆研究所，由克雷格·麦克莱恩领导的一项研究发现，生活在深海里的动物渐渐减少的原因，居然不是因为氧气的减少，而是因为氧气的增多。

在南加州海域，就因为移植了大量含氧海藻，而导致许多深海动物消失。人们以为含氧海藻能够改善深海动物的生存环境，没想到反而害了那些动物。因为含氧海藻是一种能够制造氧气的深海植物，是普通海藻造氧量的100倍。

照理来说，增加了氧气的深海对鱼类应该是一件有益的事，可是因为千百年来，那些长期蛰伏于一处不动的深海动物已经适应了缺氧的环境，突然有新鲜的氧气注入，便容易产生氧气中毒。不会氧气中毒的方法只有一个，那就是迅速改变原有的生活习惯，改静止为动态。只有不停地游动，才能够加速呼吸，让过量的氧气排出体外，这样，过量的氧气不但对它们构成不了威胁，反而会让它们更加具有活力。

所以，生活在深海中的动物很快便会分为两种：一种因为无法改变自己原有的"懒散"的生活习性而变得无所适从，甚至被"淘汰"了；而另一种则一改往日的静止而快速行动起来，因为适应了由大量氧气注入的新环境而变得"如鱼得水"。

克雷格·麦克莱恩最后得出结论：不是氧气害了那些深海动物，而是它们自己的懒惰习性。

第四章
没有翅膀，所以努力奔跑

对从事任何种类工作的人而言，懒惰都是一种堕落的、具有毁灭性的东西。懒惰、懈怠从来没有在世界历史上留下好名声，也永远不会留下好名声。只有多行动，依靠自己的辛勤劳动，才能创造美好未来。

20世纪初叶，一个华人泥水匠在美国洛杉矶北部一条铁路附近建了一座很漂亮的塔。他在那里打工时认识了一个比他小20岁的黑人姑娘。他天天买甜饼给她吃，后来二人渐渐有了感情，黑人姑娘就嫁给了他。那块空荡荡的荒地就是他为她而买下的，住房像一个工棚，很简陋，但后院却很大。黑人妻子坚持要在后院修建一个游泳池，起初他依了她，但后来他还是不顾她的阻拦把游泳池拆了，要改建成一座塔。修塔的时候，他也说不上有什么目的。他发动自己的孩子和周围的儿童去捡碎酒瓶和破瓷片，然后他再粘贴在塔上。妻子认为建塔没有什么用，他不听，妻子就带着孩子们走了。他一个人每天一点一点地建，总共花了34年的时间，终于把塔建成了。

但最后他却走了，把房子、院子和塔都交给了邻居的老头儿看管。当地警长要拆毁这个塔，说它不安全，倒下来会砸伤人。可一位大学教授呼吁全社会保护那座塔，并请来了力学专家鉴定塔的安全性能。专家用10000磅的拉力也没有拉倒塔，证明塔是坚固的，于是作为重点文物保护下来，那位大学教授也因保护那座塔而声名远播。

世界上有很多的事情最初是看不出它的端倪的，就说那个华人泥水匠建的塔，他随意而建，毫无目的，于是，当他日积月累地建成了，就成了一种建筑艺术珍品，就成了珍贵的文化遗产。那位支持他的大学教授对那座塔进行过多年研究，并在三藩市找到了已78岁的建塔老人。大学教授把他请上讲台，要他给大学生作一次学术报告，讲讲当年建塔的原始冲动。他说："我当初建塔就像咳嗽一样地忍不住。"大学生们笑了，教授补充说：这是老先生的幽默，而我们应该领会到他所表达的一个真理，那就是艺术家都有最原始的创作冲动。

大凡灵感都像咳嗽一样忍不住，会产生一种原始的冲动，而将那种原始的冲动付诸实施，就会成就一件艺术珍品或者某种发明创造。当然，原始的冲动也是厚积薄发的，它来源于勤思与实践。一个懒惰的人，灵感是不会光顾他的。

懒惰是一种精神腐蚀剂。因为懒惰，人们不愿意爬过一个小山岗；因为懒惰，人们不愿意去战胜那些完全可以战胜的困难。因此，那些生性懒惰的人不可能在社会生活中成为一个成功者，他们永远是失败者。成功只会光顾那些辛勤劳动的人们。

如果不得不跪在地上，那我们就用双膝奔跑

成长其实就是不断战胜挫折的一个过程。经历过挫折的生命，便是那绚丽无比的彩虹。

城里的儿子回农村老家，发现自家玉米地里玉米长得很矮，地已干旱，可周围其他地里的苗子已长得很高。当儿子买了化肥、挑起粪桶准备浇地时，却被父亲阻止了。父亲说，这叫控苗。玉米才发芽的时候，要旱上一段时间，让它深扎根，以后才能长得旺，才能抵御大风大雨。过了个把月，一个狂风骤雨的日子，儿子果然看到除了自家地里的玉米安然无恙外，别人都在地里扶刮倒了的玉米。

种玉米的故事，似乎亦告诉我们同样的人生道理：年轻时苦一点，受一点挫折，没关系，它只会让人多一点阅历，长一点见识，并因此而坚强起来，因此而获取成功。

在生活中，挫折是不可避免的。但是，只要我们正确地看待挫折，敢于面对挫折，在挫折面前无所谓惧，克服自身的缺点，在困难面前不低头，那么，顽强的精神力量就可以征服一切。不是吗？曾任美国总统的林肯一生中就遭遇过无数次失败和打击，然而他英勇卓绝，败而不馁，不正是因为这惊人的顽强毅力才使他走上光辉大道吗？

不经历风雨，怎能见彩虹。的确，人生需要挫折。当挫折向你微笑，此刻你就会明白：挫折孕育着成功。

在我们实现梦想的路途中，会不可避免地遭遇到种种挫折，让我们用执着为自己导航，坚定地树起乘风破浪的风帆，坚信终有一天成功的海岸线会在我们眼里出现。

挫折是一座大山，想看到大海就得爬过它；挫折是一片沙漠，想见到绿洲就得走出它；挫折还是一道海峡，想见到大陆就得游过它。

挫折是可怕的，但却是人生，是成长不可缺少的基石。

挫折是会给人带来伤害，但它还给我们带来了成长的经验。被开水烫过的小孩子是绝不会再将稚嫩的小手伸进开水里的。即使他再顽皮，他也会记得开水带来的伤痛。被刀子割破了手指的小孩子是绝不会再肆无忌惮地拿着刀子玩耍，因为他知道刀子很危险。孩子们经历了挫折，但他们换来了成长的经验。这不正是我们所说的"坏事变好事"吗？

有位名人说过："勇者视挫折为走向成功的阶梯，弱者视之为绊脚石。"上天之所以要制造这么多的挫折，就是为了让你在挫折中成长。当你战胜种种挫折，蓦然回首时，你就会惊喜地发现，你成熟了。

你必须很努力，才能看起来毫不费力

勤奋能塑造卓越的伟人，也能创造最好的自己。大凡有作为的人，无一不与勤奋有着深厚的缘分。

古人说得好："一勤天下无难事。"勤奋能塑造卓越的伟人，也能创造最好的自己。爱因斯坦曾经说过："在天才和勤奋之间，我毫不迟疑地选择勤奋，她几乎是世界上一切成就的催化剂。"高尔基还有这么一句话："天才出于勤奋。"卡莱尔更激励我们说："天才就是无止境刻苦勤奋的能力。"

大凡有作为的人，无一不与勤奋有着深厚的缘分。古今中外著名的思想家、科学家、艺术家，他们无不是勤奋耕作走向成功的典型。

1601年的一个傍晚，丹麦天文学家第谷·布拉赫卧在床上，生命已经垂危。他的学生德国天文学家开普勒坐在一张矮凳上，倾听着老师临终的话："我一生以观察星辰为工作，我的目标是1000颗星，现在我只观察到750颗星。我把我的一切底稿都交给你，你把我的观察结果出版出来……你不会让我失望吧？"

开普勒静静地坐着,点了点头,眼泪从脸颊上流下来。

为了不辜负老师的嘱托,开普勒开始勤奋工作。但是他的继承引起了布拉赫亲戚们的妒嫉,不久,他们合伙把作为遗产的底稿全部收了回去。无情的挫折没能使开普勒屈服,他日夜牢记着老师的托付"我的目标是1000颗星"。开普勒顽强地进行实地观测,每天只睡几个小时,吃住都在望远镜边,开始了枯燥单调的天文工作。751,752,753……20多年过去了,终于在1627年,开普勒实现了老师的遗愿。

天才出自于勤奋,伟大来自于平凡的努力,没有人能随随便便成功。没有细致耐心的勤奋工作,也不会有大的成就。

所谓勤,就是要人们善于珍惜时间,勤于学习,勤于思考,勤于探索,勤于实践,勤于总结。看古今中外,凡有建树者,在其历史的每一页上,无不都用辛勤的汗水写着一个闪光的大字——"勤"。

德国伟大诗人、小说家和戏剧家歌德,前后花了58年的时间,搜集了大量的材料,写出了对世界文学和思想界产生很大影响的诗剧《浮士德》;

马克思写《资本论》,辛勤劳动,艰苦奋斗了40年,阅读了数量惊人的书籍和刊物,其中做过笔记的就有1500种以上;

我国著名的数学家陈景润,在攀登数学高峰的道路上,翻阅了国内外相关的上千本资料,通宵达旦地看书学习,取得了震惊世界的成就。

记得有人说过:"天才之所以能成为天才,只不过是因为他们比一般人更专注更勤奋罢了。"的确,没有人能只依靠天分成功。上天只能给人天分,只有勤奋才能将天分变为天才。

曾国藩是中国历史上最有影响力的人物之一,然而他小时候的天赋却不高。有一天在家读书,他把一篇文章反反复复地朗读了不知道多少遍,还是没有背下来。这时候他家来了一个贼,潜伏在他的屋檐下,希望等曾国藩睡觉之后捞点好处。

可是等啊等,就是不见他睡觉,一直翻来覆去地读那篇文章。贼人大怒,跳出来说:"这种水平读什么书?"然后将那文章背诵一遍,扬长而去!

贼人是很聪明,至少比曾先生要聪明,但是他只能成为贼,而曾先生却成为近代史上的风云人物。其中奥妙何在?无非一个'勤'字。"勤能补拙是良训,一分辛苦一分才。"

可见,任何一项成就的取得,都是与勤奋分不开的,古今中外,概莫能外。

伟大的成功和辛勤的劳动是成正比的，有一分劳动就有一分收获，日积月累，从少到多，奇迹就可以创造出来。

无论多么美好的东西，人们只有付出相应的劳动和汗水，才能懂得这美好的东西是多么地来之不易，因而愈加珍惜它。这样，人们才能从这种"拥有"中享受到快乐和幸福。

如果能试着按下面的方法去做，你就能变得勤奋，你的努力也会更加有效：

（1）要做一些自己喜欢的事情；学会自己作决定，哪怕是已定的事情也要学着自己决定一下；从小事开始，先做一些有把握成功的事情；把激发自己热情的事情记录下来；珍惜生命；鼓励自己，和热情的人在一起。

（2）会休息的人才会工作。充分休息，自我放松，培养愉快的心情。在积极的心态下行动，才能事半功倍。

（3）做一个详细具体的计划，让自己的工作有计划、有规律，然后努力把眼前的事情做好。

（4）只顾忙碌而不注重效率也不行，所以要做好时间管理，让自己的努力更有效率。

（5）绝不拖延，只有这样，才能养成今日事今日毕的好习惯。长此以往，便可拥有可贵的品质——勤奋。

青春的使命不是"竞争"，而是"成长"

生活中很多东西是难以把握的，但是成长是可以把握的。也许我们再努力也成为不了刘翔，但我们仍然能享受奔跑。可能会有人妨碍你的成功，却没人能阻止你的成长。换句话说，这一辈子你可以不成功，但是不能不成长。

人生旅途中，似乎不总是那么一帆风顺、如愿如期，总有一些或多或少的困难与挫折，家家有本难念的经嘛！既然上天给了我们一次锻炼与考验的机会，那我们又何必那么吝啬，畏首畏尾，退避三舍呢？与其在那儿蜷缩手脚、闷闷不乐，倒不如在逆境中顽强拼搏，急流勇进。或许我们能改变现状，毕竟是"山重水复疑无路，柳暗花明又一村"，天无绝人之路。当老天为你关闭这扇窗，必定也为你打开了另一扇窗，只是你缺少睿智的眼睛。

一位父亲很为他的孩子苦恼。因为他的儿子已经十五六岁了，可是一点男子气概都没有。于是，父亲去拜访一位禅师，请他训练自己的孩子。

禅师说："你把孩子留在我这边，3个月以后，我一定可以把他训练成真正的男人。不过，这3个月里面，你不可以来看他。"父亲同意了。

3个月后，父亲来接孩子。禅师安排孩子和一个空手道教练进行一场比赛，以展示这3个月的训练成果。

教练一出手，孩子便应声倒地。他站起来继续迎接挑战，但马上又被打倒，他就又站起来……就这样来来回回一共16次。

禅师问父亲："你觉得你孩子的表现够不够男子气概？"

父亲说："我简直羞愧死了！想不到我送他来这里受训3个月，看到的结果是他这么不经打，被人一打就倒。"

禅师说："我很遗憾你只看到表面的胜负。你有没有看到你儿子那种倒下去立刻又站起来的勇气和毅力呢？这才是真正的男子气概啊！"

不断地倒下，再不断地爬起，正是在这种磕磕碰碰中我们成长了。故事中男子汉的气概并不是表现在我们跌倒的次数比别人少，而是在于，每次跌倒后，我们都有爬起来再次面对困难的勇气和不达目的誓不罢休的毅力。

每个人都在成长，这种成长是一个不断发展的动态过程。也许你在某种场合和时期达到了一种平衡，而平衡是短暂的，可能瞬间即逝，不断被打破。成长是无止境的，生活中很多东西是难以把握的，但是成长是可以把握的，这是对自己的承诺。也许我们再努力也成为不了刘翔，但我们仍然能享受奔跑。可能会有人妨碍你的成功，却没人能阻止你的成长。换句话说，这一辈子你可以不成功，但是不能不成长。

抑郁症、躁郁症正威胁着现代人，仍有许多人无法坦然面对。但有谁想得到，曾两度夺得香港电影金像奖最佳导演的尔冬升原来也曾受抑郁症的折磨。不过，他就是从那时开始才学会成长，从而一步步走向成熟，拍出了《旺角黑夜》这样成功的电影。

面对激烈的竞争、种种挑战和痛苦，我们唯一能做的就是迅速充实自己，成长起来，只有这样，才不会被困难和挑战击倒。

在逆境中学会成长，姑且看成是上天对我们"特别"的关怀，对我们的怜悯与施舍，我们也应做出成绩，做出榜样。在逆境中提升人格的力量，磨砺性格的力量，增强信念的力量，最后交织融合，升华自己生命的力量。

逆境不但不会把人打倒与压垮，反而能让人的潜能最大限度地迸发出来，创造出乎预料的奇迹。"文王拘而演《周易》；仲尼厄而作《春秋》；屈原放逐，乃赋《离骚》；左丘失明，厥有《国语》；孙子膑脚，兵法修列；不韦迁蜀，世传《吕览》；韩非囚秦，《说难》、《孤愤》；《诗》三百篇，大抵圣贤发愤之所作也。"张海迪、霍金……他们都是在困难挫折面前，顽强奋发，自力更生，最终战胜磨难，实现了个人的价值。是啊！不经历风雨怎能见彩虹，"不经一番寒彻骨，哪得梅花扑鼻香"。逆境在某种程度上能造就我们的成功。

允许自己犯错，学会在逆境中成长，我们的羽翼会更加丰满，便能飞向天涯海角；我们的心胸会更加宽广，便能容纳百川，吸吮万千；我们的双臂会更加结实与厚重，便能承载千山万水、艰浪险滩。

真正的强者，不是没有眼泪的人，而是含着眼泪奔跑的人

人生常常浸泡在痛与苦中。一次次心痛，一道道伤痕，一遍遍泪水，洗不去人生的尘埃，抹杀不了命运中的艰辛。何必跟自己过不去，放平自己的心，搁浅自己的梦，把希望打折，把生命烘干，学会在艰难的日子里苦中寻乐！

托尔斯泰在他的散文名篇《我的忏悔》中曾经讲了这样一个寓言故事：

一个男人被一只老虎追赶而掉下悬崖，庆幸的是他在跌落的过程中抓住了一棵生长在悬崖边的小灌木。

此时,他才发现,头顶上,那只老虎正虎视眈眈,低头一看,悬崖底下还有一只老虎,更糟的是,两只老鼠正忙着啃咬悬着他生命的小灌木的根须。

绝望中,他突然发现附近生长着一簇野草莓,伸手可及。于是,他拽下野草莓,塞进嘴里,自语道:"多甜啊!"

生命进程中,当痛苦、绝望、不幸和畏难向你逼近的时候,你是否也能顾及享受一下野草莓的味道?人生一世,能够快快乐乐开开心心过一生,相信这是每个人心中的一个梦。

然而,尼采却说:"人生就是一场苦难。"的确,谁都无法让我们"心想事成,无忧无虑"地过一辈子,唯有"把黄连当哨吹——苦中作乐",才能战胜忧愁,享受快乐。

戴维是饭店经理,他的心情总是很好。当有人问他近况如何时,他回答:"我快乐无比。"

如果哪位同事心情不好,他就会告诉对方怎么去看事物好的一面。他说:"每天早上,我一醒来就对自己说,戴维,你今天有两种选择,你可以选择心情愉快,也可以选择心情不好,我选择心情愉快。每次有坏事发生,我可以选择成为一个受害者,也可以先去面对各种处境。归根结底,你自己选择如何面对人生。"

有一天,戴维被三个持枪的歹徒拦住了。歹徒朝他开枪。

幸运的是发现较早,戴维被送进急诊室。经过18个小时的抢救和几个星期的精心治疗,戴维出院了,只是仍有小部分弹片留在他体内。

6个月后,戴维的一位朋友见到他。朋友问他近况如何,他说:"我快乐无比。想不想看看我的伤疤?"朋友看了伤疤,然后问他当时想了些什么。戴维答道:"当我躺在地上时,我对自己说有两个选择:一是死,一是活。我选择活。医护人员都很好,他们告诉我,我会活的。但在他们把我推进急诊室后,我从他们的眼神中读到了'他是个死人'。我知道我需要采取一些行动。""那么,你采取了什么行动?"朋友问。

戴维说:"有个护士大声问我对什么东西过敏。我马上答道:'有的。'这时所有的医生、护士都停下来等我说下去。我深深吸了一口气,然后大声吼道:'子弹!'在一片大笑声中,我又说道:'请把我当活人来医,而不是死人。'"戴维就这样活下来了。

英国作家萨克雷有句名言:"生活是一面镜子,你对它笑,它就对你笑；你对它哭，它也对你哭。"如果你把自己看成弱者、失败者，你将郁郁寡欢；如果你将自己看成强者，你将快乐无比。你可以快乐，只要你希望自己快乐。

古人讲："不知生，焉知死？"不知苦痛，怎能体会到快乐？痛苦就像一枚青青的橄榄，品尝后才知其甘甜。品尝橄榄容易，品尝生活中的痛苦，这需要勇气！

再大的风浪我们也要远航

如果你拥有一颗积极向上、勇于攀登的心，就能够在逆境中找到快乐。即使再大的风浪，我们也能扬帆远航。

17世纪法国启蒙哲学家卢梭曾经说过："一个真正了解幸福的人，无论什么样的打击都无法使他潦倒。"美国小说家马克·吐温也曾说过说："人生在世，必须善处逆境，万不可浪费时间，作无益的烦恼，最好还是平心静气地去办事，想出补救的办法来。辛勤的蜜蜂，永远没有时间悲哀。杰出的人们，会在逆境中磨砺意志，卧薪尝胆，厉兵秣马，展现非凡的人生风采。"

在现实生活中，假如你没有被逆境所吓倒，反而以乐观的态度，把它们想像成理所当然的，那么，你就极有可能把逆境变成了顺境的前奏。

为了做到这点，光是有钱、荣誉、有个漂亮妻子，还是不够的——这些福分都是无常的，而且也很容易习惯。为了不断地感到幸福，甚至在苦恼和愁闷的时候也感到幸福，那就需要：善于满足现状，很高兴地感到："事情原来可能更糟。"要做到这点其实并不难。

要是火柴在你的衣袋里燃起来了，那你应当高兴，而且感谢上苍："多亏你的衣袋不是火药库。"

要是你的手指头扎了一根刺,那你应当高兴:"挺好,多亏这根刺不是扎在眼睛里!"

要是有穷亲戚上门来找你,那你不要脸色发白,而要喜气洋洋地叫道:"挺好,幸亏来的不是警察!"

如果你不是住在边远的地方,那你一想到命运总算没有把你送到边远的地方去,你岂不觉着幸福?

如果你的妻子或者小姨练钢琴,那你不要发脾气,而要感激这份福气:"你是在听音乐,而不是听狼嗥或者猫的音乐会。"

你该高兴,因为你不是劳累的马,不是微小的旋毛虫,不是供人宰割的猪,不是愚蠢的驴,不是笼子里关的熊,不是人见人厌的臭虫……你要高兴,因为眼下你没有坐在被告席上,更没有看见债主在你面前。

要是你被送到警察局去了,那就该乐得跳起来,因为多亏没有把你送到地狱的大火里去。

要是你有一颗牙痛起来,那你就该高兴:幸亏不是满口的牙痛起来。

要是你的妻子对你变了心,那就该高兴,多亏她背叛的是你,不是国家。

要是你挨了一顿木棍子的打,那就该蹦蹦跳跳,叫道:"我多么运气,人家总算没有拿带刺的棒子打我!"

依此类推。只要按这种乐观的方法去做,你的生活就会变得欢乐无穷了。

而在困境中,除了乐观之外,我们还须得有征服困难的坚强意志。没有这种意志的人们常常浸泡在痛苦中。一道道伤痕,一次次心痛,一遍遍泪水,让他们自怨自怜悲叹不已,丧失了做人的斗志

幸福来源于我们自己,不幸是命运强加给我们的。战胜命运,就是我们的幸福,没有战胜命运,就是我们的不幸。许多逆境通常是好的开始。有人在逆境中成长,也有人在逆境中跌倒,这其中的差别,就在于我们如何看待?硬是在地上赖着,爬不起来的人,注定只能继续哭泣,而能立刻站起来的人却能成就更好的自己。幸福是甘美的,如同一杯美酒,越陈越醉人,也越容易被人喝干。

而且,逆境会让人变得更深刻,顺境却容易让人变得浅薄。霍兰德说:"在黑暗的土地上生长着最娇艳的花朵,那些最伟岸挺拔的树林总是在最陡峭的岩石中扎根,昂首向天。"人生中,并不是每一次不幸都是灾难,早年的逆境通常是一种幸运。与困难作斗争不仅磨炼了我们的意志,也为日后更为激烈的竞争

准备了丰富的经验。

　　有的时候，顺境会变成一个陷阱，因为身处顺境的人很容易为眼前的景致所迷惑而失去危机意识，历史上人生一帆风顺而最后身遭其祸的人举不胜举，在这里，成功反而成为失败之母。在逆境中，有的人自杀，有的人疯狂，也有的人化作不死鸟，涅槃后而重生，从他身上发出的光照亮了世间各个角落。

　　无论多大的苦难，多大的风浪，也无法磨掉我们的斗志，无法抹杀我们与命运搏斗做出的努力。只有在逆境中我们才能真正了解快乐与幸福是什么！只有在逆境中我们才能真正正视自我！只有在逆境中我们才能真正获得快乐与幸福！一个热爱生活的人，必定善于面对生活中的逆境。或许，对于那些经历了许多风风雨雨的人来说，可以深刻体味出其中的滋味——在风浪中起航，更能体验到快乐！

你需要奔跑的最重要理由，就是为了自己的幸福

　　有些人打牌，总想着等到合适的时候再出好牌，但却发现与事实屡屡不符，等到别人都出完手中的牌了，才发现自己的好牌都攥在手里，没派上用场。

　　一位成功学大师这样评价行动和知识：行动才是力量，知识只是潜在的能量；不积极行动，知识将毫无用处。要克服任何障碍，都离不开行动，也只有行动才能够让梦想照进现实。

　　从前，有两个朋友，相伴一起去遥远的地方寻找人生的幸福和快乐，一路上风餐露宿，在即将到达目标的时候，遇到了一条风急浪高的大河，而河的彼岸就是幸福和快乐的天堂。关于如何渡过这条河，两个人产生了不同的意见，

一个建议采伐附近的树木造成一条木船渡过河去，另一个则认为无论哪种办法都不可能渡得了这条河，与其自寻烦恼和死路，不如等这条河流干了，再轻轻松松地过去。

于是，建议造船的人每天砍伐树木，辛苦而积极地制造船只，并顺带着学会游泳，而另一个则每天躺下休息睡觉，然后到河边观察河水流干了没有。直到有一天，已经造好船的朋友准备扬帆的时候，另一个朋友还在讥笑他的愚蠢。

不过，造船的朋友并不生气，临走前只对他的朋友说了一句话："去做一件事不一定都成功，但不去做则一定没有机会成功！"

能想到等到河水流干了再过河，这确实是一个"伟大"的创意，可惜的是，这仅仅是个注定永远失败的"伟大"创意而已。

这条大河终究没有干枯掉，而那位造船的朋友经过一番风浪也最终到达了彼岸。

只有行动才会产生结果，行动是成功的保证。任何伟大的目标、伟大的计划，最终必然要落实到行动上。不肯行动的人只是在做白日梦，这种人不是懒汉就是懦夫，他们终将一事无成。

古希腊格言讲得好："要种树，最好的时间是10年前，其次是现在。"同样，要成为赢家，最好的时间是3年前，其次是现在。

要成为人生牌局的赢家，就应该尽早地迈出自己的第一步。

20世纪70年代的一天，史蒂芬·乔布斯和史蒂芬·沃兹尼亚克卖掉了一辆老掉牙的大众牌汽车，得到了1500美元。对于史蒂芬·乔布斯和史蒂芬·沃兹尼亚克这两个正准备开一家公司的人来说，这点钱甚至无法支付办公室的租金，而且他们所要面对的竞争对手是国际商业机器公司(IBM)——一个财大气粗的巨无霸。租不起办公室，他们就在一个车库里安营扎寨。然而正是在这样一个条件极差的车库里，苹果电脑诞生了，一个电脑业的巨子迈出了第一步。也正是这个从车库诞生的苹果电脑，成功地从IBM手里抢走了荣耀和财富。如果当初这两位青年因为怕遇到很多的困难而不动手行动的话，那么恐怕就没有今天的苹果电脑了吧。

而惠普电脑的诞生与苹果电脑的诞生如出一辙。1938年，两位斯坦福大学的毕业生惠尔特和普克德，在寻找工作的过程中他们尝尽了求助他人谋生的艰辛，同时他们还看到了许多人因为找不到工作而陷入困境的惨状，于是他们决

第四章
没有翅膀，所以努力奔跑

定摆脱受雇于人的想法，合伙开创自己的事业。两个一无所有的穷光蛋，总共才凑了538美元，他们有的只是想法和决心。但是，他们并没有停止或等待，在加州的一间车库里，他们办起了一家公司——惠普公司。经过艰苦创业，惠普公司现在是全球最重要的电子元器件、配套设备供应商之一，总资产达300多亿美元。

可能每个人都会有很多的想法，有不少的想法甚至可以说是绝妙的。但是假若这些想法不去付诸实践，那它们永远也只是空想而已。不论你自己想得有多美，重要的是去做！没有人会嘲笑一个学步的婴儿，尽管他的步子趔趄、姿势难看，有时还会摔倒。

我们之所以难以将想法付诸实践，是因为当我们每一次准备搏一搏时，总有一些意外事件使我们停止，例如资金不够、经济不景气、新婴儿的诞生、对目前工作的一时留恋等种种限制以及许许多多数不完的借口，这些都成为我们拖拖拉拉的理由。我们总是想等着一切都十全十美的时候再行动，但事实总会和愿望不太相符，于是我们的计划不会有开始动手的那一天，只是变成了空想。

面对人生的众多机遇，我们看见了，也心动了，但是自己却没有付诸行动，眼看着机会从自己的身边溜走，到头来只能恨自己没有胆量。

安妮是一个可爱的小姑娘，可她有一个坏习惯，那就是她每做一件事，总爱让计划停留在口头上，而不是马上行动。

和安妮住在同一个村子里的詹姆森先生有一家水果店，里面出售本地产的草莓之类的水果。一天，詹姆森先生对安妮说："你想挣点钱吗？"

"当然想。"她回答，"我一直想买一双新鞋，可家里买不起。"

"好的，安妮。"詹姆森先生说，"隔壁卡尔森太太家的牧场里有很多长势很好的黑草莓，他们允许所有人去摘。你摘了以后把它们都卖给我，1升我给你13美分。"

安妮听到可以挣钱，非常高兴。于是她迅速跑回家，拿上一个篮子，准备马上就去摘草莓。但这时她不由自主地想到，要先算一下采5升草莓可以挣多少钱。于是她拿出一支笔和一块小木板计算起来，计算的结果是65美分。

"要是能采12升呢？那我又能赚多少呢？"

"上帝呀！"她得出答案，"我能得到1美元56美分呢！"

安妮接着算下去，要是她采了50、100、200升詹姆森先生会给她多少钱。

算来算去，已经到了中午吃饭的时间，她只得下午再去采草莓了。

安妮吃过午饭后，急急忙忙地拿起篮子向牧场赶去。而许多男孩子在午饭前就赶到了那儿，他们快把好的草莓都摘光了。可怜的小安妮最终只采到了1升草莓。

回家途中，安妮想起了老师常说的话："办事得尽早着手，干完后再去想。因为一个实干者胜过100个空想家。"

成功在于计划，更在于行动。目标再大，如果不去落实，也永远只能是空想。所以当你心动的时候，就应当尽快地将它付诸行动，这样才能够更好地把握住机遇。

第五章
在难过的日子笑出声来

阳光照不到你的生活，微笑着才发现沿途开满花朵

汪国真有诗云："我微笑着走向生活／无论生活以什么方式回敬我／报我以平坦吗／我是一条欢快奔流的小河／报我以崎岖吗／我是一座大山挺峻巍峨……"谁能说人生没有遗憾、没有失落，失落之中只伴随着忧郁，阳光照不到你的生活；只有微笑着走向生活，才发现原来沿途开满了花朵。

体会了没有脚的痛楚，才明白为没有鞋子而哭泣是多么浅薄；经历了归途的风雨坎坷，蓦然回首，才发现来时的路却是怎样美丽的一种风景。

没有人能够完全把握前路的东西，但却也没有理由不微笑走向生活……

古语云："甘瓜苦蒂，物不全美。"从理念上讲，人们大都承认"金无足赤，人无完人"。正如世界上没有十全十美的东西一样，也不存在什么精灵通神的完人。但在认识自我、看待别人这一具体问题上，许多人仍然习惯于追求完美，求全责备，对自己要求样样都是，对别人也往往是全面衡量。

任何人总是有优点和缺点两个方面。俗话说："寸有所长，尺有所短。""十个手指不一般齐。"长处再多的人，也不免有所短；缺点再多的人，也必定有所长。

美国大发明家爱迪生，有一千多项发明，被誉为"发明大王"。但他在晚年，却固执地反对交流输电，一味地主张直流输电；电影艺术大师卓别林创造了深刻而生活的喜剧艺术形象，但他却极力反对有声电影；创立了《相对论》的20世纪最伟大的科学家爱因斯坦，他的智慧带来了科学思想的革命，却不能处理好自己的家庭关系……奥地利圆舞曲之王约翰·施特劳斯逝世100周年之际，一本新出版的传记以几百封从未曝光的书信为依据指出，这位创作了《蓝色多瑙河》等许多著名圆舞曲的施特劳斯，其实动作笨拙，不会跳舞。他还害怕阳光，非常胆小，也害怕黑暗，不敢独处，没有半点儿幽默感。真正的施特劳斯与众人想象中的活泼形象完全不同。

这些事实说明，大师、著名人物也都不是完人、超人，也不可能十全十美。

他们的缺点和失误比之于他们给予人类的贡献，当然是次要的。但通过这些事实，我们应当明白，人无完人，人生必有缺憾，才是真实的，正常的。

维纳斯塑像的断臂，引得众多的学者、文人、工匠进行思考、论证、试验，想对她的断臂进行重新"安装"。可是，种种假设和计划均告失败。于是，围绕在维纳斯身上的神秘感越来越浓。作为爱神，断臂的维纳斯似乎更受人们的喜爱，也更能引起人们作种种的猜想和遐思。由此可见，并不完美的缺憾之处从某种意义上看不也是一种美吗？

所以，当缺憾也成为一种美的时候，面对生活中仅有的一些不顺利，你除了恬淡接受，泰然处之，还有什么其他的选择吗？

美好的日子给你带来经历，阴暗的日子给你带来阅历

经济不景气，大学生刚毕业就待业；裁员、下岗、减薪……这些词汇每天都充斥在工薪阶层的耳旁，扰得人们寝食难安；消费水平提高、物价上涨、孩子上学问题、户口问题、买不起房子买不起车、租个房子还要整天面对苛刻的房东……面对如此尴尬的处境，人们不禁感叹："这日子真的是没法过了。

艰难的日子虽然让人焦头烂额，可是我们却没有办法选择别样的生活。既然改变不了，那么我们不如冷静地接受，认真地过好每一天，这样也许我们就会有很多意外的收获，生活也不会再让我们觉得痛苦了。

众所周知，王宝强是个在少林寺里拳来脚往生活了六年的孩子，因为克制不住内心梦想之火的燃烧，就决定出少林"闯荡江湖"了。他从少林寺伙房师傅的口中得知很多师兄弟都去了北京做武打替身，可以拍电影，还可以和很多大明星接触……被外面五彩缤纷的生活所吸引，也被心中的梦想所牵引，于是王宝强来到北京，开始了所谓的"北漂生活"。

实际上，我们可以想象得到，像王宝强这样没有什么学历和文凭的人，在"北漂"中注定是不能气定神闲的。他曾经自己回忆："那个时候住排房，屋子很小，夏天非常拥挤，五六个师兄弟挤在一个炕上。不过房租很便宜，一个月100块，每个人每月也就20块钱的租金。"可是，就算你空有一身好武功，也要有戏演才能维持生活。而实际上，只凭当替身的那点儿拳脚费，几乎无法维持生活。于是，那个时候的王宝强，几乎是"替身和民工"并存。

生活的艰难并没有动摇王宝强的信念，不管生活多难，他都咬紧牙关坚持着。接下去的两年里，他忽然和家里失去了联系。在一次访谈中，王宝强的哥哥说："他到了北京忽然和家里失去了联系，信也没有，电话也没有，差不多将近两年的时间，我妈妈想他都快得病了。他忽然有一天打电话回来，说自己得了大奖，开始我们都还不信呢……"

王宝强的确曾经和家里失去联系，他说："那个时候没有钱，就是没钱打电话。""而且也不想打，没混出来个人样，觉得没法跟家里交代，没脸和家里人说。"就在那样孤独、艰难的岁月里，王宝强一面做"武替"，一面做民工，才勉强维持了自己的生活。有时候"武替"一天有几十块钱，有时候就只有一顿盒饭，可是即便这样，王宝强也觉得挺好的，来了北京，能吃饱，还能长见识。

很多师兄都劝他："宝强，咱回去吧。你说咱们武功也一般，长得也不好，还没什么文化，哪有导演愿意要咱们这样的呀。不是每个人都有李连杰那样的好运气的。"可是，倔犟的王宝强就是不肯认输，抱定了"再难也要坚持下去"的观点，坚决要留在北京打拼。记得蒲松龄曾经写过这样的落第自勉联："有志者，事竟成，破釜沉舟，百二秦关终属楚；苦心人，天不负，卧薪尝胆，三千越甲可吞吴。"不知道是不是因为他"愚公移山"的精神感动了上帝，好运终于飘然降临了。

李扬导演相中了他，电影《盲井》中的优秀表演让他一举成名，并荣获了当年金马奖最佳新人奖。随后，冯小刚导演找到了他，他和中国最优秀的几个一线大明星、众多影帝影后加盟《天下无贼》。那个憨厚的"傻根"让人们一下子记住了他的名字。王宝强的星途从此一帆风顺。

很多人认为王宝强之所以能越来越好，是因为他太幸运了。可是王宝强却说，我并不是幸运的一个，能够有今天的成绩，是因为我一直没有放弃，尽管日子很难过，但是我一直在认真过好每一天。

尽管在生活中，我们每个人都会遇到各种各样的磨难和考验，只有能够认真地过日子的人，才能在最后的关头突破自己，创造生活的奇迹。其实，生活中给予我们每个人的机会都是相同的，越是艰难的岁月，就越能提供给我们进步的空间。所以，不要总是抱怨日子不好过，只要我们坚持，认真的过好每一天，我们就能抓住希望。

情绪低落时不妨假装一下快乐

很多人都有这样的体会：当我们在做一些有兴趣也很令人兴奋的事情时，很少会感到疲劳。因此，克服疲劳和烦闷的一个重要方法就假装自己已经很快乐。如果你"假装"对工作有兴趣，一点点假装就可以使你的兴趣成真，也可以减少你的疲劳、紧张和忧虑。

有一天晚上，艾丽丝回到家里，觉得精疲力竭，一副疲倦不堪的样子。她也的确感到非常疲劳，头痛，背也痛，疲倦得不想吃饭就要上床睡觉。她的母亲再三地求她……她才坐在饭桌上。电话铃响了。是她的男朋友打来的，请她出去跳舞，她的眼睛亮了起来，精神也来了，她冲上楼，穿上她那件天蓝色的洋装，一直跳舞到凌晨3点钟。最后等她回到家里的时候，却一点儿也不疲倦，事实上还兴奋得睡不着觉呢。

在8个小时以前，艾丽丝的表情和动作，看起来都精疲力竭的，她是否真的那么疲劳呢？的确，她之所以觉得疲劳是因为她觉得工作使她很烦，甚至对她的生活都觉得很烦。

世界上不知道有多少人像艾丽丝这样的人，你也许就是其中之一。

一个人由于心理因素的影响，通常比肉体劳动更容易觉得疲劳。约瑟夫·巴马克博士曾在《心理学学报》上有一篇论文，谈到他的一些实验，证明了烦闷会产生疲劳。巴马克博士让一大群学生做了一连串的实验，他知道这些实验都是他们没有什么兴趣的。其结果呢？所有的学生都觉得很疲倦、打瞌睡、头痛、眼睛疲劳、很容易发脾气，甚至还有几个人觉得胃很不舒服。所有这些是否都是"想象来的"呢？

不是的，这些学生做过新陈代谢的实验。由试验的结果发现，一个人感觉烦闷的时候，他身体的血压和氧化作用，实际上会减低。而一旦这个人觉得他的工作有趣的时候，整个新陈代谢作用就会立刻加速。

心理学家布勒认为，造成一个人疲劳感的主要原因是心理上的烦恼。

加拿大明尼那不列斯农工储蓄银行的总裁金曼先生对此是深有体会。在1943年的7月，加拿大政府要求加拿大阿尔卑斯登山俱乐部协助威尔斯军团做登山训练，金曼先生就是被选来训练这些士兵的教练之一。他和其他的教练——那些人从42岁到59岁不等——带着那些年轻的士兵，长途跋涉过很多冰河和雪地，还用绳索和一些很小的登山设备爬上40英尺高的悬崖。他们在加拿大洛杉矶的小月河山谷里爬上百米高峰、副总统峰和很多其他没有名字的山峰，经过15个小时的登山活动之后，那些非常健壮的年轻人，都完全精疲力竭了。

他们感到疲劳，是否因为他们军事训练时，肌肉没有训练得很结实呢？任何一个接受过严格军事训练的人对这种荒谬的问题都一定会嗤之以鼻。不是的，他们之所以会这样精疲力竭，是因为他们对登山这项运动觉得很烦。他们中很多人疲倦得不等到吃过晚饭就睡着了。可是那些教练们——那些年岁比士兵要大两三倍的人——是否疲倦呢？不错，他们没有精疲力竭。那些教练们吃过晚饭后，还坐在那里聊了几个钟点，谈他们这一天的事情。他们之所以不会疲倦到精疲力竭的地步，是因为他们对这件事情感兴趣。

耶鲁大学的杜拉克博士在主持一些有关疲劳的实验时，用那些年轻人经常保持感兴趣的方法，使他们维持清醒差不多达一星期之久。在经过很多次的调查之后，杜拉克博士表示"工作效能减低的唯一真正原因就是烦闷"。

因此，经常保持内心愉悦是抵抗疲劳和忧虑的最佳良方。在这里，请记住布勒博士的话："保持轻松的心态，我们的疲劳通常不是由于工作，而是由于忧虑、紧张和不快。"如果你此刻不快乐，会导致身体更加疲劳，情绪也就更加低落，因此，此时不妨假装一下自己是快乐的，当你的心理产生快乐的愿望时，身体也会跟着调整到快乐时的状态，从而形成良性的循环。不信你就试试。

冬天里会有绿意，绝境中也会有生机

我们知道，事情的发展往往具有两面性，犹如每一枚硬币总有正反面一样，失败的背后可能是成功，危机的背后也有转机。

1974年，第一次石油危机引发经济衰退时，世界运输业普遍不景气，但当时美国的特德·阿里森家族却收购了一艘邮轮，成立嘉年华邮轮公司，后来这家公司成为世界上最大的超级豪华邮轮公司。世界最大的钢铁集团米塔尔公司，在20世纪90年代末，世界钢铁行业不景气的时候，进行了首次大规模兼并，然后迅速扩张起来。所以说，危机中有商机，挑战中有机遇，艰难的经济发展阶段对企业来说是充满机会的，对企业如此，对个人、对民族、对国家也是如此。

2008年经济危机爆发后，美国很多商业机构和场所顿时萧条了，但酒吧的生意却悄悄地红火起来。原来，精明的酒商们发现美国人开始越来越喜欢喝战前禁酒令时期以及大萧条时期的酒品，比如由白兰地、橘味酒和柠檬汁调制成的赛德卡鸡尾酒。酒商们迅速嗅出了新商机，推出了一款改进的老牌鸡尾酒。美国一个酒业资深人士指出，人们在困难时期，往往会从熟悉的东西那里寻求安慰，老式鸡尾酒自然而然会走俏。这种酒品，不仅让酒商们大赚了一笔，而且还能使疲于应对经济危机的美国人民得到慰藉。

"危中有机，化危为机。"一些中外专家认为，如果危机处置得当，金融风暴也有可能成为个人、企业或国家迅速发展的机遇。所以，冬天里会有绿意，绝境里也会有生机。

危机之下，谁都不希望面临绝境，但绝境意外来临时，我们挡也挡不住，与其怨天尤人，还不如奋力一搏，说不定，还会创造一个奇迹。

有人说过这样一句话："瀑布之所以能在绝处创造奇观，是因为它有绝处求生的勇气和智慧。"其实我们每个人都像瀑布一样，在平静的溪谷中流淌时，波澜不惊，看不出蕴涵着多大的力量；往往当我们身处绝境时，才能将这种力量开发出来。

下面是一个在绝境里求生存的真实故事：

第二次世界大战期间，有位苏联士兵驾驶一辆苏H正式重型坦克，非常勇猛，一马当先地冲入了德军的心腹重地。这一下虽然把敌军打得抱头鼠窜，但他自己渐渐脱离了大部队。

就在这时，突然轰隆隆一声，他的坦克陷入了德军阵地中的一条防坦克深沟之中，顿时熄了火，动弹不得。

这时，德军纷纷围了上来，大喊着："俄国佬，投降吧！"

刚刚还在战场上咆哮的重型坦克，一下子变成了敌人的瓮中之物。

苏联士兵宁死也不肯投降，但是现实一点儿也不容乐观，他正处于束手待毙的绝境中。

突然，苏军的坦克里传出了"砰砰砰"的几声枪响，接着就是死一般的沉寂。看来苏联士兵在坦克中自杀了。

德军很高兴，就去弄了辆坦克来拉苏军的坦克，想把它拖回自己的堡垒。可是德军这辆坦克吨位太轻，拉不动苏军的庞然大物，于是德军又弄了一辆坦克来拉。

两辆德军坦克拉着苏军坦克出了壕沟。突然，苏军的坦克发动起来，它没有被德军坦克拉走，反而拉走了德军的坦克。

德军惊惶失措，纷纷开枪射向苏军坦克，但子弹打在钢板上，只打出一个个浅浅的坑洼，奈何它不得。那两辆被拖走的德军坦克，因为目标近在咫尺，无法发挥火力，只好像被驯服的羔羊，乖乖地被拖到苏军阵地。

原来，苏联士兵并没有自杀，而是在那种绝境中，被逼得想出了一个绝妙的办法。他以静制动，后发制人，让德军坦克将他的坦克拖出深沟，然后凭着自身强劲的马力，反而俘虏了两辆德军坦克。

其实，每个人皆是如此，虽然我们的生活并不会时时面临枪林弹雨，但总有身处绝境的时候，每当此时，我们往往会产生爆发力，而正是这种爆发力将我们的力量激发出来了。所以，面临绝境的时候，不要灰心、不要气馁，更不要坐以待毙，勇往直前，无所畏惧，你我都可以"杀出一条血路"。

笑看天下几多愁

人生欢喜多少事，笑看天下几多愁。

我们从小就在做游戏，游戏的本身，就是在不断战胜挫折与失败中获取一种刺激与欢乐，假如没有挫折与失败，再好的游戏也会索然无味。"那就是一场游戏一场梦"，人生如梦，就如一场游戏，但我们作为其中的玩家，真的能像在现实的游戏中吗？人们玩游戏时的心态，是寻找娱乐，是带着挑战的心情去面对游戏中的困难与挫折的，你面对强大的对手，不断地损伤受挫，但越是如此，你越发兴头十足。试想，倘若人们在生活中，也有这么一种积极向上的游戏心态，那么失败与挫折，也就不会显得那般沉重和压抑。既然如此，我们为何不能将挫折变成一种游戏呢？那样便会让痛苦沮丧的心态超然快活起来。二者其实并无差别，只是人们在游戏中身心放松，而在生活中过于紧张。于是，你可以体味游戏中面对和战胜挫折的欢乐。同样，只有你将生活中的挫折视为游戏，才会从中体味积极人生的快乐……

每个人的路都不一样，但命运对我们都是公平的，有所得必所有失，有痛苦也有快乐，就看你能不能咬定青山不放松，心往好处想。西方哲学家蓝姆·达斯讲过这样一个故事：

一个病入膏肓、仅剩数周生命的妇人，整天思考死亡的恐怖，心情坏到了极点。蓝姆·达斯去安慰她说："你是不是可以不要花那么多时间去想死，而把这些时间用来考虑如何快乐地度过剩下的时间呢？"

他刚对妇人说时，妇人显得十分恼火，但当她看出蓝姆·达斯眼中的真诚时，便慢慢地领悟着他话中的诚意。"说得对，我一直都在想着怎么死，完全忘了该怎么活了。"她略显高兴地说。

一个星期之后，那妇人还是去世了，她在死前充满感激地对蓝姆·达斯说："这一个星期，我活得比前一阵子幸福多了。"

"苦乐无二境，迷悟非两心。"妇人学会了心往好处想，所以在离开人世前仍能感到一丝幸福，快乐地合上双眼；如果她仍像以前一样，一味地想死，那只能是痛苦地离开人世。

心往好处想，不论何时，不论何事，只要仍在人间，就要心往好处想，天堂和地狱就在人心中。人可以没有名利、金钱，但必须拥有美好的心情。

看看下面童真无忌的画面，不知你想到了什么？

在一个春光明媚的日子，在阳光普照的公园里，许多小孩正在快乐地游戏，其中一个小女孩不知绊到了什么东西，突然摔倒了，并开始哭泣。这时，旁边有一位小男孩立即跑过来，别人都以为这个小男孩会伸手把摔倒的小女孩拉起来或安慰鼓励她站起来。但出乎意料的是，这个小男孩竟在哭泣着的小女孩身边也故意摔了一跤，同时一边看着小女孩一边笑个不停。泪流满面的小女孩看到这幅情景，也觉得十分可笑，于是破涕为笑，俩人滚在一起乐得非常开心。

将生活中的挫折和困难视为"游戏"，不是游戏人生，而是以积极的心态面对现实，去战胜挫折和困难。笑看忧愁，笑看人生，如此而已！

世上最美的，莫过于从泪水中挣脱出来的那个微笑

以欢乐面对人生，以宽容对待别人，以笑声战胜挫折，以信心面对困难，以欣赏的目光看待每一件事物。

1954年，当美国著名作家海明威上台接受诺贝尔文学奖时，他却谦虚地说道："得此奖项的人应该是那位美丽的丹麦女作家——嘉伦·碧森。"

海明威所说的这位丹麦女作家，就是曾经凭电影《走出非洲》获得好莱坞奥斯卡金像奖的女主人公。《走出非洲》这部电影的结尾，打上一行小小的英文字：嘉伦·碧森返回丹麦后成了一位女作家。

嘉伦·碧森(1885～1962年)从非洲返回丹麦后，不但成为一位享誉欧美

第五章
在难过的日子笑出声来

文坛的女作家，而且在她去世30多年后，她和比她早出世80年的安徒生并列为丹麦的"文学国宝"。

嘉伦·碧森离开非洲的那一年，可以说是一个什么都没有的女人，有的只是一连串的厄运：她苦心经营了18年的咖啡园因长年亏本被拍卖了；她深爱的英国情人因飞机失事而毙命；她的婚姻早已破裂，前夫再婚；最后，连健康也被剥夺了，多年前从丈夫那里感染到的梅毒发作，医生告诉她，病情已经到了药物不能控制的阶段。

回到丹麦时，她可以说是身无分文，而且除了少女时代在艺术学院学过画画以外，无一技之长。她只好回到母亲那里，仰赖母亲，她的心情简直是陷落到绝望的谷底。

在痛苦与低落的状况下，她鼓足了勇气，开始在童年老家伏案笔耕。一个黑暗的冬天过去了，她的第一本作品终于脱稿，是七篇诡异小说。

她的天分并没有立刻受到丹麦文学界的欣赏，她的第一本作品在丹麦饱尝闭门羹。有的人甚至认为，她故事中所描写的鬼魂，简直是颓废至极。

嘉伦·碧森在丹麦找不到出版商，便亲自把作品带到英国去，结果又碰了一鼻子灰。英国出版商很礼貌地回绝她："夫人，我们英国现在有那么多的优秀作家，为何要出版你的作品呢？"

嘉伦·碧森颓丧地回到丹麦。她的哥哥蓦然想起，曾经在一次旅途中认识了一位在当时颇有名气的美国女作家，毅然把妹妹的作品寄给那位美国女作家。事有凑巧，那位女作家的邻居正好是个出版商，出版商读完了嘉伦·碧森的作品后，大为赞赏地说，这么好的作品不出版实在是太可惜了。她愿意为文学冒险。

1943年，嘉伦·碧森的第一本作品《七个歌德式的故事》终于在纽约出版，并一鸣惊人，不但好评如潮，还被《这月书俱乐部》选为该月之书。当消息传到丹麦时，丹麦记者才四处打听，这位在美国名噪一时的丹麦作家到底是谁？

嘉伦·碧森在她行将50岁那年，从绝望的黑暗深渊，一跃而成为文学天际一颗闪亮的星星。此后，嘉伦·碧森的每一部新作都成为名著，原文都是用英文书写，先在纽约出版，然后再重渡北大西洋回到丹麦，以丹麦文出版。嘉伦·碧森在成名后说：在命运最低潮的时刻，她和魔鬼做了个交易。她效仿歌德笔下的浮士德，把灵魂交给了魔鬼，作为承诺，让她把一生的经历都变成了故事。

嘉伦·碧森把自己一生的各种经历先经过一番过滤、浓缩，最后把精华部分放进她的故事里。她的故事大都发生在一百多年前，因为她认为，唯有这样她才能得到最大的文学创作自由。熟悉嘉伦·碧森的读者，不难在其作品中看到她的影子。

嘉伦·碧森写作初期以 Isak Dinesen 为笔名，成名后才用回本名。Isak，犹太文是"大笑者"的意思。她之所以采用这笔名，也许是在暗示世人，以笑声面对残酷的命运。

嘉伦·碧森成为北大西洋两岸文学界的宠儿后，丹麦时下的年轻作家皆拜倒在她的文学裙下，把她当女王般看待。74岁那年，她第一次拜访纽约，纽约文艺界知名人士，包括赛珍珠和阿瑟·米勒皆慕名而来。嘉伦·碧森为她的文学也付出了很大的代价，梅毒给她带来极大的肉体痛苦，当梅毒侵入她的脊柱时，她常痛得在地上打滚。晚年时，她变得极其消瘦、衰弱，坐立行皆痛苦不堪。

嘉伦·碧森死时77岁，死亡证书上写的死因是：消瘦。正如她晚年所说的两句话："当我的肉体变得轻如鸿毛时，命运可以把我当作最轻微的东西抛弃掉。"

有的人喜欢以笑声面对困苦，有的人喜欢以埋怨面对不幸。既然笑也要过生活，哭也要过生活，为什么不能让自己过得快乐一点呢？

所以，无论遭遇多大的痛苦和不幸，你都要面带微笑，勇敢面对，让自己活得快乐一点，活得精彩一点！

用你的笑容去改变这个世界，别让这个世界改变了你的笑容

只有具备了淡然如云微笑如花的人生态度，困境和不幸才能被锤炼成通向平安的阶梯。

人在什么时候最有魅力？就是在微笑的时候。一个积极向上的人，一个热爱生活的人，微笑是他显露最多的表情。

达·芬奇用蒙娜丽莎的微笑征服了整个世界，可见微笑是多么神奇。微笑的魅力无所不在，它可以美化我们的心灵，也可以让快乐无处不在，是它让这个世界充满友善与朝气。一个真心的微笑，不管是从眼睛看到的或从声音里听到的，都是一个很好的开端。

在人际交往中，我们需要微笑。微笑是一种令人愉快的表情，表达的是一种热情而积极的处世态度。微笑甚至可以创造财富，引领你走向成功。

几年前，底特律的哥堡大厅举行了一次巨大的汽艇展览会，人们蜂拥而至，在展览会上人们可以选购各种船只，从小帆船到豪华的游艇都可以买到。

在汽艇展览会期间，一家汽艇厂有一宗巨大的生意跑掉了，而另一家汽艇厂却用微笑把顾客挽留了下来。

事情是这样的：一位富翁，他来到一艘展览的大船旁对站在他面前的推销员说："我想买艘汽船。"这对推销员来说，可是求之不得的好事。那位推销员很周到地接待了富翁，只是他脸上冷冰冰的，没有一丝笑容。

这位富翁看着这位推销员那没有笑容的脸，里面似乎藏有什么心机，然后走开了。

他继续参观，到了下一艘陈列的船前，这次他受到了一位年轻推销员的热情招待。这位推销员脸上始终挂满了欢迎的笑容，那微笑像太阳一样灿烂，使这位富翁有宾至如归的感觉，所以，他又一次说："我想买艘汽船。"

"没问题。"这位推销员脸上带着微笑答道，"我会为你介绍我们的产品。"

后来，这位富翁果然交了定金，并且对这位推销员说："我喜欢人们表现出

一种他们非常喜欢我的样子,现在你已经用微笑给我表现出来了。在这次展览会上,你是唯一让我感到我是受欢迎的人。"

第二天这位富翁带着一张保付支票回来,购下了价值2000万美元的汽船。

不难看出,微笑就是无声的行动,一个人温和、亲切、洋溢着笑意,远比他穿着一套华丽、高档的衣服更引人注意,也更受人欢迎。因为微笑是一种宽容、一种接纳,它缩短了人与人之间的距离,使彼此之间心心相通。喜欢微笑着面对他人的人,往往更容易走入对方的天地。所以说,微笑是成功者的先锋。

现实生活中,许多人都意识到了服饰仪容对自己社交、办事的重要,所以,临出门前,我们总是要对着镜子特意整理一番,看头发是否凌乱、领带是否平整、化妆是否恰到好处,唯恐因衣着的粗俗和妆饰的不雅而被人轻视,从而达不到办事目的。然而,我们也不能忽略另一种魅力,那就是微笑。其实,对于社交、办事来说,整理表情有时比整理服饰、化妆更重要。

说到这里,我们就不能不说到以微笑服务冠于全球的希尔顿旅馆。

希尔顿于1887年生于美国新墨西哥州。他的父亲去世的时候,只给年轻的希尔顿留下2000美元的遗产。希尔顿加上自己的3000美元,只身去得克萨斯州买下了他的第一家旅馆。当旅馆资产增加到5100万美元的时候,他欣喜而自豪地告诉了他的母亲。但是,母亲却淡然地说:"依我看,你和从前根本没有什么两样,不同的只是你已把领带弄脏了一些而已。事实上你必须把握比5100万美元更值钱的东西。除了对顾客诚实之外,还要想办法使每一个住进希尔顿旅馆的人住过了还想再来住,你要想一种简单、容易、不花本钱而行之可久的办法去吸引顾客。这样你的旅馆才有前途。"

希尔顿听后,苦苦思量母亲严肃的忠告:究竟什么"法宝"才具备母亲所指示的"一要简单,二要容易做,三要不花本钱财,四要行之可久"呢?终于希尔顿想出来了:"这个法宝就是微笑。只有微笑具备这四大条件,也只有微笑能发挥如此大的影响!"于是希尔顿根据这一法宝订出了他经营旅馆的三大信条:辛勤、信心、眼光。他要求员工照此信条实践。他也要求员工,无论如何辛劳都必须对旅客保持微笑。他确信:微笑将有助于希尔顿旅馆世界性的发展。

事实上,希尔顿旅馆能从美国20世纪30年代的经济萧条中幸存下来,且领先进入繁荣时代,便证明了希尔顿判断的正确性。希尔顿在接下来的经营中也一直强调着他微笑服务的这一法宝。

每当希尔顿为旅馆充实一批现代化设备时,他就要来到旅馆,召集全体员工开会。"现在我们的旅馆已新添了第一流设备，你们觉得还必须配合一些什么第一流的东西使客人更喜欢它呢？"员工回答之后，希尔顿会微笑地摇着头说："请你们想一想，如果旅馆里只有第一流的设备而没有第一流服务员的微笑，那些旅客会认为我们供应了他们全部最喜欢的东西吗？缺少服务员的微笑，正好比花园里失去了春天的太阳和春风。如果我是顾客，我宁愿住进那虽然只有残旧地毯，却处处见到微笑的旅馆，而不愿走进只有一流设备而不见微笑的地方……"

现在，希尔顿的资产已从5000美元发展到数十亿美元。希尔顿旅馆已经吞并了曾经号称为"旅馆大王"的纽约华尔道夫的奥斯托利亚旅馆，买下了号称为"旅馆之后"的纽约普拉萨旅馆。与此同时，他的名言："你今天对客人微笑了没有？"也在这些旅馆深处震荡开来。

微笑是希尔顿旅馆最宝贵的无形资产，也是它制胜的魅力所在。希尔顿的成功，就是从微笑服务开始的。不难看出，在生活中只有"微笑"的量是不够的，要努力提高"微笑"的质，创造出属于我们现代人的高品位的"微笑服务"与"微笑文化"。

在真诚的微笑中，人们可以更多地感悟到生活中的真、善、美，也可以更深刻地体会到微笑者的人格魅力。人们都期待着更多的微笑，那么，我们怎样才能保持住自己的微笑呢？

第一，让那些能够给你带来轻松愉快的事情围绕着你。

第二，你要相信自己的微笑是世界上最美的微笑。

第三，尽量消除或减少一些负面消息对你的影响。了解世界上所发生的一些新闻是重要的，但不必要每天都是如此。

第四，在办公室里的显眼位置上，摆放假日里令你难忘的照片。因为照片可以使你从日常紧张的工作中得到片刻的休息。

第五，每天，在你的周围，去努力寻找那些幽默和欢乐的事情。

第六，最为重要的一点就是要记住，微笑不是仅仅为了别人，更是为了自己。

走遍世界，微笑是通用的护照；走遍全球，阳光雨露般的微笑是你畅行无阻的通行证。一旦你学会了阳光灿烂般的微笑，你就会发现，你的生活从此会变得更加轻松，而人们也喜欢享受你那阳光灿烂般的微笑。

你对生活笑，生活就不会对你哭

生活犹如一面明镜，你对它笑，它就不会对你哭。

在生活中，我们每一个人快乐与否，不是取决于自己财富的多少、自己的美貌程度或是自己的地位如何等外在因素，而是取决于自己的心态这一内在因素。人们常说"好心态才有好人生"就是这个意思。一个人无论他多有钱，多美貌或地位有多高，如果他对生活哭丧着脸，那么生活也不会给他好脸色。

苏菲拥有一切。她有一个完美的家庭，住豪华公寓，从来不用为钱发愁。而且，她年轻、聪慧、漂亮。路易是她的朋友，路易觉得和苏菲一起外出是一件乐事。在餐厅里，路易会看到邻桌的男士频频向她注目，邻桌的女士为她而相互窃窃私语。有她的陪伴，路易感觉很棒。她让路易由衷地认为做男人真好。

不过，当所有闲聊终止的时候，这样一刻出现了：苏菲开始向路易讲述她悲惨的生活，她为减肥而跳的狐步舞，她为保持体形而做的努力，以至于得了厌食症。路易简直不敢相信自己的耳朵！这位美丽的女士真实地、深切地认为自己胖而且丑，不值得任何人去爱。路易对她说，她也许弄错了。事实上，这世界上一半的人为了能拥有她那样的容貌，她那样的好运气和生活，宁愿付出任何代价。不，不，苏菲悲哀地挥着手说，她以前也听过类似的话。她知道这话只是出于礼貌，只是一种于事无补的慰藉。而路易越是试图证实她是一位幸运的女孩，她越是表示反对。苏菲对她生活的总结就是"糟透了"。

生活赐予我们的越多，我们就越觉得所有的一切都是理所当然。然后，我们对生活的期望值也就越高。想像一下苏菲生而拥有一切，金钱、容貌、智慧……但就因为身材这一小问题使她对生活的看法大变。而她应当知道：生活并不完美，而且生活从来也不必完美！只要想一想生活是多么风云变幻，我们就应该明白了。许多人都听过"超人"克里斯托夫·瑞维斯的故事。他曾经又高又帅、又健壮、又知名、又富有。可是，一次，他不慎从马上跌落下来，摔断

第五章
在难过的日子笑出声来

了脖子。从此，他就高位截瘫了。现在，他已经离开了这个世界。不过，瑞维斯和苏菲的不同在于：他感谢上帝让他保留了一条生命，使他可以去做一些真正有意义的事——为残疾人事业做努力。而苏菲则是为她腹部增加或减少了几毫米厚的脂肪或喜或悲着。两人之间的这个不同的产生说到底还是自己的心态问题。

卡耐基曾讲过这样一个故事：

塞尔玛陪伴丈夫驻扎在一个沙漠的陆军基地里，她丈夫奉命到沙漠去学习，她一人留在陆军的小铁皮房子里，天气热得受不了。即便在仙人掌的阴影下也是华氏125度。那儿没有人与她聊天，只有墨西哥人和印第安人，而他们不会说英语。塞尔玛太难过了，就写信给父母，说要丢开一切回家去。而她父亲的回信只有两行，但这两行信却完全改变了她的生活：

两个人从牢中的铁窗望出去，

一个看到泥土，一个却看到星星。

塞尔玛一再地读这封信，觉得大受启发。她决定要在沙漠中找到"星星"。

于是，塞尔玛开始和当地人交朋友，他们的反应热情而友善。塞尔玛对他们的纺织、陶器表示兴趣，他们就把最喜欢的、舍不得卖给观光游客的纺织品和陶器送给了她。塞尔玛研究那些引人入迷的仙人掌和各种沙漠植物，还学习有关土拨鼠的知识。她观看沙漠日落，甚至寻找到了海螺壳，要知道这些海螺壳是几万年前当这沙漠还是海洋时留下来的……最后，那原来难以忍受的环境变成了令塞尔玛兴奋、留连忘返的奇景。

那么，到底是什么使塞尔玛对生活的看法有了这么大的转变？

其实，沙漠没有改变，印第安人也没有改变，只是塞尔玛的心态改变了。一念之差，使她把原先认为恶劣的遭遇变为一生中最有意义的冒险。她为发现的新世界兴奋不已，并为此写了一本书，并将书以《快乐的城堡》为名出版了。我们可以说，她终于看到了自己的"星星"。

生活是属于自己的，我们为何不对之一笑？要知道，生活从来都是真实的、诚恳的，所以，我们不妨用自己的笑脸来换回生活的笑脸。

世上没有绝对不幸的人，只有不肯快乐的心

世上没有绝对不幸的人，只有不肯快乐的心。你必须掌控好自己的心舵，下达命令，来支配自己的命运。

一群年轻人到处寻找快乐，却遇到许多烦恼，于是他们向苏格拉底请教："快乐到底在哪里？"

苏格拉底说："你们还是先帮我造一条船吧！"这群年轻人开始不太理解，既然是来请教，苏格拉底的话又不好不听，或许造好了船就会得到苏格拉底正面的回答。

就这样，他们暂时把寻找快乐的事儿放到一边，找来造船的工具，用了七七四十九天，造出了一条独木船。

船下水的那天，他们把苏格拉底请上船，一边合力摇桨，一边高声唱歌。

这时，苏格拉底问他们："孩子们，你们快乐吗？"年轻人齐声回答："快乐极了！"

于是，苏格拉底告诉他们："快乐是一种体验、一种感受，它就存在于我们的生活和工作之中，不必刻意去寻找；同时，我们的快乐是由自己创造的，别人的赐予是对我们付出的回报。其实，快乐时时刻刻都伴随着我们，只是我们不曾注意罢了。"

人生在世不如意事常八九，这是一条客观规律，不可能以人的意志为转移。倘若把不如意的事情看成是自己构想的一篇小说，或是一场戏剧，自己就是那部作品中的一个主角，心情就会变好许多。一味地沉入不如意的忧愁中，只能使不如意变得更不如意。"去留无意，看庭前花开花落；宠辱不惊，望天际云卷云舒。"既然悲观于事无补，那我们何不用乐观的态度来对待人生呢？

用乐观的态度面对人生，可看到"青草池边处处花"，"百鸟枝头唱春山"，用悲观的态度面对人生，举目皆是"黄梅时节家家雨"，低眉即听"风过芭蕉雨

第五章
在难过的日子笑出声来

滴残"。譬如打开窗户看夜空,有的人看到的是星光璀璨,夜空明媚;有的人看到的是黑暗一片。一个心态正常的人可在茫茫的夜空中读出星光的灿烂,增强自己对生活的信心,一个心态不正常的人让黑暗埋葬了自己且越葬越深。

悲观使人生的路愈走愈窄,乐观使人生的路愈走愈宽,选择乐观的态度对待人生是一种机智。悲观在寻常的日子里随处可以找到,而乐观则需要努力,需要智慧,才能使自己保持一种人生处处充满生机的心境。在诸多无奈的人生里,仰望夜空看到的是闪烁的星斗;俯视大地,大地是绿了又黄,黄了又绿的美景……这种乐观是坚忍不拔的毅力支撑起来的一种风景。

在迪河河畔,住着一个磨坊主,据说他是英格兰最快活的人。这一带的人都喜欢谈论他。终于,烦恼的国王想见他一面。

"我要去找这个奇异的磨坊主谈谈,也许他能告诉我怎样才能快乐。"国王刚到磨坊,磨坊主就对他说:"我不羡慕任何人,因为我要多快乐就有多快乐。"

国王说:"我十分羡慕你,我的朋友,只要我能像你那样无忧无虑,我愿意和你换个位置。"

磨坊主笑了,对国王说:"我肯定不和您调换位置,陛下。"

"是什么使你在这个满是灰尘的磨坊里如此快乐呢?而我,身为国王,却每天忧心忡忡,烦闷苦恼?"

磨坊主笑着说:"我不知道你为什么忧郁,但是我能简单地告诉你,我为什么快乐。我爱我的妻子和孩子,我爱我的朋友们,他们也爱我。我自食其力,不欠任何人的钱。我为什么不应该快乐呢?而且,这条迪河,使我的水磨运转,水磨每天把谷物磨成面粉,养育我的妻子、孩子和我。"

"不要再说了。"国王说,"我羡慕你,你这顶落满粉尘的帽子比我这顶王冠更有价值。你的磨坊给你带来的快乐要比我的王国给我带来的还多。如果人们都像你这样,这个世界该是多么美好!"

每个人都有这样一种体验:心情舒畅,喝一杯清茶,也觉得神清气爽,非常愉快;有时山珍海味,但一怀愁绪,毫无快乐可言。所以,我们说,快乐绝不是某些人的专利,而是人所共有的一种心态,一种精神的体验。任何人只要脱离了每天为吃穿犯愁的困境,生活中总是有着无限乐趣和蓬勃生机的。过得快乐与否,就看你是否善于发现人生的美好,是否有一颗快乐的心。

拥有一颗快乐的心,对任何人来说都非常重要。小孩子拥有一颗快乐的心,就能积极进取,天天向上,健康成长,年轻人拥有一颗快乐的心,就能克服困难，勇往直前，事业有成，老年人拥有一颗快乐的心，就能看淡人间烟火，健康长寿，颐养晚年。

一个人，只要拥有一颗快乐的心，在生活中就能克服困难，就能坦然面对逆境，就不会轻言失败，人生就会出现许多快乐。

快乐的人，往往是一些永远快乐且充满希望的人们。他无论遇到什么情况，脸上总是带着微笑，心平气和地接受人生的变故和挫折。这就是乐观的生活态度。乐观对人就像是太阳对植物一样重要，乐观就是人心中的太阳。

一群因地震被埋在废墟下的人们，各人的心态决定了他们是否能在困境中顽强地生存下去。那些将困境视为绝境的人因为意志崩溃而导致身体能量系统不能有效地工作，身体各个机能逐渐丧失。在缺少水和食物的情况下，这将是把他们推向死亡的死神之手。而那些意志坚强，坚信光明终究到来的人，体内会制造出永不枯竭的生命能量，帮助他们渡过难关。

这就是乐观给人们提供的力量，它大到足以支撑整个生命。雨果说："比海洋更广阔的是天空，比天空更广阔的心灵。"要使你的心灵保持宁静与和谐，不被一些琐事所笼罩，就要用智慧之泉来灌溉。

拥有一颗快乐的心关键是要有一个乐观豁达、积极向上的心态。困难面前，从容不迫，把困难视为机遇，把困难作为挑战，坚信困难是暂时的，并快乐地去积极应战，面对逆境，不灰心丧气，把逆境看作是自己人生中最重要的一段经历，把逆境作为磨炼自己意志的重要场所，坚信逆境是暂时的，并快乐地去应对一切，面对失败，不心灰意冷，把失败看作是还没有成功，把失败作为自己人生的考验，坚信失败是暂时的，并快乐地去奋力拼搏。

快乐不快乐，完全取决于你

想改变整个世界，很难；而改变自己的思维，则较为容易。换个角度，人生海阔天空。快乐也是如此，完全取决你的态度。

很久很久以前，人类还赤着双脚走路。

有一位国王到某个乡村巡视，路面的碎石头刺得他的脚又痛又麻。

于是，他下了一道命令，要将国内的所有道路都铺上一层牛皮。他认为这样能让所有人走路时不再痛苦。

但即使杀尽国内所有的牛，也根本做不到。

一位聪明的仆人向国王建议："陛下啊！为什么您要杀那么多头牛，花那么多钱呢？您何不只用两小片牛皮包住您的脚呢？"

国王听了，茅塞顿开，于是立刻收回成命，改用这个建议。

据说，这就是皮鞋的由来。

尽管是一国之王，但想改变整个世界，很难；而改变自己的思维，则较为容易。换个角度，人生海阔天空。

有两个旅游观光团到日本伊豆半岛旅游，路面很糟糕，到处坑坑洼洼，都是洞。

其中一位导游连声抱歉，说路面简直像麻子一样。

而另一个导游却诗意盎然地对游客说："各位，我们现在走的这条道路，正是赫赫有名的伊豆迷人酒窝大道。"

游客们不由地发出善意会心的微笑。

虽是同样的情况，然而不同的意念，就会产生不同的态度。思想是何等奇妙的事，如何去想，决定权在你。

事情就是这么简单，同样的问题，从不同的角度去看，就会有截然相反的效果。

同样，从不同的角度看人生，就会有不同的结果和心情。明白了这个道理，你的人生怎能不快乐？

在现实生活中，我们往往习惯于以自己既定的思维方式推出结论。其实，很多事情，换个角度，也许结果就会不同。只有敢于冲破传统行为的束缚，我们才可以创造新的生活，带来新的视野。

不小心将手提包丢了，损失了一个月的工资。不要埋怨自己，你应该想，幸好没把买房子的钱放在提包里面。

你回到家，家里乱七八糟的，你不应该责怪家人。你一边收拾东西一边想，整天坐办公室，难得有这样锻炼身体的机会啊！家人看到收拾好的房屋后，是不是也对你赞赏有加，家庭也变得和美融洽了？

如果你换个角度去看生活，是不是生活也变得非常快乐了呢？

第六章

对自己狠一点，离成功近一点

你最大的敌人就是自己

每个人最大的对手就是自己。如果你能战胜自己，走出布满阴霾的昨天，你也能成为幸福的人，获得自己人生的奖赏。

驯鹿和狼之间存在着一种非常独特的关系，它们在同一个地方出生，又一同奔跑在自然环境极为恶劣的旷野上。大多数时候，它们相安无事地在同一个地方活动，狼不骚扰鹿群，驯鹿也不害怕狼。

在这看似和平安闲的时候，狼会突然向鹿群发动袭击。驯鹿惊愕而迅速地逃窜，同时又聚成一群以确保安全。狼群早已盯准了目标，在这追和逃的游戏里，会有一只狼冷不防地从斜刺里蹿出，以迅雷不及掩耳之势抓破一只驯鹿的腿。

游戏结束了，没有一只驯鹿牺牲，狼也没有得到一点食物。第二天，同样的一幕再次上演，依然从斜刺里冲出一只狼，依然抓伤那只已经受伤的驯鹿。

每次都是不同的狼从不同的地方蹿出来做猎手，攻击的却只是那一只鹿。可怜的驯鹿旧伤未愈又添新伤，逐渐丧失大量的血和力气，更为严重的是它逐渐丧失了反抗的意志。当它越来越虚弱，已不会对狼构成威胁时，狼便跳起而攻之，美美地饱餐一顿。

其实，狼是无法对驯鹿构成威胁的，因为身材高大的驯鹿可以一蹄把身材矮小的狼踢死或踢伤，可为什么到最后驯鹿却成了狼的腹中之食呢？

狼是绝顶聪明的，它们一次次抓伤同一只驯鹿，让那只驯鹿经过一次次的失败打击后，变得信心全无，到最后它完全崩溃了，完全忘了自己还有反抗的能力。最后，当狼群攻击它时，它放弃了抵抗。

所以，真正打败驯鹿的是它自己，它的敌人不是凶残的狼，而是自己脆弱的心灵。同样的道理，要让自己强大起来，唯一的方法就是挑战自己，战胜自己，超越自己。

每个人最大的对手就是自己。如果你能战胜自己，走出布满阴霾的昨天，你也能成为幸福的人，获得自己人生的奖赏。

咬咬牙，人生没有过不去的坎儿

往往，再多一点努力和坚持便收获到意想不到的成功。以前做出的种种努力、付出的艰辛，便不会白费。令人感到遗憾和悲哀的是，面对一而再、再而三的失败，多数人选择了放弃，没有再给自己一次机会。

乔治的父亲辛曾经是个拳击冠军，如今年老力衰，病卧在床。

有一天，父亲的精神状况不错，对他说了某次赛事的经过。

在一次拳击冠军对抗赛中，他遇到了一位人高马大的对手。因为他的个子相当矮小，一直无法反击，反而被对方击倒，连牙齿也被打出血了。

休息时，教练鼓励他说："辛，别怕，你一定能挺到第12局！"

听了教练的鼓励，他也说："我不怕，我应付得过去！"

于是，在场上他跌倒了又爬起来，爬起来后又被打倒，虽然一直没有反攻的机会，但他却咬紧牙关支持到第12局。

第12局眼看要结束了，对方打得手都发颤了，他发现这是最好的反攻时机。于是，他倾全力给对手一个反击，只见对手应声倒下，而他则挺过来了，那也是他拳击生涯中的第一枚金牌。

说话间，父亲额上全是汗珠，他紧握着乔治的手，吃力地笑着："不要紧，有一点点痛，我应付得了。"

在人生的海洋中航行，不会永远都一帆风顺，难免会遇到狂风暴雨的袭击。在巨浪滔天的困境中，我们更须坚定信念，随时赋予自己生活的支持力，告诉自己"我应付得了"。当我们有了这份坚定的信念，困难便会在不知不觉中慢慢远离，生活自然会回到风和日丽的宁静与幸福之中。唯有相信自己能克服一切困难的人，才能激发勇气，迎战人生的各种磨难，最后成就一番大业！记住，只要你有决心克服，就一定能走过人生的低谷。

卡耐基在被问及成功秘诀的时候说道："假使成功只有一个秘诀的话，那应该是坚持。"人生道路中的很多苦难和痛苦都是如此，只要熬过去了，挺住了，就没什么大不了的。

巴顿将军在第二次世界大战后的聚会上说起这么一段经历：当他从西点军校毕业后，入伍接受军事训练。团长在射击场告诉他：打靶的意义在于，哪怕你打偏了99颗子弹，只要有1颗子弹打中靶心，你就会享受到成功的喜悦。

对于实战经验不多的新兵来说，想要枪枪命中靶心是困难的，然而，当巴顿的靶位旁的空子弹壳越来越多时，他已成了富有射击经验的老兵。

战争爆发后，巴顿将军奔波于各个战场，没有安稳感，他一度对生活产生了疑问，觉得自己像一架战争机器，不知道战争究竟要到何年何月才是尽头。

但这一切仅仅持续了不到7年。这7年里，由于倔强刚烈的个性，巴顿所经历的挫折、失意，曾经那么锋利地一次次伤害过他，令他消沉，后来他才明白：它们只不过是那一大堆空子弹壳。

生活的意义，并不在于你是否在经受挫折和磨炼，也不在于要经受多少挫折和磨炼，而是在于忍耐和坚持不懈。经受挫折和磨炼是射击，瞄准成功的机会也是射击，但是只有经历了99颗子弹的铺垫，才有一枪击中靶心的结果。

只要坚持到底，就一定会成功，人生唯一的失败，就是当你选择放弃的时候。因此，当你处于困境的时候，你应该继续坚持下去，只要你所做的是对的，总有一天成功的大门将为你而开。

查德威尔是第一个成功横渡英吉利海峡的女性，她没有满足，决定从卡塔林岛游到加里福尼亚。

旅程十分艰苦，刺骨的海水冻得查德威尔嘴唇发紫。她快坚持不住了，可目的地还不知道有多远，连海岸线都看不到。

越想越累，渐渐地她感到自己的四肢有千斤那么沉重，自己一点劲都使不上了，于是对陪伴她的船上工作人员说："我快不行了，拉我上船吧！"

"还有一海里就到了啊，再坚持一下吧。"

"我不信，那怎么连海岸线都看不到啊！快拉我上去！"看她那么坚持，工作人员就把她拉上去了。

快艇飞快地往前开去，不到一分钟，加里福尼亚海岸线就出现在眼前了，因为大雾，只能在半海里范围内看得见。

查德威尔后悔莫及，居然离横渡成功只有一海里！为什么不听别人的话，再坚持一下呢？

拿破仑曾经说过："达到目标有两个途径——势力与毅力。势力只有少数人所有，而毅力则属于那些坚韧不拔的人，它的力量会随着时间的发展而至无可抵抗。"往往，再多一点努力和坚持便收获到意想不到的成功。以前做出的种种努力、付出的艰辛，便不会白费。令人感到遗憾和悲哀的是，面对一而再、再而三的失败，多数人选择了放弃，没有再给自己一次机会。所以，无论我们处于什么样的困境，遭遇多大的痛苦，我们都应该激励自己：离成功我只有一海里，只要熬过去就是胜利！

狠下心，绝不为自己找借口

没有人与生俱来就会表现出能与不能，是你自己决定要以何种态度去对待问题。保持一颗积极、绝不轻易放弃的心去面对各种困境，而不要让借口成为你工作中的绊脚石。

世界上最容易办到的事是什么？很简单，就是找借口。狐狸吃不到葡萄，它就找出一个借口：葡萄是酸的。我们都讥笑狐狸的可怜，但我们又不自觉地为自己找借口。

在我们日常生活中，常听到这样一些借口：上班晚了，会有"路上堵车"、"闹钟坏了"的借口；考试不及格，会有"出题太偏"、"题目太难"的借口；做生意赔了本有借口；工作、学习落后了也有借口……只要有心去找，借口总是有的。

久而久之，就会形成这样一种局面：每个人都努力寻找借口来掩盖自己的过失，推卸自己本应承担的责任。于是，所有的过错，你都能找到借口来承担，借口让你丧失责任心和进取心，这对于你的生活和工作都是极其不利的。

没有人与生俱来就会表现出能与不能，是你自己决定要以何种态度去对待问题。保持一颗积极、绝不轻易放弃的心去面对各种困境，而不要让借口成为你工作中的绊脚石。

年轻的亚历山大继承了马其顿的王位后,拥有广阔的土地和无数的臣民,可这并不能满足他的野心。一次,亚历山大因一场小型战争离开故乡,他的目光被一片肥沃的土地吸引,那里是波斯王国。于是,他指挥士兵向波斯大军发起了进攻,并在一场又一场战斗中打败了对手。随后陷落的是埃及。埃及人将亚历山大视为神一般的人物。卢克索神庙中的雕刻表明,亚历山大是埃及历史上第一位欧洲法老。为了抵达世界的尽头,他率领部队向东,进入一片未知的土地。20多岁的时候,他就已经击败了阿富汗的地区头领。接着,他又很快对印度半岛上的王侯展开了猛烈进攻……

在仅仅十多年的时间里,亚历山大就建立起了一个面积超过200万平方英里的帝国。因为他在任何情况下都不找借口,即使是条件不存在,他也毫不犹豫地去创造条件。

做事没有任何借口。条件不足,创造条件也要上。美国成功学家拿破仑·希尔说过这样一段话:"如果你有自己系鞋带的能力,你就有上天摘星的机会!"让我们改变对借口的态度,把寻找借口的时间和精力用到努力工作中来。因为工作中没有借口,失败没有借口,成功也不属于那些找借口的人!

第二次世界大战时期的著名将领蒙哥马利元帅在他的回忆录《我所知道的二战》中有这样一个故事:

"我要提拔人的时候,常常把所有符合条件的候选人集合到一起,给他们提一个我想要他们解决的问题。我说:'伙计们,我要在仓库后面挖一条战壕,8英尺长,3英尺宽,6英寸深。'说完就宣布解散。我走进仓库,通过窗户观察他们。

"我看到军官们把锹和镐都放到仓库后面的地上,开始议论我为什么要他们挖这么浅的战壕。他们有的说6英寸还不够当火炮掩体。其他人争论说,这样的战壕太热或太冷。还有一些人抱怨他们是军官,这样的体力活应该是普通士兵的事。最后,有个人大声说道:'我们把战壕挖好后离开这里,那个老家伙想用它干什么,随他去吧!'"

最后,蒙哥马利写道:"那个家伙得到了提拔,我必须挑选不找任何借口地完成任务的人。"

一万个叹息抵不上一个真正的开始。不怕晚开始,就怕不开始。没有第一步,就不会有万里长征;没有播种,就不会有收获;没有开始,就不会有进步。因此,你千万不要找借口,再困难的事只要你尝试去做,也比推辞不做要强。

不经历风雨,怎能见彩虹

"不经历风雨,怎能见彩虹",任何一次成功的获得都要经过艰辛的奋斗和痛苦的磨炼,才能拥有。

老鹰是世界上寿命最长的鸟类。它可以活到70岁。要活那么长的寿命,它在40岁时必须作出艰难却重要的决定。

当老鹰活到40岁时,它的爪子开始老化,无法有效地抓住猎物。它的喙变得又长又弯,几乎碰到胸膛。它的翅膀变得十分沉重,因为它的羽毛长得又浓又厚,使得飞翔十分吃力。

它只有两种选择:等死,或经过一个十分痛苦的更新过程。

老鹰要经过150天漫长的历练,很努力地飞到山顶。在悬崖上筑巢。停留在那里,不得飞翔。

老鹰首先用它的喙击打岩石,直到完全脱落。然后静静地等候新的喙长出来。它会用新长出的喙把指甲一根一根地拔出来。当新的指甲长出来后,它们便把羽毛一根一根地拔掉。5个月以后,新的羽毛长出来了。这个时候,老鹰才能开始飞翔,重新得到30年的岁月!

在我们的生命中,有时候我们也必须作出艰难的决定,然后才能获得重生。我们必须把旧的习惯、旧的传统抛弃,使我们可以重新飞翔。只要我们愿意放下旧的包袱,愿意学习新的技能,我们就能发挥我们的潜能,创造新的未来。

乔·路易斯,世界十大拳王之一,可以说是历史上最为成功的重量级拳击运动员,在长达12年的时间里,他曾经让25名拳手败在自己的拳下。

自从上学以后，乔伊·巴罗斯就成了同学嘲弄的对象。也难怪，放学后，别的18岁的男孩子进行篮球、棒球这些"男子汉"的运动，可乔伊却要去学小提琴！这都是因为巴罗斯太太望子成龙心切。20世纪初，黑人还很受歧视，母亲希望儿子能通过某种特长改变命运，所以从小就送乔伊去学琴。那时候，对于一个普通家庭来说，每周50美分的学费是个不小的开销，但老师说乔伊有天赋，乔伊的妈妈觉得为了孩子的将来，省吃俭用也值得。

但同学不明白这些，他们给乔伊取外号叫"娘娘腔"。一天乔伊实在忍无可忍，用小提琴狠狠砸向取笑他的家伙。一片混乱中，只听"咔嚓"一声，小提琴裂成两半儿——这可是妈妈节衣缩食给他买的。泪水在乔伊的眼眶里打转，周围的人一哄而散，边跑边叫："娘娘腔，拨琴弦的小姑娘……"只有一个同学既没跑，也没笑，他叫瑟斯顿·麦金尼。

别看瑟斯顿长得比同龄人高大魁梧，一脸凶相，其实他是个热心肠的好人。虽然还在上学，瑟斯顿已经是底特律"金手套大赛"的卫冕冠军了。"你要想办法长出些肌肉来，这样他们才不敢欺负你。"他对沮丧的乔伊说。瑟斯顿不知道，他的这句话不但改变了乔伊的一生，甚至影响了美国一代人的观念。虽然日后瑟斯顿在拳坛没取得什么惊人的成就，但因为这句话，他的名字被载入拳击史册。

当时，瑟斯顿的想法很简单，就是带乔伊去体育馆练拳击。乔伊抱着支离破碎的小提琴跟瑟斯顿来到了体育馆。"我可以先把旧鞋和拳击手套借给你，"瑟斯顿说，"不过，你得先租个衣箱。"租衣箱一周要50美分，乔伊口袋里只有妈妈给他这周学琴的50美分，不过琴已经坏了，也不可能马上修好，更别说去上课了。乔伊狠狠心租下衣箱，把小提琴放了进去。

开头几天，瑟斯顿只教了乔伊几个简单的动作，让他反复练习。一个礼拜快结束时，瑟斯顿让乔伊到拳击台上来，试着跟他对打。没想到，才第三个回合，乔伊一个简单的直拳就把"金手套"瑟斯顿击倒了。爬起来后，瑟斯顿的第一句话就是："小子，把你的琴扔了！"

乔伊没有扔掉小提琴，但他发现自己更喜欢拳击，每周50美分的小提琴课学费成了拳击课的学费，巴罗斯太太懊恼了一阵后，也只好听之任之。不久乔伊开始参加比赛，渐渐崭露头角。为了不让妈妈为他担心，乔伊悄悄把名字从"乔伊·巴罗斯"改成了"乔·路易斯"。

5年以后，23岁的乔已经成为重量级世界拳王。1938年，他击败了德国拳手施姆林，当时德国在纳粹统治之下，因此乔的胜利意义更加重大，他成了反法西斯者心中的英雄。但巴罗斯太太一直不知道人们说的那个黑人英雄就是自己"不成器"的儿子。

漫漫人生，人在旅途，难免会遇到荆棘和坎坷，但风雨过后，一定会有美丽的彩虹。任何时候都要抱乐观的心态，任何时候都不要丧失信心和希望。失败不是生活的全部，挫折只是人生的插曲。虽然机遇总是飘忽不定，但朋友，只要你坚持，只要你乐观，你就能永远拥有希望，走向幸福。

从现在起，感谢折磨你的人吧

人不能总停留在原地，而是要努力向前。感谢折磨你的人，你将得到更迅捷的发展速度。

对于生活中的各种折磨，我们应时时心存感激。只有这样，我们才会常常有一种幸福的感觉，纷繁芜杂的世界才会变得鲜活、温馨和动人。一朵美丽的花，如果你不能以一种美好的心情去欣赏它，它在你的心中和眼里也就永远娇艳妩媚不起来，而如同你的心情一般灰暗和没有生机。只有心存感激，我们才会把折磨放在背后，珍视他人的爱心，才会享受生活的美好，才会发现世界原本有很多温情。心存感激，是一种人格的升华，是一种美好的人性。只有心存感激，我们才会热爱生活，珍惜生命，以平和的心态去努力地工作与学习，使自己成为一个有益于社会的人。心存感激，我们的生活就会洋溢着更多的欢笑和阳光，世界在我们眼里就会更加美丽动人。从今天开始，感谢折磨你的人吧！正如网上流传的一首诗写的那样：

当我们拿花送给别人时，
　首先闻到花香的是我们自己。

当我们抓起泥巴想抛向别人时,
首先弄脏的是我们自己的手。
一句温暖的话,
就像往别人的身上洒香水,
自己也会沾到两三滴,
因此,要时时心存好意,
脚走好路、身行好事、惜缘种福。

很多的时候,
我们需要给自己的生命留下一点空隙,
就像两车之间的安全距离,
一点缓行的余地,
可以随时调整自己,进退有秩,
生活的空间,需要清理挪减而留出,
心灵的空间,则经思考领悟而拓展。

打桥牌时要把我们手中所握有的这副牌,
不论好坏,都要把它打到淋漓尽致。
人生亦然,重要的不是发生了什么事,
而是我们处理它的方法和态度,

假如我们转身面向阳光,就不可能陷身在阴影里。
光明使我们看见许多东西,
也使我们看不见许多东西,
假如没有黑夜,
我们便看不到天上闪亮的星辰。

因此,即便是曾经一度使我们难以承受的痛苦磨难,
也不会是完全没有价值,
它可以使我们的意志更坚定,
思想人格更成熟。

因此,当困难与挫折到来,

第六章
对自己狠一点，离成功近一点

应平静而对，乐观地处理，
不要在人我是非中彼此摩擦。
有些话语称起来不重，
但稍一不慎，
便会重重地坠到别人心上，
同时，也要训练自己，
不要轻易被别人的话扎伤、变心。

你不能决定生命的长度，但你可以控制它的宽度；
你不能左右天气，但你可以改变心情；
你不能改变容貌，但你可以展现笑容；
你不能控制他人，但你可以掌握自己；
你不能预知明天，但你可以利用今天；
你不能样样胜利，但你可以事事尽力。

凡事感激，感激伤害你的人，因为他磨炼了你的心志；
感谢欺骗你的人，因为他增进了你的智慧；
感谢中伤你的人，因为他砥砺了你的人格；
感谢鞭打你的人，因为他激发了你的斗志；
感谢遗弃你的人，因为他教导你该独立；
感谢绊倒你的人，因为他强化了你的双腿；
感谢斥责你的人，因为他提醒了你的缺点；
凡事感谢，学会感谢，感谢一切使你成长的人！

战胜自己的人，才配得上天的奖赏

虽然屡遭痛苦，却能够百折不挠地挺住，这就是成功的秘密。所以，你一定要学会坚强。有了坚强，才有了面对一切痛苦和挫折的能力。

村里有一位妇女，因为乳腺癌，不得不去医院做了左乳切除手术。

伤口痊愈后，她下地走路时，奇怪地发现，自己的身体竟不自觉地向右边倾斜起来。她稍一愣怔后便明白了：也许是自己的乳房比较大且重的缘故，少了一只左乳后，身体也失去了原有的平衡。

让她更为苦恼的是，自己的胸前左边瘪塌塌的，右边鼓囊囊的，极不对称，以致穿起衣服来很是别扭和难看。

可是她又没钱买义乳。怎么办？她决定自己做一个。她"就地取材"地从家里搬出芝麻、蚕豆、玉米、小麦、绿豆等种子，依次分别往乳罩左边的罩口里装满一种种子，然后再缝合罩口，戴在身上测试一下身体的美观及平衡效果。最后，她选定了绿豆作为乳罩的填充物。

初戴上"绿豆乳罩"的她显得异常的兴奋与激动，对于自己的身体，她仿佛又找回了曾经的那分自信与美丽。后来，她无论是下地干活，还是串门赶集，时时刻刻地戴着那副"绿豆乳罩"。

一天晚上，她摘下乳罩准备睡觉时，惊讶地发现——乳罩里的那些绿豆竟发芽了！

那一夜，她基本上没合眼，想着怎样解决绿豆在自己的体温下会发芽的问题。第二天，她把那些绿豆炒熟了，然后再放进乳罩里……

可是她发现，问题又来了，她的身上始终有一种熟绿豆的香味挥之不去。只要她一出现在人群里，人家总会耸着鼻子作闻香状，然后好奇地问：谁兜里揣着熟绿豆？好香啊！快点拿出来让大家尝尝……弄得她很是尴尬，又不好讲出实情，但也怪不得人家，人家也是无意的啊。

后来，经过很多次试验，她在缝制"绿豆乳罩"的时候，终于找到了一个

第六章
对自己狠一点，离成功近一点

折中的良方，就是在炒绿豆的时候，要掌握好它的火候——仅把绿豆炒到七八成熟的样子，这样的绿豆放进乳罩里既不会发芽，也闻不到香味，刚刚好。

费尽思量，才解决了绿豆作为乳房替代物与自己身体兼容的难题，这位爱美的女人终于松了口气。

有一天，一家女性刊物的记者知道这事后，大老远地赶来采访这位村妇。采访临近尾声时，记者提出要给她拍几张照片。她一下子激动得满脸通红，因为在那个偏僻的村庄里，她很少有照相的机会，她习惯性地抻抻衣角、捋捋头发，然后站在一株从石缝里长出的芍药花旁，郑重而优雅地摆出了一个个美丽的姿势。望着镜头里那朵火红的花儿衬托着那张自信而美丽的笑脸，泪水模糊了记者的视线……

后来，这位记者在她的文章中写道：

"我是怀着一种敬仰和感动的心情对她进行采访的，在为她的遭遇感到心酸的同时，又被她乐观而不屈的精神所鼓舞并深感欣慰。这样一个在贫困交加的境地里挣扎的女人，依然向往美丽，顽强地追求着美丽，她今后的生活一定会好起来的，就像她拥花而卧的那帧美丽的照片。因为她的精神不败，我坚信，仅凭这一点，足以让她战胜人生中所有的厄运和苦难！"

人生是一场面对种种困难的"漫长战役"。早一些让自己懂得痛苦和困难是人生平常的"待遇"，当挫折到来时，应该面对，而不是逃避，这样，你才能早一些坚强起来，成熟起来。以后的人生便会少一些悲哀气氛，多一些壮丽色彩。记住，只有顽强的人生才美丽，才精彩。

苏联作家奥斯特洛夫斯基在双眼失明的情况下，通过向人口授内容，完成了长篇小说《钢铁是怎样炼成的》；

美国女作家海伦·凯勒自幼双目失明，在沙利文老师的教导下学会了盲文，长大后成长为一名社会活动家，积极到世界各地演讲，宣传助残，并完成了《假如给我三天光明》等14部著作；

当代著名女作家张海迪5岁因为意外事故造成高位截瘫，但仍坚持自学小学到大学课程，并精通多国语言；

……

虽然屡遭痛苦，却能够百折不挠地挺住，这就是成功的秘密。所以，你一定要学会坚强。有了坚强，才有了面对一切痛苦和挫折的能力。

霍金是谁？他是一个神话，一个当代最杰出的理论物理学家，一个科学名义下的巨人……或许，他只是一个坐着轮椅、挑战命运的勇士。

史蒂芬·霍金，出生于1942年1月8日，那一天刚好是伽利略逝世三百年纪念日。

从童年时代起，运动从来就不是霍金的长项，几乎所有的球类活动他都不行。

进入牛津大学后，霍金注意到自己变得更笨拙了，有一两回没有任何原因地跌倒。一次，他不知何故从楼梯上突然跌下来，当即昏迷，差一点儿死去。

直到1962年霍金在剑桥读研究生后，他的母亲才注意到儿子的异常状况。刚过完20岁生日的霍金在医院里住了两个星期，经过各种各样的检查，他被确诊患上了"卢伽雷氏症"，即运动神经细胞萎缩症。

大夫对他说，他的身体会越来越不听使唤，只有心脏、肺和大脑还能运转，到最后，心和肺也会失效。霍金被"宣判"只剩两年的生命。那是在1963年。

霍金的病情渐渐加重。1970年，在学术上声誉日隆的霍金已无法自己走动，他开始使用轮椅。直到今天，他再也没离开它。

永远坐进轮椅的霍金，极其顽强地工作和生活着。

一次，霍金坐轮椅回柏林公寓，过马路时被小汽车撞倒，左臂骨折，头被划破，缝了13针，但48小时后，他又回到办公室投入工作。

虽然身体的残疾日益严重，霍金却力图像普通人一样生活，完成自己所能做的任何事情。他甚至是活泼好动的——这听来有点好笑，在他已经完全无法移动之后，他仍然坚持用唯一可以活动的手指驱动着轮椅在前往办公室的路上"横冲直撞"；在莫斯科的饭店中，他建议大家来跳舞，他在大厅里转动轮椅的身影真是一大奇景；当他与查尔斯王子会晤时，旋转自己的轮椅来炫耀，结果轧到了查尔斯王子的脚趾头。

当然，霍金也尝到过"自由"行动的恶果，这位量子引力的大师级人物，多次在微弱的地球引力左右下，跌下轮椅，幸运的是，每一次他都顽强地重新"站"起来。

1985年，霍金动了一次穿气管手术，从此完全失去了说话的能力，只能用三个指头和外界交流——到目前更是只剩下眼皮了。他就是在这样的情况下，极其艰难地写出了著名的《时间简史》，探索着宇宙的起源。

霍金的科普著作《时间简史——从大爆炸到黑洞》在全世界的销量已经高达2500万册，从1988年出版以来一直雄踞畅销书榜，创下了畅销书的一个世界纪录。

霍金的故事告诉人们,是否具有不屈不挠的精神,或许是取得成就的最大因素。虽然大家都觉得他非常不幸,但他在科学上的成就却是他在病发后获得的。他凭着坚毅不屈的意志,战胜了疾病,创造了一个奇迹,也证明了残疾并非成功的障碍。

多一份磨砺,多一份强大

每个人都有梦想,也曾为之而努力过、奋斗过,但是很多人却因为没有一颗坚强的心和持之以恒的毅力,只能给自己的人生留下深深的遗憾。所以,我们要想成就一番事业,要想实现自己的梦想和追求,就必须努力为自己打造一颗坚强的心。

一个失意的年轻人,向哲人请教成功的秘诀。哲人递给他一颗花生说:"用力搓它。"年轻人用力一搓,花生的壳碎了,剩下了花生仁。然后哲人叫他再搓搓它,结果红色的花生衣也被搓掉了,只剩下白白的果肉。哲人叫他再用力搓,年轻人迷惑不解,但还是照着做了。

可是,无论他如何用力,却怎么也捏不碎这粒花生仁。哲人还是叫他再搓搓它,结果仍然是徒劳无功。

最后,哲人语重心长地告诫年轻人:"虽然屡受打击和磨难,失去了很多东西,但始终都要拥有一颗坚强不屈的心,这样才有美梦成真的希望。"

对于一个人来说,最有用的财富不是金钱名利,也不是人际资源,而是一颗坚强的心。

一个农民,初中只读了两年,家里就没钱继续供他上学了。他辍学回家,帮父亲耕种三亩薄田。在他19岁时,父亲去世了,家庭的重担全部压在了他的肩上。他要照顾身体不好的母亲和瘫痪在床的祖母。

20世纪80年代，农田承包到户。他把一块水洼挖成池塘，想养鱼。但乡里的干部告诉他，水田不能养鱼，只能种庄稼，他只好又把水塘填平。这件事成了一个笑话——在别人的眼里，他是一个想发财但又非常愚蠢的人。

听说养鸡能赚钱，他向亲戚借了500元钱，养起了鸡。但是一场洪水后，鸡得了鸡瘟，几天内全部死光。500元对别人来说可能不算什么，但对一个只靠三亩薄田生活的家庭而言，不啻天文数字。他的母亲受不了这个刺激，竟然忧郁而死。

他后来酿过酒，捕过鱼，甚至还在石矿的悬崖上帮人打过炮眼……可都没有赚到钱。

35岁的时候，他还没有娶到媳妇。即使是离异的有孩子的女人也看不上他。因为他只有一间土屋，随时有可能在一场大雨后倒塌。娶不上老婆的男人，在农村是没有人看得起的。

但他还想搏一搏，就四处借钱买一辆手扶拖拉机。不料，上路不到半个月，这辆拖拉机就载着他冲入一条河里。他断了一条腿，成了瘸子。而那拖拉机，被人捞起来，已经支离破碎，他只能拆开它，当做废铁卖。

几乎所有的人都说他这辈子完了。但是后来他却成了南方一个大城市里的一家大公司的老板，手中有数亿元的资产。

现在，许多人知道了他苦难的过去和富有传奇色彩的创业经历。许多媒体采访过他，许多报告文学描述过他。其中一个访谈令人印象深刻：

记者问他："在苦难的日子里，你凭什么一次又一次毫不退缩？"

他坐在宽大豪华的老板台后面，喝完了手里的一杯水。然后，他把玻璃杯子握在手里，反问记者："如果我松手，这只杯子会怎样？"

记者说："杯子摔在地上，肯定要碎了。"

"那我们试试看。"他说。

他手一松，杯子掉到地上发出清脆的声音，但并没有破碎，完好无损。

他说："即使有10个人在场，他们都会认为这只杯子必碎无疑。但是，这只杯子不是普通的玻璃杯，而是用玻璃钢制作的。我之所以能战胜苦难，就因为我有一颗坚强的心。"

这样的人，即使只有一口气，他也会努力去拉住成功的手。如果他不能成功，那么还有谁能成功呢？

每个人的心中都有一个梦想和追求，也曾为之而努力过、奋斗过，但是很多人却因为没有一颗坚强的心和持之以恒的毅力，便半途而废，只能给自己的人生留下深深的遗憾。所以，我们要想成就一番事业，要想实现自己的梦想和追求，就必须努力为自己打造一颗坚强的心。不管通向成功的道路是阳光灿烂，还是风雨兼程，我们都要始终保持这颗坚强的心，不得有半点的懈怠和屈服。相信吧，阳光总在风雨后，经历了风风雨雨、大风大浪、坎坎坷坷之后，再回味自己来之不易的成功的时候，那一定是人世间最幸福的时刻。

PMA 黄金定律：能飞多高，由自己决定

　　PMA 黄金定律是积极心态的缩写——Positive Mental Attitude。它是成功学大师拿破仑·希尔数十年研究中最重要的发现，他认为造成人与人之间成功与失败的巨大反差，心态起了很大的作用。

　　积极的心态是人人可以学到的，无论他原来的处境、气质与智力怎样。

　　拿破仑·希尔还认为，我们每个人都佩戴着隐形护身符，护身符的一面刻着 PMA（积极的心态），一面刻着 NMA（消极的心态）。PMA 可以创造成功、快乐，使人到达辉煌的人生顶峰；而 NMA 则使人终生陷在悲观沮丧的谷底，即使爬到巅峰，也会被它拖下来。因为这个世界上没有任何人能够改变你，只有你能改变你自己；没有任何人能够打败你，能打败你的也只有你自己。

　　很多人都认为自己的境况归于外界的因素，认为是环境决定了他们的人生位置，这些人常说他们的想法无法改变。但是，我们的境况不是周围环境造成的。说到底，如何看待人生，由我们自己决定。

　　纳粹集中营的一位幸存者维克托·弗兰克尔说过："在任何特定的环境中，人们还有一种最后自由，就是选择自己的态度。"

　　只要人活在这个世界上，各种问题、矛盾和困难就不可能避免，拥有积极心

态的人能以乐观进取的精神去积极应对，而被消极心态支配的人则悲观颓废，他们在逃避问题和困难的同时也逃避了人生的责任。

对于 PMA 的阐述，拿破仑·希尔是这样认为的：

1. 言行举止像希望成为的人

许多人总是要等到自己有了一种积极的感受再去付诸行动，这些人在本末倒置。心态是紧跟行动的，如果一个人从一种消极的心态开始，等待着感觉把自己带向行动，那他就永远成不了他想做的积极心态者。

2. 要心怀必胜、积极的想法

谁想收获成功的人生，谁就要当个好"农民"。我们绝不能播下几粒积极乐观的种子，然后指望不劳而获，我们必须不断给这些种子浇水，给幼苗培土施肥。要是疏忽这些，消极心态的野草就会丛生，夺去土壤的养分，甚至让庄稼枯死。

3. 用美好的感觉、信心和目标去影响别人

随着你的行动与心态日渐积极，你就会慢慢获得一种美满人生的感觉，信心日增，人生中的目标感也越来越强烈。紧接着，别人会被你吸引，因为人们总是喜欢和积极乐观者在一起。

4. 使你遇到的每一个人都感到自己很重要、被需要

每一个人都有一种欲望，即感觉到自己的重要性，以及别人对他的需要与感激，这是普通人的自我意识的核心。如果你能满足别人心中的这一欲望，他们就会对自己，也对你抱有积极的态度，一种你好我好大家好的局面就形成了。

5. 心存感激

如果你常流泪，你就看不到星光，对人生、对大自然的一切美好的东西，我们要心存感激，人生就会显得美好许多。

6. 学会称赞别人

在人与人的交往中，适当地赞美对方，会增加和谐、温暖和美好的感情。你存在的价值也就会被肯定，使你得到一种成就感。

7. 学会微笑

面对一个微笑的人，你会感应到他的自信、友好，同时这种自信和友好也会感染你，使你的自信和友好也油然而生，使你和对方亲近起来。

8. 到处寻找最佳新观念

有些人认为，只有天才才会有好主意。事实上，要找到好主意，靠的是态度，而不全是能力。一个思想开放、有创造性的人，哪里有好主意，就往哪里去。

9. 放弃鸡毛蒜皮的小事

有积极心态的人不把时间和精力花费在小事上，因为小事使他们偏离主要目标和重要事项。

10. 培养一种奉献的精神

曾任通用面粉公司董事长的哈里·布利斯曾这样忠告属下的推销员："谁尽力帮助其他人活得更愉快、更潇洒，谁就达到了推销术的最高境界。"

11. 自信能做好想做的事

永远也不要消极地认定什么事情是不可能的，首先你要认为你能，再去尝试，不断尝试，最后你就会发现你确实能。

马尔比·D.马布科克说："最常见同时也是代价最高昂的一个错误，是认为成功有赖于某种天才、某种魔力、某些我们不具备的东西。"其实并非如此，成功的要素其实掌握在我们自己的手中。成功是运用PMA的结果。

一个人能飞多高，由他自己的心态所决定。

当然，有了PMA并不能保证事事成功，但积极地运用PMA可以改善我们的日常生活。在PMA的帮助下，我们能够给自己创造一个阳光的心灵空间，导引成功之路。

拒做呻吟的海鸥，勇做积极的海燕

相信，很多读者都对苏联著名作家高尔基所著的《海燕》一文有着深刻的印象：

在苍茫的大海上，狂风卷着乌云。在乌云和大海之间，海燕像黑色的闪电，在高傲地飞翔。一会儿翅膀碰着波浪，一会儿箭一般地直冲向乌云，它叫喊着——就在这鸟儿勇敢的叫喊声里，乌云听出了欢乐。海鸥在暴风雨来临之前呻吟着——呻吟着，它们在大海上飞蹿，想把自己对暴风雨的恐惧，掩藏到大海深处。

海鸥还在呻吟着——它们这些海鸥啊，享受不了生活的战斗的欢乐，轰隆隆的雷声就把它们吓坏了。

蠢笨的企鹅，胆怯地把肥胖的身体躲藏在悬崖底下……

只有那高傲的海燕，勇敢地、自由自在地，在泛起白沫的大海上飞翔……

而人类，也有海燕、海鸥、企鹅等类型。有人在困境的打击下，像海燕一样无所畏惧，积极地奋起抗争；有的人在困境的打击下，只会独自呻吟，丧失了一切勇气；有的人在困境的打击下，蜷缩在角落里，不敢去面对外面的一切……面对困境，像海燕一样积极搏击，还是一味地"独自呻吟"、"蜷缩在角落里"，决定了你的人生境遇。

在19世纪50年代的美国，有一天，黑人家里的一个10岁的小女孩被母亲派到磨坊里向种植园主索要50美分。

园主放下自己的工作，看着那黑人小女孩敬而远之地站在那里，便问道："你有什么事情吗？"黑人小女孩没有移动脚步，怯怯地回答说："我妈妈说想要50美分。"

园主怒气冲冲地说："我绝不给你！你快滚回家去吧，不然我用锁锁住你。"说完继续做自己的工作。

过了一会儿，他抬头看到黑人小女孩仍然站在那儿不走，便掀起一块桶板向她挥舞道："如果你再不滚开的话，我就用这桶板教训你。好吧，趁现在我还……"话未说完，那黑人小女孩突然像箭镞一样冲到他前面，毫不畏惧地扬起脸来，用尽全身气力向他大喊："我妈妈需要50美分！"

慢慢地，园主将桶板放了下来，手伸向口袋里摸出50美分给了那个黑人小女孩。她一把抓过钱去，便像小鹿一样推门跑了。园主目瞪口呆地站在那儿回顾这奇怪的经历——一个黑人小女孩竟然毫无惧色地面对自己，并且镇住了自己，在这之前，整个种植园里的黑人们似乎连想都不敢想。

小女孩的勇敢让她最终得到了她妈妈需要的50美分。如果她也像海鸥一样，面对困难只会呻吟，那么她也会跟其他的黑人那样，不敢忤逆园主，当然更不可能说提要钱的事了。所以不管遇到什么困难，我们都要做积极勇敢的海燕，不做呻吟的海鸥。

纵使平凡，也不要平庸

平凡与平庸是两种截然不同的生活状态：前者如一颗使用中的螺丝钉，虽不起眼，却真真切切地发挥作用，实现价值；后者就像废弃的钉子，身处机器运转之外，无心也无力参与机器的运作。

平凡者纵使渺小却挖掘着自己生命的全部能量，平庸者却甘居无人发现的角落不肯露头。虽无惊天伟绩但物尽其用、人尽其能，这叫平凡；有能力发挥却自掩才华，自甘埋没，这叫平庸。

世间生命多种多样，有天上飞的，有水中游的，有陆上爬的，有山中走的；所有生命，都在时间与空间之流中兜兜转转。生命，总以其多彩多姿的形态展现着各自的意义和价值。

"生命的价值，是以一己之生命，带动无限生命的奋起、活跃。"智慧禅光在众生头顶照耀，生命在闪光中见出灿烂，在平凡中见出真实。所以，所有的生命都应该得到祝福。

"若生命是一朵花就应自然地开放，散发一缕芬芳于人间；若生命是一棵草就应自然地生长，不因是一棵草而自卑自叹；若生命好比一只蝶，何不翩翩飞舞？"芸芸众生，既不是翻江倒海的蛟龙，也不是称霸林中的雄狮，我们在苦海里颠簸，在丛林中避险，平凡得像是海中的一滴水、林中的一片叶。海滩上，这一粒沙与那一粒沙的区别你可能看出？旷野里，这一堆黄土和那一堆黄土的差异你是否能道明？

每个生命都很平凡，但每个生命都不卑微，所以，真正的智者不会让自己的生命陨落在无休无止的自怨自艾中，也不会甘于身心的平庸。

你可见过在悬崖峭壁上卓然屹立的松树？它深深地扎根于岩缝之中，努力舒展着自己的躯干，任凭阳光暴晒，风吹雨打，在残酷的环境中它始终保持着昂扬的斗志和积极的姿态。或许，它很平凡，只是一棵树而已，但是它并不平庸，它努力地保持着自己生命的傲然姿态。

有这样一个寓言让我们懂得：每个生命都不卑微，都是大千世界中不可或缺的一环，都在自己的位置上发挥着自己的作用。

一只老鼠掉进了一只桶里，怎么也出不来。老鼠吱吱地叫着，它发出了哀鸣，可是谁也听不见。可怜的老鼠心想，这只桶大概就是自己的坟墓了。正在这时，一只大象经过桶边，用鼻子把老鼠吊了出来。

"谢谢你，大象。你救了我的命，我希望能报答你。"

大象笑着说："你准备怎么报答我呢？你不过是一只小小的老鼠。"

过了一些日子，大象不幸被猎人捉住了。猎人用绳子把大象捆了起来，准备等天亮后运走。大象伤心地躺在地上，无论怎么挣扎，也无法把绳子扯断。

突然，小老鼠出现了。它开始咬着绳子，终于在天亮前咬断了绳子，替大象松了绑。

大象感激地说："谢谢你救了我的性命！你真的很强大！"

"不，其实我只是一只小小的老鼠。"小老鼠平静地回答。

每个生命都有自己绽放光彩的刹那，即使一只小小的老鼠，也能够拯救比自己体型大很多的巨象。故事中的这只老鼠正是星云大师所说的"有道者"，一个真正有道的人，即使别人看不起他，把他看成是卑贱的人，他也不受影响，因为他知道自己的人格、道德，不一定要求别人来了解、来重视。他依然会在自我的生命之旅中将智慧的种子撒播到世间各处。

有人说："平凡的人虽然不一定能成就一番惊天动地的大事业，但对他自己而言，能在生命过程中把自己点燃，即使自己是根小火柴，只能发出微微星火也就足够了；平庸的人也许是一大捆火药，但他没有找到自己的引线，在忙忙碌碌中消沉下去，变成了一堆哑药。"

也许你只是一朵残缺的花，只是一片熬过旱季的叶子，或是一张简单的纸、一块无奇的布，也许你只是时间长河中一个匆匆而逝的过客，不会吸引人们半点的目光和惊叹，但只要你拥有积极的心态，并将自己的长处发挥到极致，就会成为成功驾驭生活的勇士。

把自己"逼"上巅峰

把自己"逼"上巅峰,首先要给自己一个没有后路的悬崖,这样才能发挥出自己最大的能力。力挽狂澜的秘密就在于此。

中国有句成语叫"背水一战"。它的意思是背靠江河作战,没有退路,我们常常用它来比喻决一死战。背水一战,其实就是把自己的后路斩断,以此将自己逼上"巅峰"。这个成语来源于《史记·淮阴侯列传》,这个典故对于处于苦境中的人来说,至今仍有着启示意义。

韩信是汉王刘邦手下的大将,为了打败项羽,夺取天下,他为刘邦定计,先攻取了关中,然后东渡黄河,打败并俘虏了背叛刘邦、听命于项羽的魏王豹,接着韩信开始往东攻打赵王歇。

在攻打赵王时,韩信的部队要通过一道极狭的山口,叫井陉口。赵王手下的谋士李左车主张一面堵住井陉口,一面派兵抄小路切断汉军的辎重粮草,这样韩信小数量的远征部队没有后援,就一定会败走。但大将陈余不听,仗着兵力优势,坚持要与汉军正面作战。韩信了解到这一情况,不免对战况有些担心,但他同时心生一计。他命令部队在离井陉30里的地方安营,到了半夜,让将士们吃些点心,告诉他们打了胜仗再吃饱饭。随后,他派出两千轻骑从小路隐蔽前进,要他们在赵军离开营地后迅速冲入赵军营地,换上汉军旗号;又派一万军队故意背靠河水排列阵势来引诱赵军。

到了天明,韩信率军发动进攻,双方展开激战。不一会,汉军假意败回水边阵地,赵军全部离开营地,前来追击。这时,韩信命令主力部队出击,背水结阵的士兵因为没有退路,也回身猛扑敌军。赵军无法取胜,正要回营,忽然营中已插遍了汉军旗帜,于是四散奔逃。汉军乘胜追击,以少胜多,打了一个大胜仗。

在庆祝胜利的时候,将领们问韩信:"兵法上说,列阵可以背靠山,前面可以临水泽,现在您让我们背靠水排阵,还说打败赵军再饱饱地吃一顿,我们当时不相信，然而最后竟然取胜了，这是一种什么策略呢？"

韩信笑着说："这也是兵法上有的，只是你们没有注意到罢了。兵法上不是说'陷之死地而后生，置之亡地而后存'吗？如果是有退路的地方，士兵都逃散了，怎么能让他们拼死一搏呢！"

所以在生活中，当我们遇到困难与绝境时，我们也应该如兵法中所说那样"置之死地而后生"，要有背水一战的勇气与决心，这样才能发挥自己最大的能力，将自己逼上生命的巅峰。在这种情况下，往往事情会出现极大的转机。

给自己一片没有退路的悬崖，把自己"逼"上巅峰，从某种意义上说，是给自己一个向生命高地冲锋的机会。如果我们想改变自己的现状，改变自己的命运，那么首先应该改变自己的心态。只要有背水一战的勇气与决心，我们一定能突破重重障碍，走出绝境。

所以我们要保持这样的心态，在使自己处于不断积极进取的状态时，就能形成自信、自爱、坚强等品质，这些品质可以让你的能力源源涌出。你若是想改变自己的处境，那么就改变自己身心所处的状态，勇敢地向命运挑战。一旦你决心背水一战，拼死一搏，你便可以把你蕴藏的无限潜能充分发挥出来，让自己创造奇迹，做出令人瞩目的成绩，登上命运的巅峰。

第七章

等来的只是命运，拼出来的才是人生

强者绝不轻言放弃

衡量力量与勇气不能只看胜利和奖章，更重要的标准是我们克服的困难。真正的强者不一定是取得胜利的人，但一定是面对失败决不放弃的人。

安德鲁·杰克逊的儿时伙伴们都无法理解他为什么会成为名将，最终还能当上美国总统。他们认识的人当中，许多人比杰克逊更有才能，却一事无成。杰克逊的一位朋友曾说："吉姆·布朗和杰克逊住在一条街上，他不仅比杰克逊聪明，而且摔跤比赛四场能赢杰克逊三场。凭什么杰克逊混得这么好？"

别人问："为什么会有第四场比赛？一般不是三局两胜吗？"

"的确，比赛应该是结束了，但是安德鲁不肯。他从来不肯承认自己输了，一定要赢回来才算完。最后吉姆·布朗没了力气，第四场安德鲁就赢了。"

当你被摔倒在地，你会不会爬起来再战，直到取得胜利？安德鲁拒绝接受失败，正是这不屈不挠的精神造就了他日后的辉煌。

1882年，26岁的考拉尔来到斯特林镇，在一所学校做老师。考拉尔酷爱读书，但他发现，偌大的斯特林镇居然没有一家像样的、专门的书店，书只有在百货商店才能偶尔零星地见到。考拉尔灵机一动，自己为什么不开一家书店呢？这样，既满足了自己读书的需求，赚了钱还可以补贴家用，何乐而不为？

考拉尔把自己的想法跟新婚妻子说了，妻子也非常赞成。于是没多久，考拉尔的名为"思想者"的书店就在斯特林镇开张了。

可是，书店的生意并没有考拉尔想象的那么好。连续几个月，书店几乎没人进来。考拉尔安慰自己，毕竟书店刚开张，生意不好也是正常的，贵在坚持，几个月不行就坚持半年，半年不行就坚持一年，甚至两年，生意总有做起来的时候。即使亏了，反正自己还要买书看，就当是自己藏书了。

抱着这种想法，考拉尔坚持了下来。

可生意还是不景气，书店经常是入不敷出。好在考拉尔和妻子都有一份工作，他们把大部分收入补贴到了书店里。很多人劝他们关门大吉。但这时，考拉尔的思想发生了巨大的转变，从原来单纯的经营，转变为呼吁和彰扬文明而经营。他说："书店是一个城市文明的象征，是人们寻求知识的重要地方，不管书店生意如何，我都要永远开下去！"

考拉尔言出如山，一年又一年，他居然真的坚持了下来，即使在战争时期，在政局动荡时期，"思想者"依然坚持每天开门迎客。

1948年，考拉尔在他的书店里去世，享年92岁。考拉尔的孙子继承了他的书店。考拉尔临终前留下遗言："无论如何，都要把'思想者'开下去。"考拉尔的孙子遵从了祖父的话。好在那时斯特林镇改镇为市，人口越来越多，城镇面积越来越大，书店的生意也还可以养家糊口。

"思想者"的辉煌出现在2004年。这一年斯特林市参加全球50个文明城市的竞选，在激烈的竞争中，斯特林市渐落下风。这时，有人向市长提到了"思想者"，市长眼睛顿时一亮。当他把"百年老书店"的旗号打出去后，斯特林市果然过关斩将，不但入选，而且名次进入前十。

一时间，考拉尔和他的"思想者"名扬四海。来自世界各地的书友、游客以及信函纷至沓来。这时的"思想者"，不但是家大型书店，而且成为一个著名的旅游景点，来这里的人都要买几本盖着"思想者"销售戳的书回去。"思想者"的年销售额已达几百万美元，为考拉尔家族带来了滚滚财富，这还不包括那些一百多年前的全新的库存书，那已经成为收藏家追捧的宝藏。

2006年，考拉尔的曾曾孙接手了"思想者"，他对书店一百多年的经营作了详尽的调查统计。他发现，在考拉尔经营的66年间，赚钱的年份为9年，持平的年份为17年，其余的40年都在亏损。

考拉尔的曾曾孙动情地说："面对这样的经营，不知道有几个人能够坚持？我无法想象我的曾祖是如何度过那段岁月的，就像他绝对没想到今天他的书店会发财。事实上，他只是在一个思想贫瘠的时代，为文明而苦苦坚守！"

世上的事情都是如此，只要方向对了，不管期间的经历有多么艰难和不顺，你都要坚持下去。往往，再多一点努力和坚持便可以收获到意想不到的成功。所以无论何时，我们都应该信心百倍地去全力争取人生的幸福和成功，坚持到底，绝不轻易放弃。

决心取得成功比任何一件事情都重要

很多想成功的人，对成功只是存在一种向往。而只有下定决心成功，才会目标明确，现实可行。

下决心是一种运用能力的过程，是一个人综合素质的折射。一个人能否成功，很大程度上取决于自己的决心。抓住机遇，下定决心，离成功也就不远；优柔寡断，踌躇不决则会错过良机，与成功失之交臂。

有人曾经对许多遭受失败和获得成功的人分别进行分析，发现在做事过程中，因犹豫不决或没有下决心而失败的人占很大比例。而相当一部分成功者，其最优秀的品格之一就是遇事果断坚决，敢于下决心，最终把握住了机遇，从而获得了成功。

按照弗洛伊德的理论，人生来就有"做伟人"的欲望。人为成功而来，也为成功而活。但"想成功"与"要成功"却是有着天壤之别的。所以，我们在生活中会看到很多人都在说："我很想成功！"但却没有看到他们真正地下决心。要知道，成功不是喊叫出来的，也不是写出来的，成功是下决心做出来的！

很多想成功的人，对成功只是存在一种向往或一种侥幸心理。他们的目标要么游移不定，要么好高骛远，不着边际，因而很难整合现有资源，很难有计划和方法；要么迟迟不动，要么行动不坚决、不彻底、不持久，一遇挫折，立即为自己找个"本来就是想想而已"的借口，下台了事。

要成功的人才是真正在成功之前下过坚定决心的人。下定决心，不仅能体现一个人果决的勇气、决断时的自信、坚定不移的志气，更会锻造出自己的魅力，从而赢得他人的信任。只有下定决心成功，才会目标明确、现实可行。也只有下定决心的人，才会在成功的路上不断地检讨自己，改变自己，创造条件，适应环境要求；才能获得深刻的驱动力，而不顾任何艰难险阻，义无反顾，锲而不舍，持之以恒。

世界顶级的推销员与培训大师汤姆·霍普金斯曾告诉他的学员们说："成功

第七章
等来的只是命运，拼出来的才是人生

有三个最重要的秘诀，第一个就是下定决心；第二个还是下定决心；第三个当然还是下定决心。"

这是霍普金斯之所以成功的经验之谈，因为就在他刚刚进入推销行业的时候，他常常因为害怕敲别人家门或跟陌生人谈论产品时被拒绝，故而业绩一直无法实现突破。直到有一天，他上了一个课程，在课堂上老师告诉他："下一次还有一个课程非常棒，那个课程可以帮助我们激发所有的潜能，让自己能够成为顶尖人物。"

霍普金斯说："我很想听下个课程，但我没有钱，等我存够了钱再上。"这时候老师却对他说："你到底是想成功，还是一定要成功？"他回答说："我一定要成功。"老师又问："假如你一定要成功的话，请问你会怎么处理这个事情？"于是霍普金斯回答："我会立刻借钱来上课。"

从此，霍普金斯发现了自己一直业绩平平的原因，是自己从来没有真正地下过决心。于是在下一次推销之前，他从公司里找了一位同事并带他下楼，他对同事说："你看着，假如我无法向对面那个陌生人推销产品的话，我走过马路来就被车撞死给你看。"

他说完这句话的时候，脑海里一片空白，根本不知道他即将如何推销。但他还是硬着头皮走过去，开始与陌生人交谈，于是他使出了浑身解数向那位陌生人推销产品，经过20分钟的苦口婆心之后，不可思议的事情发生了：他终于卖出了产品！

后来，霍普金斯在分析他的人生是怎么改变的时候，发现答案只有四个字，那就是"下定决心"。

所以，人生从你下定决心的那一刻就已经开始改变，你所做出的任何一个决定都决定着你的人生。

信念达到了顶点，就能够产生惊人的效果

信念是不值钱的，它有时甚至是一个善意的欺骗，然而你一旦坚持下来，它就会迅速升值。

信念是欲望人格化的结果，是一种精神境界的目标。信念一旦确定，就会形成一种成就某事或达到某种预期的巨大渴望，这种渴望所激发出来的能量，往往会超出我们的想象。由信念之火所点燃的生命之灯是光彩夺目的。

美国的罗杰·罗尔斯是纽约的第53任州长，也是纽约历史上的第一位黑人州长。他出生于纽约声名狼藉的大沙头贫民窟。那里环境肮脏，充满暴力，是偷渡者和流浪汉的聚集地，他也从小就学会了逃学、打架，甚至偷窃。直到一个叫皮尔·保罗的人当了罗杰·罗尔斯那座小学的校长。

有一天，罗杰·罗尔斯正在课堂上捣乱，校长就把他叫到了身边，说要给他看手相。于是罗尔斯从窗台上跳下，伸着小手走向讲台，皮尔·保罗先生说，我一看你修长的小拇指就知道，将来你是纽约州的州长。当时，罗尔斯大吃一惊，因为长这么大，只有他奶奶让他振奋过一次，说他可以成为5吨重的小船的船长。这一次，皮尔·保罗先生竟说他可以成为纽约州的州长，着实出乎他的预料。他记下了这句话，并且相信了它。

从那天起，纽约州州长就像一面旗帜飘扬在他的心间。他的衣服不再沾满泥土，他说话时也不再夹杂污言秽语，他开始挺直腰杆走路，他成了班主席。在以后的几十年里，他没有一天不按州长的身份要求自己。51岁那年，他真的成了州长。在他的就职演说中有这么一段话，他说：信念值多少钱？信念是不值钱的，它有时甚至是一个善意的欺骗，然而你一旦坚持下来，它就会迅速升值。这正如马克·吐温所说的：信念达到了顶点，就能够产生惊人的效果。

信念不但能够唤起一个人的信心，更能够延续一个人的信心，它既是信心的开始，也是信心的归宿。但是，信心时常有，信念却不常有，所以成功的人总是少数。随大流的人，把握不住自己的人，看不清趋势的人，即使找到信心，

第七章
等来的只是命运，拼出来的才是人生

也发展不到信念。急功近利的人会在信心走向信念的过程中崩溃，浮躁的人会葬送从信心走向信念的坦途。

成功者的人生轨迹告诉我们：信念，是立身的法宝，是托起人生大厦的坚强支柱；信念，是成功的起点，是保证人追求目标成功的内在驱动力。信念，是一团蕴藏在心中的永不熄灭的火焰，是一条生命涌动不息的希望长河。

著名的黑人领袖马丁·路德·金说过："这个世界上，没有人能够使你倒下，如果你自己的信念还站立着的话。"所以，信念的力量，在于使身处逆境的你，扬起前进的风帆；信念的伟大，在于即使遭受不幸，亦能召唤你鼓起生活的勇气；信念的价值在于支撑人对美好事物一如既往地孜孜以求。

当然，如果一个人选择了错误的信念，那必将是对生命致命的打击，起码也会导致平庸。错误的信念会夺去你的能量、你的欲望和你的未来。曾有研究者做过这样一个实验：他们把善于攻击鲦鱼的梭鱼放在一个玻璃钟罩里，然后把这个玻璃钟罩放进一个养着鲦鱼的水箱中。罩里的梭鱼看到鲦鱼后，立刻发动了几次攻击，结果它敏感的鼻子狠狠地撞到了玻璃壁上。几次惨痛的尝试之后，梭鱼最终放弃，并完全忽视了鲦鱼的存在。当钟罩被拿走后，鲦鱼们可以自由自在地在水中四处游荡，即使当它们游过梭鱼鼻子底下的时候，梭鱼也继续忽视它们。由于一个建立在错误信念基础之上的死结，这条梭鱼终因不顾周围丰富的食物而把自己饿死了。在现实生活中，又有多少错误的信念成了束缚我们的玻璃钟罩呢？

人生是一连串选择的结果，而选择一个正确的信念，会成就我们的一生。弥尔顿说过："心灵是自我做主的地方。在心灵中，天堂可以变成地狱，地狱也可以变成天堂。"人们的生活由自己选定，而幸福，抑或悲哀，全在于心灵的阴晴。强者的天总是蓝的，因为他们坚信乌云终将被驱散；弱者的眼里总是风霜雨雪，漫布着无奈、无望、无尽的悲哀与叹息。人生的变数很多，然而，不管外界多么地不易把握，只要心中升腾着信念的火焰，艰难险阻就都将不复存在。

自信能使一个人征服他相信可以征服的东西

对于年轻人，只要时刻让自己的心里充满自信与希望，人生就会丰富而充满激情。

年轻是一种很重要的资源，这种资源专属于青年人。自信能引爆年轻的力量，希望能诠释年轻的真意。充满自信与希望，每个人就都能把握未来。

所以，对于年轻人，自信和敢于希望是必要的，一个人在年轻的时候，宁肯自负一点，也要自信一点。只有学会自信，我们才会有勇气对未来的生活充满希望和憧憬，也只有这样，人生才会丰富而充满激情。

既然"自信和希望是青年的特权"，那我们就应该好好地去享受这份特权，应当摒弃自卑与懦弱的性格。年轻人，应该要用足够的时间去做自己想做的事情，要用足够的精力与自信去实现自己的目标和希望。这就是年轻人的"特权"，把握住这种独特的优势，不灰心，不退却，前途必然无比宽阔和明亮。

希望必然是由自信所带来，所以年轻人学会自信是首要的事情。

一些年轻人之所以缺乏自信、甚至自卑，就在于对自己有过高的、不切实际的期望。有了愿望却总是无法实现，有了目标却总是达不到，这样就会一次次地信心受打击，甚至迁怒于别人，怨恨社会。事实上只要他们降低期望，把目标定得切合实际，多几次成功，就能够将心态纠正过来。

自信需要不断地实践，并从实践中获得积极的反馈。

自信在于准备充分。心里没底，当然难以积聚信心。准备包括情况的了解、知识的积累、特征信息的收集以及必要的计划、物质和关系准备。但是，高明的领导者往往在情景不明朗、准备不充分的情况下也能够积聚信心，积聚力量，并把信心坚决地表达出来，表现得信心十足，充分地感染下级，让大家同心协力，共渡难关，突破瓶颈。

生活是个两面体，站在一个视点我们可以看到它的阴暗面，站在另外一个视点上,又能看到它的积极向上的灿烂的一面。这或许是个悖论,但作为年轻人,我们的任务就是去揭示这些悖论,绕开陷阱,把握它的朝阳的一面,对自己充满信心,对前途充满希望。

当你因触及生活的阴暗面而感到灰心泄气的时候,请记住这样一句话:我还年轻,我有自信,有希望——这是我的特权!

顽强能创造令人难以想象的奇迹

人生中永远都是困难重重,只有意志顽强的人才能最终抵达成功的彼岸。

顽强不等于顽固,它是因"顽"而"强"。"顽"是一种执着,一种坚定的信念,一种不达目的誓不罢休的决心和勇气,"强"是"顽"的效果表达,是我们生存和发展的必备条件。

只有顽强的人,才会对自己的行为动机和目的有清醒而深刻的认识。只有顽强的人,才能在复杂的情境中,冷静而迅速地作出判断,毫不迟疑地采取坚决的措施和行动。也只有顽强的人,在碰到挫折和失败的时候,会主动调节自己的消极情绪,控制自己的言行,不灰心、不丧气、不焦躁;面对成功和胜利,不骄傲、不自满。

在很多情况下,我们与成功无缘,并不是我们不聪明,而是缺乏顽强的意志。顽强的意志不但能帮助我们走出失败的阴影,更能帮助我们养成良好的习惯,实现人生的目标。顽强的"妙不可言"之处就在于它能激发人的潜能,促使人创造超乎自己想象的业绩。

海伦·凯勒的事迹正说明了这一点。海伦·凯勒看不见东西,听不到声音,但在她的一生中做了许多事情。她的成功给其他人带来了希望。

海伦·凯勒于1880年6月27日出生在美国亚拉巴马州北部的一个小镇上。

在一岁半之前，海伦·凯勒和其他孩子一样，她很活泼，很早就会走路和说话了。但在19个月大的时候，她因为一次高烧而导致了失明及失聪。从此，她的世界充满了寂静和黑暗。

从那时起到7岁前，海伦只能用手比划进行交流。但是她学会在寂静黑暗的环境中怎样生活。她有着很强的渴望，她自己想做什么，谁也挡不住她。她越来越想和别人交流，用手简单地比划已经不够用了。她的内心深处有一种什么东西要爆发，因为她的举止已难以让人理解。当她母亲管束她时，她会哭叫闹喊。

在海伦6岁时，她父亲从波士顿的珀斯盲人研究院请来了一位女老师，名叫安妮·沙利文。海伦·凯勒就是在这位令她终身不忘的老师的指导下，在以后的日子里凭借着自己顽强的毅力，学会了手语，学会了说话，学会了多门外语，并在哈佛大学完成了自己的学业。但海伦认为，这些只不过是她许多成功的开始。

就在自己的老师去世后不久，海伦·凯勒跑遍美国大大小小的城市，周游世界，为残障的人到处奔走，全心全力为那些不幸的人服务，最终成为一位世界知名的残障教育家。

海伦·凯勒终生致力服务于残障人士，并写了很多的书，其中写于1993年的散文《假如给我三天光明》是最为著名的一篇。

命运虽然给予了海伦·凯勒许多的不幸，她却并不因此而屈服于命运。她凭借着自己顽强的毅力，奋勇抗争，最终冲破了人生的黑暗与孤寂，赢得了光明和欢笑。美国《时代周刊》评价海伦·凯勒为"人类意志力的伟大偶像"。

海伦·凯勒的成功让我们认识到顽强的意志对于一个残疾人的意义，那么，对于一个四肢健全的人，海伦·凯勒让我们感到汗颜。其实，很多人只比海伦·凯勒少了一种不屈不挠的骨气，一种持之以恒的耐力和一种顽强不屈的意志力。他们也恰恰不明白，人生中永远都是困难重重，只有具有顽强意志的人，才能成功！

进取心是不竭的动力

只有具备一种永不停息的自我推动力，我们的人生才可能不断登上一个台阶，更高的目标和理想不断在向我们召唤。

永不知足是要求自己上进的第一步，是要让自己不满足于停留在现有的位置上。永不知足可以帮助你迈出关键的第一步。

比尔·盖茨对年轻人说得最多的一句话就是——"永不知足"。他之所以会取得如此大的成功，就是因为他不满足于所取得的成绩，不断进取，始终激励自己向前发展，最后终于实现了自己的理想，到达了他所向往的地位。

新闻界的"拿破仑"——伦敦《泰晤士报》的大老板诺思克利夫爵士，最初在每月只能拿到80镑的时候，他对自己的处境非常地不满。后来，《伦敦晚报》和《每日邮报》皆为他所有的时候，他还是感到不满足，直到他得到了伦敦《泰晤士报》之后，他才稍稍觉得有点满足。

就算成了《泰晤士报》的大老板，诺思克利夫爵士还是不肯善罢甘休。他要利用《泰晤士报》揭露官僚政府的腐败，打倒几个内阁，推翻或拥护几个内阁总理（亚斯查尔斯和路易乔治），而且不顾一切地攻击昏迷不醒的政府……由于他的这种大胆的努力，提高了不少国家机关的办事效率，在某种程度上还改革了整个英国的制度。

不管你目前的职位有多高，都不要满足于现状，应该告诉自己："我的职位应在更高处。"

进取心从不允许我们休息，它总是激励我们为了更美好的明天而奋斗。由于人的成长是无限的，所以我们的进取心和愿望也是无法满足的。如果从历史地来看，我们目前所到达的高度足以令人羡慕，但是，我们却发现今日所处的位置和昨日的位置一样，无法让我们完全满足，更高的理想和目标不断在向我们召唤。

百年哈佛主张这样的人生哲学：信心和理想乃是人们追求幸福和进步的最

强大推动力。

进取心是激发人们抗争命运的力量,是完成崇高使命和创造伟大成就的动力。一个具备了进取心的人,就会像被磁化的指针那样显示出矢志不移的神秘力量。

人生的进步与成功,正是有了进取心和意志力——这种永不停息的自我推动力,才激励着人们向自己的目标前进。对这种激励的需要是我们人生的支柱,为了获得和满足这种需要,我们甚至愿意以放弃舒适和牺牲自我为代价。

向上的力量是每一种生命的本能,这种东西不仅存在于所有的昆虫和动物身上,埋在地里的种子中也存在着这样的力量,正是这种力量刺激着它破土而出,推动它向上生长,向世界展示美丽与芬芳。

这种激励也存在于我们人类的体内,它推动我们去完善自我,去追求完美的人生。

面对困难,你强它便弱

重要的不是我们身处怎样的环境,而是我们对于所处环境做出的是怎样的反应。你愿意成为强者,困难便会退缩。

一个女儿对她的父亲抱怨,说她的生命是如何痛苦、无助,她是多么想要健康地走下去,但是她已失去方向,整个人惶惶然,只想放弃。她已厌烦了抗拒、挣扎,但是问题似乎一个接着一个,让她毫无招架之力。

父亲二话不说,拉起心爱的女儿,走向厨房。他烧了3锅水,当水沸腾之后,他在第一个锅里放进萝卜,第二个锅里放了一颗蛋,第三个锅则放进了咖啡。

女儿望着父亲,不明所以,而父亲只是温柔地握着她的手,示意她不要说

第七章
等来的只是命运，拼出来的才是人生

话，静静地看着滚烫的水，以炽热的温度煮着锅里的萝卜、蛋和咖啡。一段时间过后，父亲把锅里的萝卜、蛋捞起来各放进碗中，把咖啡过滤后倒进杯子，问："你看到了什么？"

女儿说："萝卜、蛋和咖啡。"

父亲把女儿拉近，要女儿摸摸经过沸水烧煮的萝卜，萝卜已被煮得软烂；他要女儿拿起这颗蛋，敲碎薄硬的蛋壳，她细心地观察着这颗水煮蛋；然后，他要女儿尝尝咖啡，女儿笑起来，喝着咖啡，闻到浓浓的香味。

女儿谦虚而恭敬地问："爸，这是什么意思？"

父亲解释：这3样东西面对相同的环境，也就是滚烫的水，反应却各不相同：原本粗硬、坚实的萝卜，在滚水中却变软了；这个蛋原本非常脆弱，它那薄硬的外壳起初保护了液体似的蛋黄和蛋清，但是经过滚水的沸腾之后，蛋壳内却变硬了；而粉末似的咖啡却非常特别，在滚烫的热水中，它竟然改变了水。

"你呢？我的女儿，你是什么？"父亲慈爱地问虽已长大成人，却一时失去勇气的女儿，"当逆境来到你的门前，你有何反应呢？你是看似坚强的萝卜，痛苦与逆境到来时却变得软弱、失去了力量吗？或者你原本是一颗蛋，有着柔顺易变的心？你是否原是一个有弹性、有潜力的灵魂，但是在经历死亡、分离、困境之后，变得僵硬顽强？也许你的外表看来坚硬如旧，但是你的心灵是不是变得又苦又倔又固执？或者，你就像是咖啡？咖啡将那带来痛苦的沸水改变了，当它的温度高达100摄氏度时，水变成了美味的咖啡，当水沸腾到最高点时，它就越加美味。如果你像咖啡，当逆境到来、一切不如意的时候，你就会变得更好，而且将外在的一切转变得更加令人欢喜。懂吗，我的宝贝女儿？你要让逆境摧折你，还是你主动改变，让身边的一切变得更美好？"

在人生的道路上，谁都会遇到困难和挫折，就看你能不能战胜它。战胜了，你就是英雄，就是生活的强者。

过去的历史并不重要，重要的是现在与将来

不论过去的我们有着如何不堪的经历，上帝依然爱我们，因为他给予我们的每一天都是崭新的。

位于新泽西州市郊的一座古老小镇上，教学楼最里面一间光线昏暗的教室里，26个孩子被编在同一个班。这些个孩子都有过不光彩的历史：有人进过管教所，有人吸过毒。家长对他们束手无策，老师和学校也几乎对他们失去了信心。

这个时候，一个叫腓娜的女教师被安排担任这个班的辅导老师。新学期开学头一天，腓娜没有像以前的老师那样，首先对这些孩子训斥一顿，给他们来个下马威，而是给孩子们出了一道题：

有这样3个候选人，他们分别是——

A：迷信巫医，嗜酒如命，有多年的吸烟史。

B：曾经两次被从办公室赶出来，每天要到吃午饭时才起床，每个晚上都要喝将近1升的白兰地，而且曾经吸食过鸦片。

C：曾获国家授予的"战斗英雄"称号，有良好的素食习惯，有艺术天赋，偶尔喝点酒，青年时代从没做过违法的事。

腓娜给大家的问题是：

"倘若我告诉你们，在上面这3人中间，有一位会成为名垂青史的伟人，你们认为最可能是谁？猜想一下，这3个人将来可能会有怎样的命运？"

对于第一个问题，可以想象，孩子们一致把票投给了C；第二个问题，大家也几乎一致认为：A和B将来肯定不会有好的结局，要么成为人人唾弃的罪犯，要么成为需要社会照顾的寄生虫。而C呢，必定是一个品德高尚的人，肯定会成为伟大的人物。

然而，腓娜的答案却大大出乎孩子们的意料。"你们的结论也许符合一般的判断，"她说，"但实际上，你们都错了。这3个人大家都不陌生，他们是二战时期的3个大名鼎鼎的人物——A是富兰克林·罗斯福，他身残志坚，是美国历史上唯一一

位连任 4 届总统的伟大人物；B 是温斯顿·丘吉尔，拯救了英国的著名首相；C 的名字同学们也很熟悉，他是阿道夫·希特勒，一个夺去了几千万无辜生命的法西斯头目。"孩子们都听得目瞪口呆，简直不敢相信自己的耳朵。

"孩子们，"腓娜继续说，"你们的人生才刚刚迈出第一步，过去的错误和耻辱只能说明过去，真正能代表人一生的，是他现在和将来的作为，没有人会是完人，连伟人也会犯错。走出旧日的阴影吧，从今天开始，努力做自己最想做的事情，你们都将成为人人景仰的杰出人才。"

腓娜的这番讲话，使 26 个孩子一生的命运得以改变。多年以后，这些孩子都已长大成人，他们中有的做了法官、有的做了心理医生、有的当了飞机驾驶员。值得一提的是，当年班里那个最爱调皮捣蛋的小个子罗伯特·哈里森，现在已经成了华尔街最年轻的基金经理人。

"原来我们都觉得自己已经无药可救，因为几乎所有的人都这样看我们。是腓娜老师第一次让我们认清这一点：过去并不是最重要的，重要的是如何把握现在和将来。"孩子们长大后这样说。

命运并非机遇，而是一种选择；我们不该期待命运的安排，必须凭自己的努力创造命运。

永不知足才能与成功握手

蔡志忠说："我用 10 年的时间名满天下，赚了 1000 万。倘若重新给我选择的机会，我只用这 10 年去看看高山，听听流水，别的什么也不做。"王蒙说："我更倾向未成名前简简单单的读书生活。"体验了世间百味，经历了无数荣誉与挫折，阅尽了天下事，成功之后总要归于平淡的。

然而，更多的人并没有成功过，却也叫着平平淡淡才是真，这就有点儿自欺欺人了。不成功却喊着追求平淡,其实是无能的一种托辞。每个人来到世间时,他只是一张白纸。而后漫漫岁月间,他所做的一切便是尽可能地为这张白纸增添尽可能多的色彩,一幕绚丽的彩画才是我们最圆满的结局。那些饱尝世上滋味的成功者早已将他的人生画卷涂抹得色彩斑斓,他们归于平静的原因只是想静下心来作一些最后的修改。或许是真的有些倦了,一旦休息时,他会觉得很是惬意,于是便说出了上面的话语。但是倘若真的让时光倒转,大概蔡志忠依旧会不懈地画他的漫画,王蒙仍然会不倦地做他的文章。

将生活变得更丰富、更有意义、更有价值。体验成功的喜悦,这是每个人最基本的愿望。

虽然,成功意味着痛苦,意味着超人的付出,意味着这样或那样的代价……但只有这样,我们才能真正体验到生活的原味,才能使生活中的甜愈甜、苦愈苦、涩愈涩,才能真正地了解生活。

中国有句古语,叫作"知足者常乐"。这句话用在养生上尚有一定道理:你看,"知足常乐",常知足就常常乐,常常乐就常知足。天天乐呵呵的人,那身体自然也就会好。但这句话用在人的发展上,却是大大的谬误。

因为知足,人们容易满足现状,小富即安、不思进取;因为知足,人们便很容易放弃拼搏与努力,也就失去了继续攀登高峰的动力,不求上进。

克利夫兰曾两度出任美国总统,可他刚开始时只不过是一名商店的售货员,如果当时他满足于现状,以为当好一名站柜台的售货员能够养家糊口便足矣,那么他不可能成为美国总统。

世界钢铁大王安德鲁·卡内基出身贫寒,他刚进入企业界时只不过是一名锅炉工,如果他仅仅满足于烧好锅炉,当好锅炉工,那他至多不过是一名称职的锅炉工,不可能成为世界钢铁大王。

福特是一名农庄主的儿子,他的父亲希望他成为一名农民,然而不满足于现状的他却身无分文地跑到了城市里闯世界,经过一番拼搏,终于创立了他的福特王国。

奥里森·马登说过:"如果一个青年人的境遇不逼迫他工作,让他感到生活上的不满足,那么他就不会再努力奋斗。"这句话真是精辟。大凡成功人士,无不从"不知足"开始起步。人生对他们来说就是攀登一个又一个的高峰,实现一个又一个一级比一级高的目标的过程。

福特就是一个永不知足的人,在他的领导下,福特汽车不断进行技术创新,

第七章
等来的只是命运，拼出来的才是人生

开创了福特汽车王国。

在汽车制造史上，流水作业是工业生产的一项创造性的革命，它是提高生产速度的必由之路，也是福特创造性的眼光带来的飞跃。

福特对汽车制造永不满足，在短短的几年时间里，福特不断改进设计，先后生产出A、B、C、F、K、N、R、S八种车型，从两缸到六缸，从八马力到四马力，从有篷到无篷，可以说是作了很大的努力。

当时，福特汽车的质量已经达到一定水准。但是，福特并未陶醉于已经取得的成功，他的追求是无限的。

有一天，福特告诉他的属下："我在想汽车生产的规格化、标准化……"

"什么是规格化、标准化？"

"如果福特汽车外型、颜色完全统一，这样，买主维修、保养就方便多了，他们也会愿意买我们的车。"

福特不久又有了新构想，他说："公司只是等顾客上门或是由人员销售，市场有限得很，我们可以通过邮局开展邮购业务……"

订单不断地涌来，有时一天就接到1000多份订单。订单之多不仅使销售人员招架不住了，生产人员也撑不住了。

仅仅一年时间，T型车就销售6000辆，除去一切宣传费用，净利比过去五年还高出200余万元！

福特汽车的大量销售，达到了供不应求的地步。福特汽车再原地踏步，已无法适应新的市场需求。

福特决定扩建工厂，他在底特律海兰德公园购买了一块60英亩的土地，由年轻有为的建筑设计师阿尔巴顿·康负责设计工作。福特指示：新厂房要设计成屠宰业生产线的模式，实行流水作业。

工厂建成以后，工人的生产速度大为增加，福特创造了93分钟生产一辆汽车的新纪录。新厂房竣工之际，由于T型车销售量成倍地增长，只好又把新厂扩大了一倍。T型车自1908年至1927年19年间，一共生产了1500万辆，曾一度占领了68%的世界汽车市场。

福特开始被视为卓越的成功者。他也为自己的成功感到无限喜悦，但他并不满足于此、陶醉于此。他从自己的成功经历中悟出"不停追求，才能不断进取"的真谛。福特迅速成功地进行了从技术设备到员工管理的工业生产革命，从而使他的名字响彻世界。同时，他在汽车界的影响范围在无限扩大，他几乎

成了业界的典范人物。

永不知足，人们才会在实现或达到一个目标以后，给自己制定下一个更高的追求目标，这样才能拥有不畏坚难敢于拼搏的不竭动力，使成功成为可能；永不知足，人们才会在近期目标达到之后，为自己再制定下一个远期的、更高的目标；永不知足的人，他的意志、品格、力量和决心在不断的拼搏和奋斗中，得到了不断的锻炼和升华。

永不知足是否定过去，展望未来，勇往直前地立足现在，挑战未来；永不知足是否定现状，不拘泥于旧事物的约束，勇敢地追求更美好的未来，不安于现状，不满足于现状，不停滞于现状。只有永不知足，才能与成功握手。

第八章

今天低头,明天才能抬头

抬头之前先低头

"生当作人杰,死亦为鬼雄。至今思项羽,不肯过江东。"这是著名的女词人李清照赞颂西楚霸王项羽的一首诗,诗中虽然充满了豪情,但却难免给人英雄气短的感觉。试想一下,如果当年项羽能够忍受一时的屈辱,过得江东之后重整人马,那么历史便很有可能被改写。

而他的对手刘邦,则将一个"忍"字发挥到了极致。刘邦为了将来的前程似锦,忍住浮华诱惑,忍住胯下之辱,锋芒暂隐,静待转机。这也许正是他最终胜出项羽的原因。

咸阳城内王室发生的剧变,已经明显影响到了秦军的士气,恰逢刘邦招降,众士兵正中下怀,项羽这边听说刘邦西征军已经接近武关的消息,也颇为着急。章邯投降后,项羽不再有任何阻碍,率军火速攻向关中盆地的东边大门——函谷关。

十月,刘邦军团进至灞上。咸阳城已完全没有了防卫的能力,秦王子婴主动投降,秦王朝正式灭亡。

刘邦大军历尽千辛万苦终于进入咸阳,此时刘邦对日后称霸天下有了莫大的野心和信心。

同时,面对扑面而来的荣华富贵,喜好享乐的他,竟然一时忘乎所以,自然忍不住心动。想起年少时的狂言:"大丈夫当如是也。"一切都这样不可思议的唾手可得。

但在张良等人的劝说下,为了长远的未来,刘邦忍下了享受的心。

一个"忍"字的功夫怎生了得,它成全了刘邦,是刘邦成就霸业不可多得的秘密武器。而项羽,在民心方面,明显不如刘邦。项羽嗜杀成性,不管对方是否投降,一律斩杀。他曾在一夜之间,设计歼害了二十万秦国降军。项羽因为此事而在秦国人民心中臭名昭著。

项羽残杀秦国兵士,刘邦却与秦地父老约法三章,谁是谁非,天下人自然明白。刘邦轻易便为自己赢得了百姓的信任，项羽虽然勇猛，但是做一国之君的话，尚嫌粗莽。在这一节上，刘邦的功夫显然比项羽的功夫要到家。但是刘邦并非一忍再忍，还军灞上之后，仍对咸阳城念念不忘，从而犯下了一个致命的错误。

随后，刘邦在"鸿门宴"中更是将"忍"刻在了心头。这一场心理战，决定了最后的结局。刘邦在得知项羽要进攻的时候，镇定地用谎言骗住了项羽，使得项羽留给了刘邦一条生路。而项羽始终是轻敌的，尤其忽视了刘邦这个手下败将。他认为以刘邦的兵力，绝对不是他的对手。但是刘邦不跟他斗勇，刘邦喜欢斗智。

这就注定了项羽的悲剧命运。

就勇猛来说，项羽力拔山兮气盖世；就智慧来说，项羽也不乏胆识与聪明；就实力来说，项羽是一代霸王，有过众望所归的气势。然而就是一个不能忍，破坏了全部的计划，影响了最终的结局，可见，忍字的力量无穷无尽。

小不忍则乱大谋，忍人一时之疑，一定之辱，一方面是脱离被动的局面，同时也是一种对意志、毅力的磨炼，为日后的发愤图强和励精图治奠定了一定的基础。而不能忍者，则要品尝自己急躁播下的苦果。

"草根"为什么这样红

大众给予了"草根"更多的爱和关注，不是人们对于文化的发展要求降低了，而是他们在平凡人的身上看到了一种难得的品质。

草根英文直译为grassroots，始于19世纪美国，彼时美国正浸于淘金狂潮，当时盛传，山脉土壤表层草根生长茂盛的地方，下面就蕴藏着黄金。后来"草根"一说引入社会学领域，"草根"就被赋予了"基层民众"的内涵。

近年来，草根的出现频率急增，很多人和物都会用草根来形容。白居易有诗"野火烧不尽，春风吹又生"，似乎是对草根的形象注释。草根因平凡而具有顽强的生命力，他们看似卑微普通，却生生不息、绵绵不绝。草根也许永远无法成为主流经营的一员，但是他们彰显出了自己独特的个性和魅力，给人们一种希望。草根是民众的，他们就在我们的中间，跟我们有太多的相似，所以人们会对他们有一种特别的亲近感，人们也就对他们给予了越来越多的关注和爱护。

现如今，郭德纲和他的德云社可谓是全国上下老幼皆知，现在想到现场去听一听郭德纲的相声，怎么也得上百元才能买到一张票。可是，谁能想到，10年前的他，不但默默无闻不被众人知晓，还生活得异常艰辛。

那个时候，郭德纲只是一个在北京和天津"跑堂"的草根艺人，为了得到一次表演机会，他可以在戏园子门口不分白天黑夜一直等，为了登台表演，他就借钱请别人吃炸酱面。有一次他去参加一次相声演出，向邻居借了一辆自行车骑，结果回来的时候车子坏了，他硬是推着车走回来。

成名之前，郭德纲没有固定收入来源，自己的表演也总得不到认可，没有戏院肯收留他，他就只好给别人配音，写剧本，做后期，甚至还跑过龙套。提起这些，郭德纲说："谁说我一夜成名我和谁急，我这10年受苦遭罪受大发了，光看见我吃肉，没见着我挨打吗？"

是的，曾经为了生计到处奔波，现在却能够感受到舞台的光鲜，这不是谁都能做到的，但是我们都有机会得到的。尽管成功对于每个人来说都不容易，但是当出身卑微的人肯付出更多的努力，能够吃更多的苦，拥有了执着的追求和不达目的誓不罢休的勇气，那么没有什么困难是无法战胜的，也没有什么磨难是可以把我们压倒的。

草根为什么会这样红？相对来说，大众给予了草根更多的爱和关注，不是人们对于文化的发展要求降低了，而是他们在平凡人的身上看到了一种难得的品质，而这种品质正是我们当前最值得发扬的：草根红人总是能够给人一种希望：不管以前的处境多么艰难，只要有信心、有恒心，勇敢地与困苦的生活作战，你就能够冲破生活的阴云，看到美好的未来。

所以，那些还在生活的底层奔波的人们，只要拥有了草根精神，能够像草根那样勇敢地向生活挑战，也可能创造"咸鱼翻身"的奇迹。

第八章
今天低头，明天才能抬头

应届大学毕业生：你只值300元

我们一定要学会放低自己，以归零心态从社会的底层做起，这样才能让人生学位不断升值。

每到毕业时节，关于大学生就业的报道就会很大篇幅地占据媒体报道的重要位置。考虑到现在的经济形势，大学生就业难的状况，有一些大学生认为现代社会是一个讲求实力和经验的社会，自己刚刚毕业还没有实践经验，所以即使工资很低，但只要能够给自己提供一个积累经验的平台，他们就可以接受。但是也有一些大学生，觉得自己已经接受了那么多年的教育，自然应该比其他没有读过书的人工资高，所以低于基本消费线的工资，他们是接受不了的。

低工资求锻炼的机会，高工资希望肯定自己的人生价值，同样的毕业生，却有着完全不同的想法，那么到底应该怎样看待这些大学生的价值呢？应届毕业生的工资，到底应该定位为多少钱呢？

用人单位给出一个数据：一般的应届毕业生只值300元。这个数据不一定准确，但是它告诉我们一个事实：应届毕业生没有什么可值得炫耀的，毕竟现在大学生到处都是，而且刚毕业的学生没有工作经验，对社会了解得也很少。在这种情况下，大学生并没有什么优势。所以，大学应届生不要高估自己的价值，要学会从零做起。

不可能每个人都出生在聚光灯下。大学生一毕业甚至还没毕业就找到一份好工作，从此一帆风顺的人毕竟是少之又少，更多的毕业生也只有和别人挤在一间不到10平方米的小屋里，每天找路边最便宜的餐馆，买张关于招聘的报纸，整日拿着一摞厚厚的简历奔波，往返于各个人才市场。对找工作的毕业生来说，那是一段黑暗潮湿的经历。

尽管历经波折，但是没必要害怕和烦躁。"蘑菇经历"是事业上最为漫长的磨炼，也是最痛苦的磨炼之一，它对人生价值的体现起到至关重要的作用。经过这个阶段的磨炼，你就会熟练地掌握当前从事工种的操作技能，提升一些为人处世的能力，以及培养挑战挫折、失败的意志，这也是最重要的。诸多能力的具备，为你将来职业的顺利发展铺平了道路。可是生活中很多人就是不愿意把头低下来，正确地评估自己，给自己定位，那么到头来无法提高自己，可能最终你的价值将到不了 300 元。

曾任微软副总裁的李开复雇用过一个助手，他很有能力，但他的一次自我评估，让李开复重新审视了他。这个助手在自我评估上说："虽然我是那么谦虚的一个人，但是我认为我这一年的成就是不可思议的。"李开复知道，这个人自恃太高，觉得做自己的助手受委屈了。

于是，李开复告诉他："如果你真的认为自己做得那么好，你肯定不会安分地做这份工作，所以我认为你应该重新开始找事做，你认为多长时间能找到工作？"他说 3 个月。李开复给了他 4 个月的时间，让他去找工作。

3 个月后，助手回到李开复的办公室，说："我还没找到工作，只剩一个月了，你能不能多给我一点时间？"李开复问了原因，助手回答："像我这么资深的人，你给我 3 个月是不够的，我需要 9 个月……"

李开复就又给了他两个月的时间，告诉他："如果 6 个月你还找不到工作，我需要你的一封辞职信，这是公司的规定。"然而，6 个月之后，助手还是没有找到工作，按规定他离开了公司。又过了一个月，他打电话给李开复："我又回微软工作了。"李开复问他："你没有找到工作吗？"

他回答找到了，还是在微软，不过职位比在李开复手下工作时低两级。

面对人生的低起点，不要总是不知足，也不要总是不懂得把握。在我们还不具备一定的实力与经验的时候，总把自己看得太高，无疑会影响我们向他人学习的心态，影响我们正常的工作态度。当我们开始因为别人的不器重而懈怠的时候，其实是我们搬着石头挡住了自己的去路。

所以，不管我们的起点在哪里，都应该虚心地接受，一点一点地丰盈自己的翅膀，那么总有一天我们会展翅高飞的。

还当不了领头羊时,就先躲在羊群里

我们常常不能正确地评估自己的实力,总觉得在目前的位置上是一种"屈才",其实很多时候我们并不如自己想象中的那么强大。

没有人是天生的领导者,那些走向成功的人士,也是经历了一番痛苦磨炼的。所以,当我们还没有足够的能力撑起一片天的时候,就不要总是炫耀自己,总觉得自己比别人强,而应该虚心学习,潜心修炼,期待有朝一日能够丰盈自己的翅膀,振翅高飞。

两个某大学计算机系的同学,在校时品学兼优,特别是在英文和计算机技术方面优势突出,毕业后一同到了北京一家著名的软件公司,令同学们羡慕得不得了。没想到,两个月后,同学甲就因为另外一家私企的高管位置引诱而跳槽。当时他和同学乙商量一起走,乙对本公司文化已经非常认同,且不看好那家公司,苦劝甲不要贸然跳槽,可是被经理职位诱惑冲昏了头脑的甲去意已决,当月就走人了。然而他哪里想到,那家私企资金链异常脆弱,还处于四处融资阶段。果然不久就听说新公司运转出了问题,正常薪水无法发放,甲又跳槽了。在余下的两年中,甲就像一只无头苍蝇一样四处乱撞,一次比一次失望,后悔"早知如此……"短短几年时间里,甲已经相继涉足了软件、网络、销售、广告、媒体、汽车、保健品等多种行业。可谓"万金油",什么都会一点,但什么都不精通、不专业,只好一直做初级工作。以前的技术也跟不上趟了。奋斗了几年,两手空空。虽然甲在别人面前硬着头皮说跳槽"无怨无悔",但打落门牙往肚里咽的难受滋味,只有他自己知道。实际上还是最初的那家公司最好,因为那家公司已经在纳斯达克上市,他的同学乙已经成为一个重要的部门经理,手里拿着可观的原始股票,买了车,同学聚会都在他新买的"高尚公寓"举行。而"跳槽冠军"甲仍然一无所有,惶惶不可终日。

很多人不能正确地评估自己的实力,总觉得在目前的位置上是一种"屈才",其实有时候我们并不如自己想象中的那么强大。尤其是在工作中,看着别人做总是很容易，可是真正轮到自己做的时候，往往就会找不准方向、漏洞百出。所以，在还没有能力当上领头羊的时候，一定要虚心学习，将本领练得扎实。

当然，生活中也有一些人不是没有当领头羊的本领，只是还没有被领导注意到，这个时候，我们就应该寻找一切可利用的机会，为自己创造更好的发展平台。

西汉末年，王莽篡汉建立新朝，托古改制，弄得天下民生鼎沸，各地起义风起云涌。刘秀很小的时候就心思缜密，与人交往时，不计小怨，喜怒不行于色。早在起事之前，尽管刘秀的兄长们蠢蠢欲动，但他却处处小心谨慎，平时只知埋头务农，与世无争，还因此被讥笑为汉高祖刘邦的一位庸庸碌碌的子孙。后来刘秀也加入起义队伍，并凭借自己超凡的才能脱颖而出，逐渐成为领袖。

为了号召天下，绿林军立刘秀的族兄刘玄为更始帝，发展迅速。刘玄是个资质平庸、甚至是有些懦弱的人。刘秀和他的哥哥刘縯才华出众，分别被封为"太常偏将军"和"大司徒"。在昆阳和宛城之战中，刘秀和刘縯立下大功，因此也获得更高的声望。刘氏兄弟日益增长的势力引起了起义军中其他将领的担忧，他们劝更始帝除掉刘縯。刘秀看出了潜藏的危险，提醒兄长注意，但是刘縯并没有放在心上。不久之后，更始帝果然在众人的怂恿下将刘縯杀害。刘秀听说兄长被杀，十分悲痛，但是他马上来到当时政权所在地——宛城谢罪，大臣们向他表示劝慰之意，但他却只说怪自己没能劝住兄长，以致其惹怒了皇帝。从此之后，他绝口不提自己在昆阳立下的功劳，也不为刘縯服丧，饮宴说笑一如平常，仿佛什么都没有发生过。他这么做反而让更始帝感到惭愧，于是任命刘秀为破虏大将军，封武信侯。

其实，刘秀本非无情之人，他非常在意哥哥被无辜杀害，以致多年之后还难以释怀，提起这件事情的时候就泪流满面，只是他从来不会在外人面前表现出来罢了。后来，起义军攻入洛阳，刘秀单独住在一间房子里，不让别人进去。他的好友冯异曾经进过这间房间一次，却发现刘秀的枕巾被泪水打湿了一大片。冯异努力劝慰刘秀，但刘秀却矢口否认。在当时艰难的处境下，他不得不忍住自己的悲伤。正因为善于低头，刘秀在众人眼中的威胁消除了，反而让自己的实力变得比以前更强大，投降他的军队也越来越多。

我们总是羡慕"咸鱼翻身"的人，殊不知，他们并不是一步登上事业的高峰的，他们的成功也是一步一步通过自己的努力获得的。他们也会经历痛苦，但是相对于别人的心浮气躁，他们更加沉稳、更加注重通过不断的付出来收获回报。

只有坐得了冷板凳，才能坐得了高堂

每个人一生的际遇都不同，然而只要你耐得住寂寞，不断充实、完善自己，当机会向你招手时，你就能很好地把握，获得成功。

我们常常听说，只有耐得住寂寞的人，才能大有作为，才能创造更多的精彩。在生活中，总会有许多默默无闻的角色，他们并没有享受到人们的关注，但是他们甘愿在自己的位置上认真地工作，将自己分内的事情做到最好。

很多人听过交响乐。演奏的现场，管乐与小提琴手总是默契配合着，大提琴也会时不时地加进弹奏的队伍，只有大号手，一直坐在那里不动。演奏马上要结束了，观众们就要对大号手失望了，可是就在最后的3分钟里，大号手终于吹出了震耳欲聋的声音，让整个音乐厅都为之颤抖。3个小时的演奏，大号手的表演不到3分钟，然后就默默地离开了。

有人说："大号手要做的事情就是在一直数着拍子，然后吹出那一声响，那一声响可不是谁都能吹出来的啊。"没错，只有能够忽略自己位置的人，才能留下最美妙的音乐。只有能够耐得住寂寞的人，才能在事业上创造奇迹。

罗明是湖北一所大学的英语教师，在市场经济浪潮的推动下，他决定开创一番属于自己的事业，于是他离开了自己得心应手的教育界，到北京的一家俱乐部工作。北京的俱乐部大多数为会员制，要想有所发展，必须大力发展会员。而在俱乐部里，衡量一个人的工作业绩，主要是看他发展了多少个会员，以及售出了多少张会员卡。他的上司告诉他，现在唯一要做的事就是：售卡。

那段时间里，罗明对一切都感到生疏，初来乍到，也没有可以利用的关系。

可想而知，他的处境有多窘迫！他决定采取一个初入道者都采用过的笨办法：扫楼。"扫楼"是业内人士的术语，即大大小小的公司都聚集在写字楼里，你要一家一家地跑，一家一家地问，那种情形就跟扫楼差不多。当然，你必须要找经理以上的高级管理人员，最好是总裁，普通的白领是难以接受价格不菲的会员卡的。

罗明的生活从此发生了180度的大转弯。他由一名体面的大学教师，一下子"跌落"成了一个"厚脸皮"的推销员。那是一种什么样的感觉？他心理上的落差感十分强烈。

有一个朋友问过罗明关于"扫楼"的事情。那个朋友阴阳怪气地问他："'扫楼'是不是很威风，一层一层，挨门逐户？"罗明听完这番话，内心真是酸甜苦辣什么滋味都有。往事不堪回首，他至今还清楚地记得"扫楼"之初的狼狈和艰辛。他曾经精确地统计过，他"扫楼"的最高纪录是一天内跑了10栋写字楼，"扫"了72家公司，感觉身体像散了架一样，腿和脚都不是自己的了，别说走路，挪动一下都很困难。那天晚上，他坐电梯从楼上下来，在电梯间里，他感到自己的胃正在一阵阵痉挛、抽搐、恶心，唯一的想法就是找个清静的地方大吐一场。他经常忍受人们的白眼和奚落，这对于从小到大都一直备受尊重的他来说，该是怎样一种伤害啊！

如果推销会员卡只有"扫楼"这一种方法，那么很少有人能够坚持下去，也很少有人能够成功。"扫楼"只是步入这个行业的初始阶段，秘诀还是有的。大约半年后，罗明开始出现在俱乐部召开的各种招待酒会上。出席这类酒会的人都是些事业有成、志得意满的成功人士。置身于这样的环境中，罗明发现那些如同铁板一样的面孔不见了，那些刺痛人心的冷言冷语不见了，现在出现的可能是真正意义上的彬彬有礼。他感到自己一下子放开了。他本来就该属于这里：他的涵养，他的才学，即使他曾经历过一段坎坷的"奋斗史"，又怎能磨灭他所固有的价值与尊贵呢？他知道他们需要什么，知道他们需要听从什么样的劝告。这是很重要的，因为他一下子就能拉近与他们之间的距离。他的语言、他的讲解，也不是那样干巴巴的，仿佛带有一种难以抗拒的鼓动力。他告诉他们，俱乐部将会给他们最为优质的服务，而购买价格昂贵的会员卡，就是一种地位、身份和财富的象征。

在一次专为外国人举办的酒会上，似乎没有人比他更游刃有余。他能说一口纯正、流利的英语，这让他一下子就与外国人打成了一片。他曾经一个下午同时向 8 个外国人推销，结果竟然售出了 9 张会员卡，其中有一个人多买了一张，是送给他朋友的。每张会员卡 5 万美元，每售出一张会员卡，销售人员可以从中提取 10% 的佣金。罗明一下午的收入就很容易推算了。

从那以后，罗明在几个俱乐部之间跳来跳去。到了 2004 年初，他终于在一家俱乐部安营扎寨。他已经不用再去"扫楼"了，即使是参加招待酒会，他也不用怂恿别人买会员卡了。他有良好的学历、良好的敬业精神和销售业绩，所以，他从销售员、销售经理、销售总监一直到俱乐部副总裁。显然，如果没有当年的"低人一等"，哪里会有后来的"高人一筹"呢？

"低是高的铺垫，高是低的目标"，对于那些已经处在事业金字塔顶端的人，你只要去研究他的经历就会发现：他们并不是一开始就"高人一等"、风光十足的，他们也曾有过艰难曲折的"坐冷板凳"的经历，然而他们能够端正心态、不妄自菲薄、不怨天尤人；他们能够忍受"低微卑贱"的经历，并在低微中养精蓄锐、奋发图强，最后才攀上人生的巅峰，让世人瞩目。

从宋兵甲到喜剧王的蜕变：星爷的成功是从龙套跑起的

"你可以看不起我，可以羞辱我，我只会低眉顺眼，也许还会在你羞辱我的时候给你赔笑脸。但是我会在背后一直努力，直到有一天你发现，你已经无法张口羞辱我，因为我已经比你站得更高。"这就是周星驰成功的秘诀。

看过周星驰的《喜剧之王》以后，很多人的心里都会有沉甸甸的酸楚，一边大笑一边流泪，在观众的心里产生了强烈的反差：尹天仇这个"死跑龙套的"，对于自己的演艺事业认真而又努力，尽管只在戏里扮演一个出镜不到几秒的死人，他也在固执地研究不同的死法。他带着自己对角色的认识来演绎一位出场就被娟姐干掉的龙套，可是没有人听他对剧本人物的认识，也没人听他的分析，他被剧组的人臭骂一顿，盒饭没了，饭碗也丢了。可是他不死心，依旧要自导自演做着自己的演员梦，并对每个人都认真地介绍自己：其实我是一个演员。勤奋终于有了回报，经过一些机缘巧合，最后他回到先前没人捧场的街坊福利会举行戏剧表演时，来观赏的观众人山人海，连以前的大腕也来给他捧场。

"其实我是一个演员。"这是周星驰对自己说的话。《喜剧之王》里的主人公就如同他自己，勤奋努力，可是谁都懒得答理他，看不起他，厌烦他一个小跑龙套的还那么不听导演的安排。

在没有跑龙套以前，周星驰家境贫寒，甚至比不上一般人。中学毕业后，他因为成绩不好，所以没获得会考的资格。他有过半年多找不到工作的经历，当母亲和姐姐外出工作养家时，他则在家里打拳、睡觉，睡完又打，打完又睡觉，根本没有一技之长。

他没有什么特长，但是对当演员充满期望，当时香港无线电视台（TVB）招考演员，周星驰就拖着中学同学梁朝伟一起报名。为了给面试官留下好印象，身高174厘米的周星驰，前一天还特地花钱买了双昂贵的增高鞋，结果，放榜后，陪考的梁朝伟考上训练班，而穿了增高鞋的周星驰，因长得不够帅，考官根本懒得看他第二眼。

直到邻居告诉他TVB将招考夜间部训练班，他才又再接再厉，报考成功。好不容易跨进演员一行，却又迎来了8年跑龙套的命运。即使命运的恶神总是将他戏弄，可是他始终保留一丝笑意，持续往上爬，成为现在家喻户晓的喜剧之王。

由临时演员、电影明星，到同于企业CEO兼制片人，走过人生三阶段，周星驰事业规模一再扩大，从一个月薪水港币两千元，到片酬港币千万元以上，如今更是上亿美元票房制片人。

回头看周星驰走过的坎坷路，我们不禁要问：怎么才能从出镜不到两秒的小龙套成长为一个老幼皆知的著名笑星再到赫赫有名的导演？是不是源自于他的运气好？答案当然不是，用他自己的话说："我是非常努力，才能有一点成功。"

有人总结说周星驰的票房之所以会高，不是因为他善于演喜剧片，而是因为他是一个"心理学专家"，他懂得真正的成功道理：把别人垫高了，把自己放低，让别人有了"安全感"，让别人有了"快乐"，让别人有了"自信"，让别人有了"希望"，这样别人才会喜欢自己，让自己顺顺利利地成功。

陈安之在《看电影学成功》中是这么说："一般人是如何获得自信的？是通过比较：你比我好，所以我就没有自信；我比你好，就变成你没有自信。而每一个人都希望得到认同、得到自信。所以，周星驰演的角色，10部片子有9部都是演一个常被嘲笑常被欺辱的人，演一个最被人看不起的人，能让所有人都觉得'我一定会赢过你'的人，结果影片最后，周星驰一定会一反弱态，战胜强敌，扬眉吐气……"

这就叫"Tee-up法则"——Tee是打高尔夫球用的小支球托，up就是把它垫高起来的意思。所有人打高尔夫球，在开杆的时候，都必须插下那个Tee，才有办法把球打飞起来。这就是Tee的作用：把自己放低了（像没有价值），再把对方垫高了（对方显得高大而有价值），结果自己就成了对方离不开的，最有价值的"Tee"。

也许这就是周星驰成功的秘密：你可以看不起我，可以羞辱我，我只会低眉顺眼，也许还会在你羞辱我的时候给你赔笑脸。但是我会在背后一直努力，直到有一天你发现，你已经无法张口羞辱我，因为我已经比你站得更高。

怎样正确对待"怀才不遇"和"大材小用"

一定要选择适合自己的空间，如果你是鸵鸟，就应该开拓一片自己的土地；如果你是雄鹰，就应该展翅翱翔。

怀才不遇是每个"千里马"都担心的事情。有才而无人识，这种处境比没有才华更叫人难受。可是伯乐并不常常有，千里马中的大多数也许和其他驴子或者骡子混迹在一起，只被用来骑出去到市场买个货物、驮驮重物，发挥不出自己的专长，那么在这种情况下千里马要有什么样的心态呢？渐渐自暴自弃心甘情愿地和其他马一样做"负重"锻炼，还是不甘平凡，用最好的状态等待伯乐的发现？毫无疑问，如果选择了自暴自弃，那么我们没有输在别人的不赏识上，而是输给了自己。有些机会是需要等待的，一边打造自己一边等待时机，这样才会有获胜的机会。

一开始，东方朔在汉武帝面前并不受重视，于是他就哄骗宫中看守马圈的侏儒们说："皇上认为你们这些人对朝廷无用，耕田劳作体力不够，任职做官又不能治理政事，参军入伍也不会指挥作战，只会白白耗费衣食，如今想把你们全部杀掉。"侏儒们听说后十分害怕，哭了起来。东方朔又建议他们："皇上就要从这里经过，你们何不叩头谢罪？"当汉武帝来到马圈，侏儒们都跪在地上，一边磕头，一边痛哭。汉武帝问清怎么回事后，非常生气，派人把东方朔召来，责问道："你胆敢编造谎言，该当何罪？"东方朔正等待着这个机会，于是振振有词地说："我活着也要说，死也要说。侏儒身高三尺，俸禄是一袋粟，钱是二百四十；臣东方朔身长九尺多，俸禄也是一袋粟，钱也是二百四十。侏儒饱得要死，臣却饿得要死。如果臣的话可以采用，请用厚礼待我；不采用，请让我回家，不要让我尸位素餐。"汉武帝听了哈哈大笑，赦免了他的罪过。不久后，东方朔就被提升了官职。

先让领导"注意"我们，然后他们才会有可能"重视"我们。晋升之路通过领导实现，有"野心"的人千万不要太默默无闻了。

和怀才不遇类似的事情是大材小用，这是代表领导已经发现我们是人才可是没有可以让我们施展的地方，所以也只能给我们一些小事做。这种情况也很不妙，一方面我们自己心里会有落差，觉得给我们的任务琐碎而且没有挑战性；另一方面，领导心理也会嘀咕："我现在让他熟悉了公司的运营情况，了解了各个流程，他要是哪天碰上更好的机会走了，我不是还得再花时间招人和培养其他人吗？"

某中学校长到某大学选毕业生，欲招聘几名教师和校刊编辑。一位新闻系的学生前来应聘。校长看了看这位同学的简历，挺优秀，还在市级报刊上发表过多篇报道，文笔很不错，当然很能胜任校刊编辑的职位。这位中学校长便说："你学的是编辑专业，但我们校刊是一份小报，我想多少有些大材小用。你大概是打算到我们那儿去积累经验，然后跳槽到大报纸去吧？"这名学生见校长笑容和蔼，没听出校长说这话的深意，也就没对这话作出反应，只是笑了笑。其实这学生本没有跳槽之意,他本来就喜欢像学校这样的简单环境,但校长看见他沉默的态度就以为他默认了自己的推测,于是马上把他否定了。

这个故事告诉我们在面试时一定要留个心眼,琢磨一下问题的"话外之音"。如果我们没有觉得自己在公司里受到"屈才",就及时表明立场,认真踏实地工作。而如果觉得公司太小,不适合自己的发展,就不要浪费自己和别人的时间,用更多精力来寻找适合自己发展的行业和公司。

做人要"降低"一个层次,做事要提高一个档次

做人要降低一个层次,不是让你的道德层次降低,也不是要你对自己的要求降低,而是要你对自己的"所得"降低。做事要提高一个档次,不是说收入的提高,而是标准的提高。

虽然生活中人们常说"一分辛劳就有一分收获",可是并不是所有的事情都能应验这样的结果。所以,付出多而回报少是再正常不过的事情。如果过分计较自己没得到的东西,那么我们就只能在痛苦中徘徊,而如果我们甘愿付出,对于任何事情都投入百分百的激情和认真,那么我们一定会把生活过得充实、快乐。

美国独立企业联盟主席杰克·弗雷斯从13岁起就在他父母的加油站工作。弗雷斯想学修车,但他父亲让他去前台接待顾客。当有汽车开进来时,弗雷斯必须在车子停稳前就站到司机门前,然后去检查油量、蓄电池、传动带、胶皮管和水箱。

弗雷斯注意到,如果他干得好的话,顾客大多会再来。于是,弗雷斯总是多干一些,帮助顾客擦去车身、挡风玻璃和车灯上的污渍。有一段时间,每周都有一位老太太开着她的车来清洗和打蜡。这辆车的车内踏板凹陷得很深,很

难打扫，而且这位老太太极难打交道。每次当弗雷斯给她把车清洗好后，她都要再仔细检查一遍，让弗雷斯重新打扫，直到清除掉所有的棉绒和灰尘，她才满意。

终于有一次，弗雷斯忍无可忍，不愿意再伺候她了，他的父亲告诫他说："孩子，记住，这就是你的工作！不管顾客说什么或做什么，你都要记住做好你的工作，并以应有的礼貌去对待顾客。"

父亲的话让弗雷斯深受触动，许多年以后仍不能忘记。弗雷斯说："正是在加油站的工作，使我学到了严格的职业道德和应该如何对待顾客，这些东西在我以后的职业生涯中起到了非常重要的作用。"

生活中，我们经常看到一些人自嘲：付出是那样的多，所得是那样的少。工作的积极性很差，认为自己的工作枯燥、卑微，轻视自己所从事的工作，无法全身心地投入工作。他们在工作中敷衍塞责、得过且过，将大部分心思用在如何才能最偷懒而又赚钱上，这样的人是不可能有很大的成就的。

过分计较个人得失，常常让我们的眼光只注意到利益的获得，而忽略了前进的方向，最终偏离了最初选择的轨迹。总是顾及自己面子的人，在刁钻的生活面前，也会显得无措。对自己的发展严格要求的人，无论做什么事情都会给自己提出高标准的要求，让自己用尽全力去做到最好。

所以，如果一个人想要成功，就不能一直把视线盯在自己的报酬上，不能只顾及自己的面子问题，而应该能够承受发展道路上的一切压力，冲破前进路上的任何阻力，用心思考怎样把工作做得完美。这样，我们才能离成功越来越近。

因此，我们在工作中要学会低调做人，高标做事。在我们的一生中，需要面对的只有两件事：一是学会做人，二是学会做事。低调做人，高标做事，是做人做事的理念。低调不意味着低俗、懦弱，而是一种谦逊的态度。低调做人，意味着在与人相处的过程中能够保持一种较低的姿态，不招摇，不显示自我，也意味着对他人要抱有一颗感恩的心，还意味着不会向对方提出过高的要求。这样才能时时受到欢迎和得到他人的尊重，并且拥有一个好的人缘。要学会做事，高标是关键。高标做事，不是张扬着让全世界都知道你在做什么，而是要以一种很高、很专业的姿态去做，认真地做好、做成功。能完成百分之百，就绝不只做百分之九十九，高标还意味着无论面对什么事情，都要有积极和自信的心态。好的心态和态度是事情成功的最重要因素。只有这样才能称得上是高标做事。当然，想要做好任何事情的前提是要学会做人。如果我们每个人都能时时以"低调做人，高标做事"的标准来要求自己，那么，我们就已经向成功迈出了坚实的一步！

如何才能使自己的事业风生水起？如何才能在单位里脱颖而出？如何才能尽快获得提职晋升诸如此类问题，是我们每一位职场中人都时刻关注，并苦苦思索的问题。经过无数的事实证明：成功没有捷径，要想在事业上有所成就，就一定要记住：低调做员工，高标做工作。因为这是优秀员工标志。美国金融界的杰出人士罗赛尔·赛奇曾经说过：单枪匹马、既无阅历又无背景的年轻人起步的最好方法：第一，谋求一个职位；第二，珍惜每一份工作；第三，养成忠诚敬业、高标做事的习惯；第四，认真仔细观察和学习，为人要谦虚、低调。

天地之间的高度只有3尺

被称作美国之父的富兰克林有一句名言："人，要昂首天下，但也要时时记得低头！"

有一则小幽默，女孩问向她求爱的男孩："你知道天有多高，地有多厚吗？"男孩想了一下说："嗯……不知道。"女孩轻蔑一笑："哼，又是一个不知天高地厚的家伙。"看似一个不经意的笑话，却可以引发我们对于天地之间高度的探索，那么到底天与地之间的距离是多少呢？

古希腊的时候，有人曾问苏格拉底："你是天下最有学问的人，那么你说天与地之间的高度是多少？"苏格拉底毫不迟疑地说："3尺！"那人疑惑了："我们每个人都有5尺高，天与地之间只有3尺，那还不把天戳个窟窿？"苏格拉底笑着说："所以，凡是高度超过3尺的人，就要懂得低头啊。"

天地间的高度不过3尺，可是年轻人的个头大都超过5尺，为了能够在天地之间生存，我们每个人都应该学会低头，学会以低调的姿态面对人生。可是，年轻人的身上总是有着"初生牛犊不怕虎"的气势，总是会摆出一副天不怕、地不怕的模样，所以即使是在强势的生活考验之下，我们也不会心甘情愿地低下"高贵"的头颅。

生活，有时候就像一个淘气鬼，总是喜欢捉弄不懂得生存法则的孩子。所以，如果我们在严峻的生活考验之下还不懂得低头，那么无疑我们会受到生活给予的各种各样的严厉惩罚。

富兰克林年轻时曾去拜访一位前辈。年轻气盛的他，昂首挺胸迈着大步，一进门就撞在门框上。迎接他的前辈见此情景，笑笑说："很疼吗？可这将是你今天来访的最大收获。一个人活在世上，就必须时刻记住要适时低头。"

这让人很自然地想起了苗家人房屋建筑的特点。一个不大的屋子里面可以有几十个房檐和门槛，平日里，苗寨里的乡亲们就背着沉甸甸的大背篓从外面穿过这些房檐和门槛走进来。虽然障碍如此之多，可从来没有人因此撞到房檐或者是被门槛绊倒，而外乡人初至，即使是空手走在这样的屋子里也会经常碰头或跌跤。一位苗家老人常常告诫初来的外乡人，要想在这样的建筑里行走自如，就必须牢记：可以低头，但不能弯腰。低头是为了避开上面的障碍，看清楚脚下的门槛，而不弯腰则是为了有足够的力气承担起身上的背负。

老人对富兰克林的告诫其实也是对人生的形象比喻。苗家建筑也好比人生，一路上充满了房檐和门槛，一个不大的空间里到处都是磕磕绊绊，而人们肩膀上那个沉沉的背篓里装满了做人的尊严。背负着尊严走在高低不同、起伏不定的道路上，必须时刻提防四周的危险，还要时刻提醒自己：头要低，腰须挺。

所以，在3尺高的天地之间低头前行，并不是一件丢脸的事，而是一种智慧、一种境界。尤其是在社会竞争如此激烈的今天，我们需要面对的东西太多，需要注意的事情也太多：想要工作出色，需要花费心力；想要家庭和睦，需要付出；想要有更大的发展，更要学会在曲折中保存实力……而并不是所有的事情都是一帆风顺的，上司可能不理解你对于工作的构想；父母可能不理解你的人生选择；同事之间可能一直矛盾重重；连爱人之间也可能不停地产生误会……

面对生活，我们的确需要忍耐，需要低头。生命的负载太多，人生的负载太沉，低一低头，就可能卸去多余的沉重。比如面对别人的不解，低一低头，虽然不一定能赢得别人的谅解和信任，但是最起码可以除去不必要的纠纷。

但是，并不是说低头就要放弃做人的尊严。我们经常误认为，向别人低头，就等于自己的尊严受挫。其实并不是这样的。低头，是在挫折中保存自己的智慧，是在没有必要的纷争中保护自己的一种能力，是一种豁达。可是，现实生活中，并不是所有的人都具有低头的勇气，结果不是碰壁，就是触网，在生活的挫折中饱受煎熬。其实，年轻人何必总是一副宁死不屈的倔强样子呢？低一低头，多给自己一次机会，岂不是更好？

鹤立鸡群被鸡啄

有句话说得好："出头的椽子先烂。"这确实是客观世界中不争的事实。出头椽子，总是比不出头的椽子要承受更多的风吹雨打，日复一日，年复一年，自然也比别的椽子要腐烂得早。同样的道理也适用于我们的生活，那些喜欢高调地炫耀自己的成就的人，往往更容易遭到别人的嫉妒，要承受更多的舆论压力。所以，人们在风光尽显之时，一定要学会用低调的盾甲保护自己，否则，就有可能将自己置于危险的境地。

西汉有位官员叫杨恽，重仁义、轻财物，为官廉治奉法，大公无私。可正当他官运亨通、春风得意的时候，有人嫉妒他位高名显，便在皇帝面前告了他一状，说他对皇帝陛下心怀不满，表现得那么出色是为了笼络人心，图谋不轨。

皇帝当然厌恶有人和他唱对台戏，尤其不能忍受别人意图谋权篡位。经人这么一告发，皇帝气得顾不上调查，就把杨恽贬为平民。

原先做官时，杨恽就想添置家产，但是怕别人说他不廉政，现在下野了，反倒乐得轻松。他以置办财产为乐，在每天忙忙碌碌的劳动中得到快慰。

他的好朋友孙会宗听说了这件事，感到可能会闹出大事来，就写了一封信给杨恽，信里说："大臣被免掉了，应该关起门来表示'心怀惶恐'，装出可怜的样子，免得人家怀疑。你不应该置办家产，搞公共关系，这样容易引起人们的非议。让皇帝知道了，不会轻易放过你的。"

杨惮很不服气，回信给老朋友说："我自己认为确实有很大的过错，德行也有很大的污点，理应一辈子做农夫。农夫很辛苦，没有什么快乐，但在过年过节杀牛宰羊，喝喝酒、唱唱歌，来慰劳自己，总不会犯法吧！"虽然说"身正不怕影子歪"，可是人心叵测，就是有人把他视为眼中钉、肉中刺，再一次向皇帝告发，说杨惮被免官后，不思悔改，生活腐化。而且，最近出现一次不吉利的日食，也可能是由他造成的。

皇帝大惊，急忙下令迅速将杨惮缉拿归案，以大逆不道的罪名将他腰斩，还把他的妻儿子女流放到酒泉。

如果你已经从高处跌向低谷，就应该适应低处的环境，调整自己处世的方式。即使你是一只"鹤"，如果已经进入了"鸡群"，也要懂得低下你长长的脖子。

通常情况下，我们所说的"鹤立鸡群"包含两层含义：第一种是为人优秀，在人群里非常引人注目。这样的人很容易吸引众人的目光，也很容易发达，可是也会因为注意的人太多而要承受过多的压力，遭人嫉妒或者平增许多莫须有的罪名，让你的精神备受打击。同样的错误，放在别人身上也许会被原谅，可是放到优秀的人身上就会被无限放大甚至招来祸端；同样的事情，别人可以轻松去做、去享受，而当很受人关注的人也去做的时候，就会被人指点和批评。因此，越是春风得意之时，就越要经常反躬自省、不显不露、低头做人，只有这样才能减少别人投放在我们身上的目光，减少自己所承担的压力，让自己的生活变得轻松。

第二层含义是，曾经是鹤，被无情打压和排挤过后，失去了先天的优势，不得不在鸡群里委屈地生活。也许你会觉得，自己的经历完全可以应付现在平淡的生活，也完全可以在"鸡群"里崭露头角，可是不要忘记，人们总是习惯于从自己的利益角度来看事物。如果你做了伤害他们利益的事情，他们就会用你曾经的经历作为把柄来进行攻击，毕竟在他们的眼里，你已经风光不再，甚至还到处都是敌人。所以，即使是落井下石，他们也不会介意。

不管是哪一种状况，只要是鹤立鸡群，鹤永远都是处于苦难的边缘。只有学会低调，不让别人感觉到你是异类，才能逃离一些不必要的折磨，安心地过属于自己的生活。

矮人一截不等于低人一等

低调的人虽不张不扬、不温不火，内心却自信自尊，他们"上交不谄，下交不渎"，以一种独特的风范维护着自己的尊严。

这里说的"矮人一截"里面的"矮"，并不是指个头，而是指低调做人，是取得成就时的不张扬，与人发生冲突时的忍让，帮助别人时的不炫耀，在人群中的不显露……低调做人者不显山、不露水，不让别人觉得自己"高人一等"，但也不会因为自己的忍耐和退让而让人觉得他们就是"低人一等"，他们会用自信、自尊来维护自己的尊严。

如今已是某保险公司股东会成员之一的赵丽回忆起她的成功经历时说，她所卖出的数额最大的一张保单不是在她经验丰富后，也不是在觥筹交错中谈成的，而是在她第一次推销的时候。

晨光电子是赵丽所在市最大的一家合资电子企业，向这样的企业进行推销，赵丽不免有些胆怯，毕竟这是她的第一次推销。然而，再三思虑后，她还是壮着胆子进去了。当时，整个楼层只有外方经理在。

"你找谁？"他的声音很冷漠。

"您好，我是保险公司的业务员，这是我的名片。"赵丽双手递上名片，心里有些发虚。

"推销保险？今天已经是第三个了。谢谢你，或许我会考虑，但现在我很忙。"老外的发音直直的，像线一样，听不出任何感情色彩。

赵丽本来也不指望那天能卖出保险，所以毫不犹豫地说了声"sorry"就离开了。

如果不是她走到楼梯拐角处时下意识地回了一下头，或许她就这么走了，以后也不会有任何事情发生。

赵丽回了一下头，看见自己的名片被那个老外一撕，扔进了废纸篓里。赵丽感到非常气愤，于是她转身回去，用英语对那个老外说："先生，对不起，如果您不打算现在考虑买保险的话,请问我可不可以要回我的名片?"

老外的眼中闪过一丝惊奇,旋即平静了,耸耸肩问她:"Why?"

"没有特别的原因,上面印有我的名字和职业,我想要回来。"

"对不起,小姐,你的名片让我不小心洒上墨水,不适合还给你了。"

"如果真的洒上墨水,也请您还给我好吗?"赵丽看了一眼废纸篓。

片刻,他仿佛有了好主意:"Ok,这样吧,请问你们印一张名片的费用是多少?"

"五毛,问这个干什么?"赵丽有些奇怪。

"Ok,Ok。"他拿出钱夹,在里面找了片刻,抽出一张一元的:"小姐,真的很对不起,我没有五毛零钱,这张钞票算我赔偿你的名片,可以吗?"

赵丽想夺过那一块钱,撕个稀烂,告诉他她不稀罕他的破钱,告诉他尽管她是做保险推销的,可也是有人格的。但是,她忍住了。

她礼貌地接过那一元钱,然后从包里抽出一张名片给了他:"先生,很对不起,我也没有五毛的零钱,这张名片算我找给您的钱。请您看清我的职业和我的名字,这不是一个适合进废纸篓的职业,也不是一个应该进废纸篓的名字。"

说完这些,赵丽头也不回地转身走了。

没想到,第二天赵丽就接到了那个外方经理的电话,约她去他公司。

赵丽几乎是趾高气扬地去了,打算再次和他理论一番。但是,他告诉赵丽的是,他打算从她这里为全体职工购买保险。

赵丽不卑不亢的做法最终使她赢得了外方经理的尊重,也书写了大大的"人"字。她并没有看到别人有地位、有金钱就不自觉地矮人一截,甚至将侵犯人格的举动视而不见,而是让对方明白了尊严的真正意义。因为自重,她赢得了尊重!

低调的人就是这样,他们能够正确认识、分析自我,明白自己的优势和劣势,不以自己的短处与人家的长处相比,更不以自己的劣势与人家的优势相论。他们能摆正自己的位置,摆脱"低人一等"的心理,发挥自己的所长,以平常之心对待,显出足够的自信,从而在处世过程中从容自如、游刃有余。

为什么小丑有时比主角更受欢迎

如果你丢不开面子，放不下尊严，没办法打破生涩，扮演不了在众人的嬉笑中不断进步的小丑，那么你只能成为生活的看客。

观看舞台剧，人们总是为了小丑的滑稽表演而欢呼。人们对于小丑的喜爱，有时候更多于对帅气的王子和美丽的公主的喜爱，这是为什么呢？

法国一家马戏团的经营者说："小丑的角色并不是很容易就能够扮演的，他需要表演者打破羞涩，敢于出丑。只有把观众逗乐了，你才是成功的，否则你就注定会失败。"敢于出丑是小丑表演者的必备因素，可能也是我们最为之心动的因素：我们喜欢小丑，是因为小丑的身上寄托了很多日常生活中我们不敢去做的事情。

在生活中，人们都想使自己表现得聪明，都怕在众人面前出丑。这似乎是截然对立的两件事，聪明人绝不会出丑，出丑的人必然是笨蛋。然而，事实并非如此，并不是你不出丑就能变得聪明，也不是你不出丑就能获得成功。比如滑稽的小丑，虽然丑态百出，却能赢得观众赞许的掌声。所以，不要害怕出丑，也不要因为一时的出丑而觉得难堪、愧疚，因为只有勇于出丑，我们才能增加对自己的磨炼，才能离成功更近。

罗茜读书时网球打得不好，所以老是害怕打输，不敢与人对垒，至今她的网球技术仍然很蹩脚。罗茜有一个同班同学，开始时她的网球比罗茜打得还差，但她不怕被人打下场，越输越打，后来成了令人羡慕的网球手，成了大学网球代表队队员。

聪明令人羡慕，出丑总使人感到难堪。但聪明是在无数次出丑中练就的，不敢出丑，就很难聪明起来。

那些勇敢地去干他们想干的事的人是值得赞赏的，即使有时在众人面前出了丑，他们还是洒脱地说："哦，这没什么！"就是这么一类人，他们还没学会反手球和正手球，就勇敢地走上网球场；他们还没学会基本舞步，就走下舞池寻找舞伴；他们甚至没有学会屈膝或控制滑板，就站上了滑道。

艾米只会说一点点可怜的法语，她却毅然飞往法国去做一次生意旅行。虽然人们曾告诫她：巴黎人对不会讲法语的人是很看不起的，但她坚持在展览馆、在咖啡店、在爱丽舍宫用法语与每个人交谈。她不怕结结巴巴，不怕语塞、出丑吗？一点也不。因为艾米发现，当法国人对她使用的虚拟语气大为震惊之后，许多人都热情地向她伸出手来，为她的"生活之乐"所感染，从她对生活的努力态度中得到极大的乐趣。他们为艾米喝彩。

不怕出丑的人还包括那些学习对他们来说并不容易的新学问的人。生活中有些人由于不愿成为初学者，就总是拒绝学习新东西。他们因为害怕"出丑"，宁愿放弃机会，限制自己的乐趣，禁锢自己的生活。

若要改变自己的生活，就必须冒出丑的风险，除非你决心在一个地方、一个水平上"钉死"了。不要担心出丑，否则你就会毫无出息，而且更重要的是，即使你不出丑，你同样不会心绪平静、生活舒畅，你会在囿于静止的生活与时时渴望变化的矛盾中饱受痛苦煎熬。我们也许应该记住这一点，由于我们害怕出丑，也许会失去许多生活机会而长久地感到后悔。我们应该记住法国一句成语："一个从不出丑的人并不是一个他自己想象的聪明人。"

破碎的葡萄成就红酒的美丽

玫瑰开得正旺的季节，将它们采摘回来，风干，压平，夹在书页当中，那么这一份玫瑰的清香就能够一直保存。

美国作家威廉·杨格曾说："一串葡萄是美丽、静止与纯洁的，但它只是水果而已；一旦压榨后，它就变成了一种动物，因为它变成酒以后，就有了动物的生命。"为了成就红酒的美丽，晶莹的葡萄需要将自己的身体弄碎，经历压榨

第八章
今天低头，明天才能抬头

的折磨。可是如果它不做这样的自我牺牲，虽然也可能绚烂一时，却避免不了烂于树上的悲惨结局。这和我们的生活有很多共同之处。

人的一生中，总会遇到各种各样不尽如人意的事情，无论是来自自身的，还是来自外界的，都会令你烦闷不堪。一个人，如果想要成就一番事业，就必须面对挫折，学会忍辱负重，以坚忍不拔之气克服重重障碍，直至把生命磨炼到最美的状态。

西汉时期，北方匈奴冒顿单于执政时，国力衰弱。东胡国王想趁机灭掉匈奴，便故意找碴儿。他听说匈奴有一匹千里马，便派使者来索要。冒顿单于知道东胡国的阴谋，对手下愤愤不平的群臣说："东胡跟我国十分友好，所以才向我们索要宝马，我们怎么能因为一匹马而影响与邻国的关系呢？"于是，他将宝马拱手送给东胡。

东胡国王一计不成，又生一计，派使者索要冒顿的妻子为妃。这个要求太过分了，就算一个普通男人，也不能忍受这般蛮横无理的羞辱啊！匈奴的文臣武将忍无可忍，表示要好好教训一下东胡。冒顿却十分冷静，对那些喊打喊杀的臣子们说："天下女子多的是，东胡却只有一个。为了与东胡国睦邻友好，我愿意献出我的妻子。"

东胡国王得到宝马与美妻后，暂时没再给冒顿找麻烦。趁此时机，冒顿励精图治，国力渐强。东胡国王顿感不安，又来挑衅，又派使者求见冒顿，说："你我两国边境之间有块空地，有一千多里，你匈奴也到不了那里，把这块地送给我吧。"冒顿又问左右大臣该如何。左右大臣们见冒顿从前事事懦弱忍让，全无斗志，便说："这本来就是块无用的土地，送给他也无所谓。"

冒顿闻言大怒，说道："土地是国家的根本，怎么能把土地送给别人？"凡是说可以把地给东胡的大臣都被他斩首，然后传令集中兵马，迟到者一律斩首，他亲率大军袭击东胡。

东胡素来轻视匈奴，全然不加防备，冒顿一举消灭了东胡，把东胡占为己有。

冒顿如果为一时之气，贸然动手，匈奴可能早早就被灭掉。所以，即使东胡国一而再、再而三地挑衅和欺压，冒顿也只是退让低头。退让不是目的，退让的同时暗自加强自己国家的实力，为自己能一举消灭东胡而忍气吞声。

被压榨并不可怕，可怕的是容忍不了别人压榨自己，不管自己的实力多么弱小，都想和别人争个鱼死网破，结果自己只能像高挂枝头的葡萄，成不了芳香的红酒，而只能很快地腐烂。生活中，我们不要害怕一时的压榨，相信自己，低头过后，将会收获更多东西。

为什么到处都是有才华的失败者

有才华的人总是比普通人更容易失败，不是上天嫉妒有才华的人，不给他们机会，而是有才华的人把自己看得太高，才会摔得更重。

世界上有很多非常优秀的人，但他们总是一事无成、碌碌无为，在失意的煎熬中痛苦地生活。为什么到处都是有才华的失败者呢？因为他们总是把目光投向天空，却把双手揣在口袋中，自视甚高。其实，只要他们谦逊一点、踏实一些，稍微低一下头，人生之路就会不一样。

杨修是曹操门下掌库的主簿，博学能言，智识过人。有一回，塞北送来一盒酥孝敬曹操，曹操没有吃，只是在礼盒上亲笔写了三个字"一合酥"，径直出去了。屋里有的不明白曹丞相的意思，不敢妄拿妄动。这时正好杨修进来看见了，便堂而皇之地走向案头，打开礼盒，把酥饼一人一口地分着吃了。曹操进来见大家正在吃他案头的酥饼，脸色一变，问："为何吃掉了酥饼？"杨修上前答道："我们是按丞相的吩咐吃的。丞相在酥盒上写着'一人一口酥'，分明是赏给大家吃的，难道我们敢违背丞相的命令吗？"曹操见这个杨修识破了他的心意，表面上乐哈哈地说"讲得好，吃得好，吃得对"，其实内心已对杨修徒生厌恶之情了。

可杨修还以为曹操真的欣赏他，所以不但没有丝毫的收敛，反而把心智用在捉摸曹操的言行上，并不分场合地耍弄自己的小聪明。

曹操为人奸狡，且疑心很重，总害怕别人暗中谋害自己，故曾吩咐左右："我在梦中好杀人，只要我睡着了，你们千万不要走近我。"一次，曹操白天在

第八章
今天低头，明天才能抬头

军帐中小憩，不慎将被子蹬到地上，一个值勤的侍卫赶紧过来捡起被子给曹操盖上。不想此时曹操从床上一跃而起，拔出宝剑一挥，将近侍杀死，又上床睡觉了，在场的人谁也不敢言语。过了半晌，曹操醒来，见一近侍躺在血泊中，装作大惊失色的样子，问："什么人杀了我的近侍？"大家以实情相告，曹操悔恨梦中杀人，痛哭流涕，并命人厚葬了这位侍卫。

杨修则不这样认为，在为那位近侍举行葬礼时，指着近侍的棺材说："不是丞相在梦中，而是你在梦中啊！"

杨修能破解曹操的谜题、看透曹操的心思并不奇怪，因为他从小就智力过人，博学多才，上知天文，下懂地理，他的才华高人一等。可是，他心气太高，太爱表现自己，终究为自己的一生编写了悲剧性的结局。

杨修最后一次显露聪明是曹操自封为魏王之后。那次，曹操引兵与蜀军作战，战事失利，进退不能，是进是退，当时曹操心中犹豫不决。此时厨子呈进鸡汤，曹操看见碗中有鸡肋，因而有感于怀，觉得眼下的战事有如碗中之鸡肋，"食之无肉，弃之可惜"。他正沉吟间，夏侯惇入帐禀请夜间号令，曹操随口说："鸡肋！鸡肋！"夏侯惇传令众官，都称"鸡肋"。杨修见传"鸡肋"二字，便教随行军士各自收拾行装，准备归程。于是，寨中各位将领，无不准备归计。当夜曹操心乱，不能入睡，就手按宝剑，绕着军寨独自行走，只见夏侯惇寨内军士各自准备行装。曹操大惊，我没有下达撤军命令，谁竟敢如此大胆，做撤军的准备？他急忙召见夏侯惇，夏侯惇说："主簿杨修已经知道大王想撤退的意思。"曹操叫来杨修问他怎么知道，杨修就以鸡肋的含义对答。曹操一听大怒，说："怎敢造谣乱我军心！"不由分说，叫来刀斧手把杨修推出去斩了，把首级悬在辕门外。曹操终于寻得机会除掉了杨修，杨修也终于聪明反被聪明误，断送了自己的一生。

凭借杨修的才华，玩文字游戏或者猜别人心思都是很简单的事情，但他过于热衷在人前显示，让众人都来称赞自己，结果还没来得及让自己的才华得到更多的展现，就因"鸡肋"事件葬送了自己的性命。这样一个才华横溢的年轻人，非但没有因为自己才华出众而大展宏图，反而因为在明争暗斗的官场中不懂得适时低头，毁掉了自己的锦绣前程。

可是杨修的死并没有惊醒世人，在现实生活中，有才华的失败者比比皆是。很多刚毕业的年轻人，在学校里成绩优异，可是走上社会后却处处受阻，似乎所有人都在跟他作对。其实，并不是周围的人太苛刻，也并非没有机遇，而是因为他们自认为自己很有才华，就过于张扬，唯恐别人看不到自己的聪明才智。

　　人群里的生存法则，向来都是谁出头谁就难免遭受打击。所以，当有才华的人开始刻意表现自己的时候，就注定了要承受更多的舆论压力和其他更多的外在压力。有一些有才华的人甚至为了表现自己而把别人踩在脚下，那么他们一定会遭到别人加倍的嫉妒和报复。

　　所以，社会不是排挤有才华的人，而是要让他们学会保护自己，低调处世，不要总想着表现自己而忽略了别人的感受。只有学会低调，有才华的人才能成为最终的胜利者。

第九章

知道自己要去哪儿,全世界都会为你让路

没有梦想，何必远方

当一个人明白他想要什么并且坚持自己的理想，那么整个世界都将为他让路。

他生长在一个普通的农户家里。家里很穷，他很小就跟着父亲下地种田。在田间休息的时候，他望着远处出神。父亲问他想什么？他说，将来长大了，不要种田，也不要上班，每天待在家里，等人给他寄钱。

父亲听了，笑着说："荒唐，你别做梦了！我保证不会有人给你寄。"

后来他上学了。有一天，他从课本上知道了埃及金字塔的故事，就对父亲说："长大了我要去埃及看金字塔。"父亲生气地拍了一下他的头说："真荒唐！你别总做梦了，我保证你去不了。"

十几年后，少年成了青年，考上了大学，毕业后做了记者，每年都出几本书。他每天坐在家里写作，出版社、报社给他往家里邮钱，他用邮来的钱到埃及旅行。他站在金字塔下，抬头仰望，想起小时候爸爸说的话，心里默默地对父亲说："爸爸，人生没有什么能被保证！"

他，就是台湾最受欢迎的散文家林清玄。那些在他父亲看来十分荒唐不可能实现的梦想，在十几年后都被他变成了现实。为了实现这个梦想，他十几年如一日，每天早晨4点就起床看书写作，每天坚持写3000字，一年就是100多万字。靠坚持不懈的奋斗，他终于实现了自己的梦想。

如果轻易放弃，梦想就只能是梦想；只有坚持到底，梦想才不仅仅是梦想。只有无论如何都不放弃梦想的人，才有可能让美梦成真。许多人之所以不能实现梦想，并不是因为梦想太高，而是太容易就轻易放弃。

一位小学教师给他的学生布置了一个作业：写一个报告，题目是《我的梦想》。

其中有一位小男孩，洋洋洒洒写了9张纸，描述他的伟大志愿。他想拥有一座属于自己的牧马农场，并且仔细地画了一张200亩农场的设计图，上面认真地标有马厩、跑道等的位置，然后在这一大片农场中央，还要建一栋占地

4000平方英尺的豪宅。

他花了很多心血才把这份报告做出来，第二天交给了老师。然而，三天后当他拿回报告翻开一看：第一页上打了一个又红又大的叉，旁边还有一行字："下课后来见我。"

小男孩下课后带着报告去见老师："为什么我的报告是不及格的？"

老师回答道："你年纪虽然小，但也不要老做白日梦。你们家里没有钱，也没有雄厚的家庭背景，什么都没有。盖农场是需要花很多钱的大工程，你要花钱买地，花钱买纯种马匹，花钱照顾它们，所以你的志愿是不可能实现的。因此，我建议你再写一个比较不离谱的志愿，我会重新给你分数的。"

这个男孩回到家后征询父亲的意见。父亲只是告诉他："儿子，这个决定对你来说非常重要，你必须自己拿主意。"

于是这个小男孩再三考虑后，决定将原稿交回，一个字都不改。他告诉老师："即使是不及格，我也不放弃梦想。"

几十年后，当老师到小男孩的牧场做客的时候，他才知道小男孩没有放弃自己的梦想是对的。

有位哲人说："世界上一切的成功、一切的财富都始于一个意念！始于我们心中的梦想！"也就是说，成功其实很简单：你先有一个梦想，然后努力经营自己的梦想，不管别人说什么，都不放弃。

停下匆匆赶路的脚步，倾听内心的声音

很多时候，我们的内心都为外物所遮蔽、掩饰，浮躁的心态占领了我们的整颗心，因此在人生中留下许多遗憾：在学业上，由于我们还不会倾听内心的声音，所以盲目地选择了别人为我们选定的、他们认为最有潜力与前景的专业；

在事业上，我们故意不去关注内心的声音，在一哄而起的热潮中，我们也去选择那些最为众人看好的热门职业；在爱情上，我们常因外界的作用扭曲了内心的声音，因经济、地位等非爱情因素而错误地选择了爱情对象……我们都是现代人，现代人惯于为自己作各种周密而细致的盘算，权衡着可能的各种收益与损失，但是，我们唯一忽视的，便是去听一听自己内心的声音。

一位长者问他的学生："你心目中的人生美事为何？"学生列出"清单"一张：健康、才能、美丽、爱情、名誉、财富……谁料老师不以为然地说："你忽略了最重要的一项——心灵的宁静，没有它，上述种种都会给你带来可怕的痛苦！"

繁忙紧张的生活容易使人心境失衡，如果患得患失，不能以宁静的心灵面对无穷无尽的诱惑，我们就会感到心力交瘁或迷惘躁动。

唯有心灵宁静，才不眼热权势显赫，不奢望金银成堆，不乞求声名鹊起，不羡慕美宅华第，因为所有的眼热、奢望、乞求和羡慕，都是一厢情愿，只能加重生命的负荷，加剧心力的浮躁，而与豁达康乐无缘。

我们很忙，行色匆匆地奔走于人潮汹涌的街头，浮躁之心油然而生，这也是我们不去倾听内心声音的一个缘由。我们找不到一个可以冷静驻足的理由和机会。现代社会在追求效率和速度的同时，使我们作为一个人的优雅在逐渐丧失。那种恬静如诗般的岁月于现代人已成为最大的奢侈和批判对象。内心的声音，便在这种繁忙与喧嚣中被淹没。物的欲望在慢慢吞噬人的性灵和光彩，我们留给自己的内心空间被压榨到最小，我们狭隘到已没有"风物长宜放眼量"的胸怀和眼光。我们开始患上种种千奇百怪的心理疾病，心理医生和咨询师在我们的城市也渐渐走俏，我们去求医、去问诊，然后期待在内心喑哑的日子里寻求心灵的平衡。

老街上有一位老铁匠。由于早已没人需要打制铁器，现在他改卖铁锅、斧头和拴小狗的链子。他的经营方式非常古老和传统，人坐在门内，货物摆在门外，不吆喝，不还价，晚上也不收摊。你无论什么时候从这儿经过，都会看到他在竹椅上躺着，手里是一个半导体，身旁是一把紫砂壶。

他的生意也没有好坏之说。每天的收入正够他喝茶和吃饭。他老了，已不再需要多余的东西，因此他非常满足。

一天，一个文物商从老街上经过，偶然看到老铁匠身旁的那把紫砂壶，因为那把壶古朴雅致，紫黑如墨，有清代制壶名家戴振公的风格。他走过去，顺

第九章
知道自己要去哪儿，全世界都会为你让路

手端起那把壶。

壶嘴内有一记印章，果然是戴振公的，商人惊喜不已。因为戴振公在世界上有捏泥成金的美名，据说他的作品现在仅存3件，一件在美国纽约州立博物馆里；一件在台湾故宫博物院；还有一件在泰国某位华侨手里，是1993年在伦敦拍卖市场上以16万美元的拍卖价买下的。

商人端着那把壶，想以10万元的价格买下它。当他说出这个数字时，老铁匠先是一惊，后又拒绝了，因为这把壶是他爷爷留下的，他们祖孙三代打铁时都喝这把壶里的水，他们的汗也都来自这把壶。

壶虽没卖，但商人走后，老铁匠有生以来第一次失眠了。这把壶他用了近60年，并且一直以为是把普普通通的壶，现在竟有人要以10万元的价钱买下它，他转不过神来。

过去他躺在椅子上喝水，都是闭着眼睛把壶放在小桌上，而现在把茶壶放到桌上后，他总要坐起来再看一眼，这让他非常不舒服。特别让他不能容忍的是，当人们知道他有一把价值连城的茶壶后，蜂拥而至，有的问还有没有其他的宝贝，有的开始向他借钱，更有甚者，晚上悄悄跑到他家里，想偷走这把壶。他的生活被彻底打乱了，他不知该怎样处置这把壶。

当那位商人带着20万元现金，第二次登门的时候，老铁匠再也坐不住了。他招来左右店铺的人和前后邻居，拿起一把斧头，当众把那把紫砂壶砸了个粉碎。

现在，老铁匠还在卖铁锅、斧头和拴小狗的链子，据说他已经102岁了。

宁静可以沉淀出生活中许多纷杂的浮躁，过滤出浅薄粗俗等人性的杂质，可以避免许多鲁莽、无聊、荒谬的事情发生。宁静是一种气质、一种修养、一种境界、一种充满内涵的悠远。安之若素，沉默从容，往往要比气急败坏、声嘶力竭更显涵养和理智。

人生有主见，青春不迷茫

比塞尔是西撒哈拉沙漠中的一颗明珠，每年都会有数以万计的旅游者来到这儿。可是在肯·莱文发现它之前，这里还是一个封闭落后的地方。这儿的人没有一个走出过大漠，据说，不是他们不愿离开这块贫瘠的土地，而是尝试过很多次都没能走出去。

肯·莱文当然不相信这种说法。他用手语向这儿的人问原因，结果每个人的回答都一样：从这儿无论向哪个方向走，最后还是转回到出发的地方。为了证实这种说法，他做了一次试验，从比塞尔村向北走，结果三天半就走了出来。

比塞尔人为什么走不出来呢？肯·莱文非常纳闷，最后只得雇一个比塞尔人，让他带路，看看到底是怎么回事？他们带了半个月的水，牵了两峰骆驼，肯·莱文收起指南针等现代设备，只挂一根木棍跟在后面。

十天过去了，他们走了大约800英里的路程，第十一天早晨，果然又回到了比塞尔。

这一次，肯·莱文终于明白了，比塞尔人之所以走不出大漠，是因为他们根本就不认识北斗星。在一望无际的沙漠里，一个人如果凭着感觉往前走，他会走出许多大小不一的圆圈，最后的足迹十有八九是一把卷尺的形状。比塞尔村处在浩瀚的沙漠中间，方圆上千公里没有一点参照物，若不认识北斗星又没有指南针，想走出沙漠，确实是不可能的。

肯·莱文在离开比塞尔时，带了一位叫阿古特尔的青年，就是上次和他合作的人。他告诉这位汉子，只要你白天休息，夜晚朝着北面那颗星走，就能走出沙漠。阿古特尔照着去做了，三天之后果然来到了大漠的边缘。阿古特尔因此成为比塞尔的开拓者，他的铜像被竖在小城的中央。铜像的底座上刻着一行字：新生活是从选定方向开始的。

正如上述例子的最后一句话，人生也同样如此。人生自然有自我存在的价值，选择一个目标，就等于明确了人生的方向，这样才不至于迷失。

第九章
知道自己要去哪儿，全世界都会为你让路

一个人如果没有自己的人生观，没有人生的方向，没有确定自己活着究竟要做一个什么样的人、做什么事，只是跟着环境在转，这就犯了庄子所说的"所存于己者未定"的毛病，那将是人生最悲哀的事。

一个辉煌的人生在很大程度上取决于人生的方向，个人的幸福生活也离不开方向的指引。确立人生的方向是人一生中最值得认真去做的事情。你不仅需要自我反省、向人请教"我是什么样的人"，还需要很清楚地知道"我究竟需要什么"，包括想成就什么样的事业、结交什么样的朋友、培养和保留什么样的兴趣爱好、过一种什么样的生活。这些选择是相对独立的，但却是在一个系统内的，彼此是呼应的，从而共同形成人生的方向。

摩西奶奶是美国弗吉尼亚州的一位农妇，76岁时因关节炎放弃农活，这时她给了自己一个新的人生方向，开始学习她梦寐以求的绘画。80岁时，她到纽约举办画展，引起了意外的轰动。她活了101岁，一生留下绘画作品600余幅，在生命的最后一年还画了40多幅。

不仅如此，摩西奶奶的行动也影响到了日本大作家渡边淳一。渡边淳一从小就喜欢文学，可是大学毕业后，他一直在一家医院里工作，这让他感到很别扭。马上就30岁了，他不知该不该放弃那份令人讨厌却收入稳定的工作，转而从事自己喜欢的写作。于是他给耳闻已久的摩西奶奶写了一封信，希望得到她的指点。摩西奶奶很感兴趣，当即给他寄了一张明信片，上面写了这么一句话："做你喜欢做的事，上帝会高兴地帮你打开成功之门，哪怕你现在已经80岁了。"

人生是一段旅程，方向很重要。只有掌握了自己人生的方向，每个人才可以最大化地实现自己的价值，正如例子里的摩西奶奶和渡边淳一。

找到人生方向的人是快乐的，他们的生活与他们所向往的人生方向是相一致的，这样的生活也让他们的生命更加有意义。

起点低不要紧，有想法就有地位

不可否认，因为出生背景、受教育程度等各方面原因，每个人的起点难免有高低之分，但是起点高的人不一定能将高起点当作平台，走向更高的位置。起点低也不怕，心界决定一个人的世界，有想法才有地位。20几岁的年轻人首先要渴望成功，才会有成功的机会。

《庄子》开篇的文章是"小大之辩"。说北方有大海，海中有一条叫作鲲的大鱼，宽几千里，没有人知道它有多长。又有一只鸟，叫作鹏。它的背像泰山，翅膀像天边的云，飞起来，乘风直上九万里的高空，超绝云气，背负青天，飞往南海。蝉和斑鸠讥笑说："我们愿意飞的时候就飞，碰到松树、檀树就停在上边；有时力气不够，飞不到树上，就落在地上，何必要高飞九万里，又何必飞到那遥远的南海呢？"

那些心中有着远大理想的人往往不能为常人所理解，就像目光短浅的麻雀无法理解大鹏鸟的鸿鹄之志，更无法想象大鹏鸟靠什么飞往遥远的南海。因而，像大鹏鸟这样的人必定要比常人忍受更多的艰难曲折，忍受更多的心灵上的寂寞与孤独。他们要更加坚强，并把这种坚强潜移到自己的远大志向中去，这就铸成了坚强的信念。这些信念熔铸而成的理想将带给大鹏一颗伟大的心灵，而成功者正脱胎于这种伟大的心灵。尤其是起点低的人，更需要一颗渴望成功的进取心。

"打工皇后"吴士宏是第一个成为跨国信息产业公司中国区总经理的内地人，也是唯一一个取得如此业绩的女性，她的传奇也在于她的起点之低——只有初中文凭和成人高考英语大专文凭。而她成功的秘诀就是"没有一点雄心壮志的人，是肯定成不了什么大事的"。

吴士宏年轻时命途多舛，还患过白血病。战胜病魔后她开始珍惜宝贵的时间。她仅仅凭着一台收音机，花了一年半时间学完了许国璋英语三年的课程，并且在自学的高考英语专科毕业前夕，她以对事业的无比热情和非凡的勇气通过外企服务公司成功应聘到IBM公司，而在此前外企服务公司向IBM推荐的好多人都没有被聘用。她的信念就是："绝不允许别人把我拦在任何门外！"

在IBM工作的最早的日子里，吴士宏扮演的是一个卑微的角色，沏茶倒水，打扫卫生，完全是脑袋以下肢体的劳作。在那样一个纯高科技的工作环境中，由于学历低，她经常被无理非难。吴士宏暗暗发誓："这种日子不会久的，绝不允许别人把我拦在任何门外。"后来，吴士宏又对自己说："有朝一日，我要有能力去管理公司里的任何人。"为此，她每天比别人多花6个小时用于工作和学习。经过艰辛的努力，吴士宏成为同一批聘用者中第一个做业务代表的人。继而，她又成为第一批本土经理，第一个IBM华南区的总经理。

在人才济济的IBM，吴士宏算得上是起点最低的员工了，但她十分"敢"想，想要"管理别人"。而一个人一旦拥有进取心，即使是最微弱的进取心，也会像一颗种子，经过培育和扶植，它就会茁壮成长，开花结果。

我们应该承认，教育是促使人获得成功的捷径。但吴士宏只有初中文凭和成人高考英语大专文凭，却依然取得了成功。我们这里所指的教育是传统意义上的学校教育，你不妨就把它通俗而简单地理解为文凭。一纸文凭好比一块最有力的敲门砖，可能会有很多人质疑这一点，但是如果你知道人事部经理怎样处理成山的简历，你就会后悔当初没有上名牌大学了。他们会首先从学校中筛选，如果名牌大学应征者的其他条件都符合，他就不会再翻看其他的简历了。

但是，名牌大学就只有那么几所，独木桥实在难以通过。很多人在这一点上落后了不少，于是在真正踏上社会，走入职场时，就会有起点差异。不过值得庆幸的是，很多成功者都是从低起点开始做起的，他们之所以能在落后于人的情况下后来者居上，有进取心是不可忽略的一条。

上帝在所有生灵的耳边低语："努力向前。"如果你发现自己在拒绝这种来自内心的召唤、这种催你奋进的声音，那可要引起注意了。当这个来自内心、催你上进的声音回响在你耳边时，你要注意聆听它，它是你最好的朋友，将指引你走向光明和快乐，将指引你到达成功的彼岸。

踩着别人的脚印，永远找不到自己的方向

聪明的人不喜欢单纯地模仿别人，他们总是会发现新的机遇和领域，并抢先占领这一片领域。这个世界上充满了形形色色的追随者和模仿者，他们总是喜欢依照他人的足迹行走，沿着他人的思路思考。他们认为，走别人走过的路可让自己省心省力，是走向成功、创造卓越人生的一条捷径。岂不知，"模仿乃是死，创造才是生"。

对任何人来说，模仿都是极愚拙的事，它是成功的劲敌。它会使你的心灵枯竭，没有动力；它会阻碍你取得成功，干扰你进一步的发展，拉长你与成功的距离。

效仿他人的人，不论他所模仿的人多么伟大，他也绝不会成功。没有一个人能依靠模仿他人去成就伟大的事业。所以，20几岁的年轻人要想成功就要找准自己的方向，找到自己的目标，不能走别人走过的路。

有一位雄心勃勃的商人，听说外地招商引资，就"顺应潮流"到该地投资了上千万。两年之后，他把所有的钱都亏掉了，最后空手而归。

朋友问他："你当初为什么要到那里去投资？"他说："那时候，很多同行都争先恐后地去了，大家都认为那里的投资条件优越，大有发展前途。如果我不去的话，担心会失去发展的机会。"

例子里的商人陷入了一个怪圈：别人都去做了，我必须赶快跟上。有这样一种说法，同样的一条新路，走第一的是天才，走第二的是庸才，走第三的是蠢才。从中可见跟随者的悲哀。

成功只青睐主动寻找它的人。聪明的人都不随大流，眼光独到，另辟蹊径，在别人还"没睡醒"之前早已把赚来的钱塞进自己的口袋里了。

100多年前，德国犹太人李威·斯达斯随着淘金人流来到美国加州。他看见这里的淘金者人如潮涌，就想靠做生意赚这些淘金者的钱。他开了间专营淘金用品的杂货店，经营镢头、做帐篷用的帆布等。

第九章
知道自己要去哪儿，全世界都会为你让路

一天，有位顾客对他说："我们淘金者每天不停地挖，裤子损坏特别快，如果有一种结实耐磨的布料做成的裤子，一定会很受欢迎的。"

李威抓住顾客的需求，把他做帐篷的帆布加工成短裤出售，果然畅销，采购者蜂拥而来，李威靠此发了笔大财。

首战告捷，李威马不停蹄，继续研制。他细心观察矿工的生活和工作特点，千方百计地改进和提高产品质量，设法满足消费者的需求。考虑到帮助矿工防止蚊虫叮咬，他将短裤改为长裤；又为了使裤袋不致在矿工把样品放进去时裂开，他特意将裤子臀部的口袋由缝制改为用金属钉钉牢；又在裤子的不同部位多加了两个口袋。这些点子都是在仔细观察淘金者的劳动和需求的过程中，不断地捕捉到并加以实施的，这些改进使产品日益受到淘金者的欢迎，销路日广。

李威还利用各种媒介大力宣传牛仔裤的美观、舒适，是最佳装束，甚至把它说成是一种牛仔裤文化。这些铺天盖地的宣传，把牛仔裤"庸俗"、"下流"的斥责打得大败而逃。于是，牛仔裤在社会上层也牢牢地站稳了脚跟，最终风靡全球。

走别人走过的路，将会迷失自己的方向，李威之所以能取得成功，就是因为他开拓了一条属于自己的路。

不论是工作上还是生活中，有不少20几岁的年轻人都太习惯于走别人走过的路，他们偏执地认为走大多数人走过的路不会错，但是，却往往忽略了最重要的事实，那就是，走别人没有走过的路往往更容易成功。

走别人没走过的路，虽然意味着你必须面对别人不曾面对的艰难险阻，吃别人没吃过的苦，但也唯有如此，你才能发现别人未曾发现的东西，到达别人无法企及的高度。

20几岁的年轻人要知道，成功者之所以会取得惊人的成绩，正是由于他们不满足于走别人走过的路，而主动开发，想别人没想到的东西，也正是这一思路支持着他们一路走来，让自己跨越障碍直至成功。

知道自己要去哪儿，全世界都会为你让路

人之一生，背负的东西太多太多，钱、权、名、利，都是我们想要的，一个也不想放下，压得我们喘不过气来。人生中有时我们拥有的内容太多太乱，我们的心思太复杂，我们的负荷太沉重，我们的烦恼太无绪，诱惑我们的事物太多，大大地妨碍我们，无形而深刻地损害我们。生命如舟，载不动太多的欲望，怎样使之在抵达彼岸时不在中途搁浅或沉没？我们是否该选择放下，丢掉一些不必要的包袱，那样我们的旅程也许会多一些从容与安康。

明白自己真正想要的东西是什么，并为之而奋斗，如此才不枉费这仅有一次的人生。英国哲学家伯兰特·罗素说过，动物只要吃得饱，不生病，便会觉得快乐了。人也该如此，但大多数人并不是这样。很多人忙碌于追逐事业上的成功而无暇顾及自己的生活。他们在永不停息的奔忙中忘记了生活的真正目的，忘记了什么是自己真正想要的。这样的人只会看到生活的烦琐与牵绊，而看不到生活的简单和快乐。

我们的人生要有所获得，就不能让诱惑自己的东西太多，不能让努力的方向过于分叉。我们要简化自己的人生，要学会有所放弃，要学习经常否定自己，把自己生活中和内心里的一些东西断然放弃掉。

仔细想想你的生活中有哪些诱惑因素，是什么一直干扰着你，让你的心灵不能安宁，又是什么让你坚持得太累，是什么在阻止着你的快乐。把这些让你不快乐的包袱通通扔弃。只有放弃我们人生田地和花园里的这些杂草害虫，我们才有机会同真正有益于自己的人和事亲近，才会获得适合自己的东西。我们才能在人生的土地上播下良种，致力于有价值的耕种，最终收获丰硕的粮食，在人生的花园采摘到鲜丽的花朵。

所以，仔细想想你在生活中真正想要什么？认真检查一下自己肩上的背负，看看有多少是我们实际上并不需要的，这个问题看起来很简单，但是意义深刻，它对成功目标的制订至关重要。

第九章
知道自己要去哪儿，全世界都会为你让路

要得到生活中想要的一切，当然要靠努力和行动。但是，在开始行动之前，一定要搞清楚，什么才是自己真正想要的。要打发时间并不难，随便找点儿什么活动就可以应付，但是，如果这些活动的意义不是你设计的本意，那你的生活就失去了真正的意义。你能否提高自己的生活品质，并且使自己满足、有所成就，完全看你能否决定自己真正需要什么，然后能不能尽量满足这些需要。

生活中最困难的一个过程就是要搞清楚我们自己究竟想要什么。大多数人都不知道自己真正想要什么，因为我们不曾花时间来思考这个问题。面对五光十色的世界和各种各样的选择我们更不知所措，所以我们会不假思索地接受别人的期望来定义个人的需要和成功，社会标准变得比我们自己特有的需求还要重要。

我们总是太在意别人的看法，以致我们下意识地接受了别人强加于我们的种种动机，结果，努力过后才发现自己的需求一样都没能满足。更复杂的是，不仅别人的意见影响着我们的欲望，我们自己的欲望本身也是变化莫测的。它们因为潜在的需要而形成，又因为不可知的力量日新月异。我们经常得到过去十分想要的，而现在却不再需要的东西。

如果有什么原因使我们总是得不到自己想要得到的东西的话，这个原因就是你并不清楚自己到底想什么。在你决定自己想要什么、需要什么之前，不要轻易下结论，一定要先做一番心灵探索，真正地了解自己，把握自己的目标。只有这样，你才能在生活中满意地前进。

活出你自己的样子：年轻，就是用来折腾的

潘杰客，一个有着传奇跨国经历的成功男人，带给我们无限的启示。

想当初，潘杰客的祖父和父亲都是著名的科学家，而他大学毕业后却在北京一个小小的施工队做预算员。不过4年后，他已经是国家建设部最年轻的中

层领导。1988年，近30岁的潘杰客来到美国，一切从送外卖住地下室开始，6年后，被哈佛、剑桥、耶鲁三所大学的管理学院同时录取，1997年在哈佛完成学业后，前往欧洲，在上千名应聘者中，成为唯一被录用的德国奥迪的高级经理，后来作为奥迪中国大区首席顾问回到中国，成功运作了奥迪A6在中国的上市计划。就在这能够让所有人艳美的时候，他辞去了奥迪终身雇员的职务，加盟凤凰卫视，成为一个财经节目的主持人。而现在，他组建了自己的团队——泛华传播，致力于打造一档"国际的、最知名的、成功人士的、在中国有影响的脱口秀节目"。

上面所说的情况已足以让人刮目相看，其实还只是他跨国人生的一个小部分。用他的自己的话说就是——除了"变化"没有什么是永恒的。

但事实上，潘杰客真正吸引人的地方也许并不在于他的成功，而在于他的"失败"。

潘杰客在他耶鲁大学入学论文的开篇写到"人生舞台上的表演层出不穷、跌宕起伏，它们可以是喜剧、悲剧、哑剧、歌剧、音乐剧、交响乐，不一而足。而我们在生命的不同时期却以不同的角色出现——主角、配角、编剧、导演、灯光师、甚至观众。"

人生如戏，潘杰客为自己编写并导演了一出最跌宕起伏的大剧。

"人是不能低头的，一旦低头，就再也不可能骄傲了。因为一个行动养成一个习惯，低头一次，就会有第二次、第三次……"

"很多人问我，在最困难的关头，是什么力量支撑着我不倒下，挺过去，我的答案是'心灵的骄傲'。在那种关键的时候，我不可能去考虑成功之后的鲜花与欢呼或失败者所将遭遇的冷遇和失落。我所想的是，我这个生命是否值得再为自己做下去？我通常会问自己：你能否超越自己？超越了就是成功——不是事情上的成功，而是心理上的成功。人在那种时刻，暴露出来的都是人性的弱点；我就是要战胜这种弱点。因为我追求的是心灵的纯粹和强大，一种心灵上的超我。"

"内心必须有一种渴求，你可以改变自己，还可以通过自己去改变别人，这个社会、这个世界就会因此而改变。要在最广泛的范围去影响他人，把社会向更合理的方向推进，这种合理应该为大多数人带来福利。这是个良好的愿望，为了这个愿望，要去做许多其他的事情，而这正是人生价值的体现，它带给我的满足是物质无法带来的。在心灵痛苦时，常常会想，大千世界的痛苦又是多么的深厚。走这条路的人注定是孤独的，精神和灵魂像吉普赛人一样在这个世界流浪，如果这就是命运的话，我已做好准备并且毫不畏惧。"——这是一个理想主义者的自白，是一个勇敢者的宣言，是潘杰客不变的信念。这是一种怎样的超越，怎样的智慧？他是一个把目标与成功分得很清的人，成败得失已无关紧要，他追求的只是个目标、一种执着、一份毅力。对一个人来说，可以没有成功，却不能没有目标。目标有时候很简单，却需要足够的信心与毅力去追求；成功有时候很遥远，却与目标只咫尺之隔。

真正的伟大只有一种，就是看清这个世界的本来面目，并且去热爱它。作为一个自然人，潘杰客无疑非常伟大，这种伟大表现在他始终恪守着自己的原则，给高贵的心灵一个美丽的住所，哪怕是遭遇到最大的阻力，也要想办法抵达胜利的彼岸。

生命太短暂，岂能渺小度一生

有这样一个众所周知的寓言故事：

农夫拣到一枚鹰蛋，回家后放到了一个正在孵小鸡的母鸡窝里。结果这枚鹰蛋被母鸡孵化成了一只雏鹰。这只雏鹰自以为也是一只小鸡，每天和小鸡生活在一起，做着与母鸡一样的事情，在垃圾堆里找捉虫觅食，与小鸡一起嬉戏，有时也学母鸡一样咯咯地叫。

雏鹰渐渐长大，变成了一只小鹰，可它从来没有飞过几尺高，因为母鸡们只能飞这么高。它完全认为自己就与母鸡一样。

一天，小鹰看见一只大鸟在万里碧空中展翅翱翔，就问母鸡："那种飞得好高的大鸟是什么？"

母鸡回答说："那是一只雄鹰，它是一种非常了不起的鸟。你不过是一只鸡，不能像它那样飞，认命吧。"于是，这只小鹰就接受了这种观点，也不尝试着去飞翔，也从来没想过与母鸡们做不一样的事。

有一天，猎人经过这家农户，看见了这只小鹰。猎人说服农夫，用三只猎获的野兔换走了小鹰。猎人开始训练小鹰飞翔，可是小鹰飞不起来，准确地说，根本不敢飞。猎人没有灰心丧气，他带小鹰爬到一座高山顶上，对小鹰说："鹰呀鹰呀，你本属于蓝天，你是蓝天的主人，你怎么变得像你的食物——小鸡那样弱小呢？向高处看吧，那些在天空翱翔的雄鹰才是你的同伴。去找它们吧！"

猎人说着，撒手将小鹰抛向悬崖，小鹰呈直线坠落，就在即将落地的那一瞬间，小鹰"呀"地一声尖叫，振翅飞了起来，直冲云霄。

尽快离开你身旁那些不积极、没有目标、不求成功的平庸之辈，和优秀的人在一起，这样，你的潜能就会最大限度的被激发出来，你就会变得更加优秀，最后让优秀成为自己的一种习惯。

贝尔28岁时拜访了著名物理学家约瑟夫·亨利，谈论"多路电报"试验，亨利本来对此不感兴趣。但这回他强打起精神，去听贝尔的介绍，突然他敏锐地觉察到，这个年轻人在谈一个极有价值的现象。他热情地鼓励贝尔："如果你觉得自己缺乏电学知识，那就去掌握它。你有发明的天分，好好干吧！"

后来，贝尔写信给父母，描述自己的感受："我简直无法向你们描述这两句话是怎样地鼓舞了我……要知道在当时，对大多数人来说通过电报线传递声音无异于天方夜谭，根本不值得费时间去考虑。"

几年后，贝尔又说："如果当初没有遇上约瑟夫·亨利，我也许发明不了电话。"

和积极的人在一起会让你更积极，和消极的人在一起会让你更消极。心态积极的人，他们会及时激励我们，而不是用消极的话来干扰我们的行动。要知道，当一个人在做一件犹豫不决的事时，需要的是积极的支持。与积极者在一起，我们会学着尝试。即使错了，起码也曾经尝试过，无怨无悔。没有人会百分之百成功，但没有尝试肯定不会成功。

《心灵鸡汤》的作者之一马克·汉森是一位畅销书作家，他的书在全世界已经畅销几千万册。有一次，汉森在与成功学、激励学顶尖高手安东尼·罗宾斯同台讲演结束之后，私下请教罗宾斯，于是有了如下一段对话——

汉森问："我们都在教别人成功，为什么我的年收入才100万美元，而你一

第九章
知道自己要去哪儿，全世界都会为你让路

年却能赚进1000万美元呢？"

罗宾斯没有直接回答汉森的问题，却反过来问汉森："你每天跟谁混在一起？"

汉森说："我每天都跟百万富翁在一起。"

罗宾斯听后笑了笑说："我每天都跟千万富翁在一起。"

只有和比自己更成功的人在一起，和成功者合作，我们才会更成功。近朱者赤，近墨者黑。物以类聚，人以群分。我们要想像雄鹰一样在空中翱翔，就得学会雄鹰飞翔的本领。如果我们结交有成就者，那我们终将会成为一个有成就的人。用好莱坞流行的一句话说："一个人能否成功，不在于你知道什么，而是在于你认识谁。"

假设有两种环境供你去选择：第一种环境你是最好的，你每月的收入800元，而别人都是200元，第二种环境你是最差的，别人都是百万富翁，你的资产只有20万，你愿意选择哪一种呢？要想成为什么样的人，你要选择跟什么样的人在一起，你要变得积极，你要找比你更积极的人在一起，你要永远寻找比你本身更好的环境。无论你是飞黄腾达，还是穷困潦倒，当你选择比你优秀的人在一起，当你落败时，他会帮你检讨总结，为你加油助威。

谨慎地选择那些我们愿意花时间交往的朋友，因为他们对我们的思想、人格、以及发生在我们身上的任何事情都会有影响。与生活态度积极的人在一起，与具有远见卓识的人在一起，与成功者在一起，他们的"花香"肯定会熏陶我们，这样我们才会嗅到更多的芬芳。

生命太短暂，我们不能在碌碌无为中渺小地度过一生。与优秀的人在一起，创造不平凡的人生，才是我们明智的选择。

心若没有栖息的地方，到哪里都是流浪

所谓选定：就是指一生只选一把椅，一生只选一件事，一生选准一个目标。

所谓选定：就是咬定青山不放松，就是几十年风雨如一日，就是将"革命"进行到底！长江因选定向东而波澜壮阔；青松因选定向上而伟岸挺拔；珠峰因选定卓越而傲视群山；流星因选定精彩而亮彻长空；圣贤因选定目标而成功卓越！

有这样一个故事：

一条街上有两家卖老豆腐的小店。一家叫"潘记"，另一家叫"张记"。两家店是同时开张的。刚开始，"潘记"生意十分兴隆，吃老豆腐的人得排队等候，来得晚就吃不上了。潘记的特点是：豆腐做得很结实，口感好，给的量特别大。相比之下，张记老豆腐就不一样了，首先是豆腐做得软，软得像汤汁，不成形状；其次是给的豆腐少，加的汤多，一碗老豆腐半碗多汤。因此，有一段时间，张记的门前冷冷清清。有一天，一个客人走进张记的豆腐店，吃完一碗老豆腐后不客气地说："你怎么不学学潘记呢？"老板卖关子，脸上颇有几分胜算地说："我为什么要学他呢？你两个月以后再来，看看是不是会有变化吧。"

大概一个多月后，张记的门前居然真的排起了长队。那客人很好奇，也排队买了一碗，看看碗里的豆腐，仍然是稀稀的汤汁，和以前没什么两样，吃起来，也是从前的味道。老板脸上仍然挂着憨厚的笑，客人便好奇地问："能告诉我这其中的秘诀吗？"

老板说："其实，我和潘记的老板是师兄弟。"客人有些惊讶："那你们做的豆腐不一样呀？"老板说："是不一样。我师兄——潘记做的豆腐确实好，我真比不上；但我的豆腐汤是加入好几种骨头，再配上调料，再经过12个小时熬制而成，师兄在这方面就不如我了。师傅故意传给我们不同的手艺。这样，人们吃腻了我师兄的豆腐，就会到我这里来喝汤。时间长了，人们还会回到我师兄那里。再过一段时间，人们又会来我这里。这样，我们师兄弟的生意就能比较

第九章
知道自己要去哪儿，全世界都会为你让路

长远地做下去，并且互不影响。"

客人又试探地问："你难道就不想跟师兄学做豆腐吗？"老板却说："师傅告诉我们，能做精一件事就不容易了。有时候，你想样样精，结果样样差。"

张记老板的话中有话，除与老豆腐有关，与一个人的择业、一个人一辈子的坚守似乎都有些关联……

是的，世界上夺目的事业太多太多，而选定者必须知道：生命有限，时间有限，精力有限，能力有限，空间有限。而每人只有一双手，只有在众多的事业中选定一件自己爱干的该干的事，才能打造自己的完美人生。

因为，成功是一个力学问题，目标的实现全赖于力量的方向、大小和持续力。

若不选定目标，那么，每天清晨起来，我们将茫然四顾。若不能选准一件事，那么，我们每日的思考与行动将毫无意义可言。宇宙万物都是以中心为内核而运转的，人生也莫不如此。有中心我们才有可能聚积四周的能量，才有可能吸引实现目标的人力物力财力。蚌蛤因有中心而结出珍珠，台风因有中心而力大无穷。

当然，中心只应有一个。世界上有梦想的人太多太多，每天活在不同梦想之中的人也太多太多，唯独一生只有一个梦想的人凤毛麟角，少之又少。梦想多者，一生都在游离不定中摇摆，在举棋不定中反复，在湖光掠影中闪失。他们没有恒心，没有毅力，他们太急于求成，他们太不能等待，有的只是一颗空泛的心，他们总是在期待在祈盼机遇之神光顾，结果呢？恰恰相反，机遇之神总是鄙视他们，且将他们弃在路边，如同敝履。

富可敌国、光芒四射的比尔·盖茨，就是一个一生选定一件事、一生只做一件事的人。正因为这一果断的抉择，使他的软件事业在经过几年的打拼之后，成为了这一领域的"庞大帝国"，而他本人则成为了世界首富。比尔·盖茨在谈到他的成功经验时说："很多人问我成功的秘密，其实没有什么秘密可谈，我只是选择了我爱做的事，该做的事。其实，我不比别人聪明多少，我之所以走到了其他人的前面，不过是我认准了一生只做一件事，并且把这件事做得更完美而已。正是这个深扎于内心的信条，使我的思想和人生变得更加坚定。我始终认为一个能把一件事做到底的人，更能体现出天才的创造力。"

总之，没有选定，人生就没有主题；没有选定，人生就没有方向没有目标；没有选定，人生就是一盘散沙；没有选定，人生就不可能像滚雪球一样

越滚越大；没有选定，人生就会流入肤浅和庸俗！只有选定，泰山才会为之让路；只有选定，险峰也会为之臣服；只有选定，人生的坎坷才会被踏平；只有选定，生命才会乘风破浪，一路凯歌！当然，"选定"它需要钢铁般的意志为后盾，才能实现，才能突破。在这个世界上，强者与弱者之间，成功者与失败者之间，大人物与小人物之间，他们之间唯一区别，就是看谁具有钢铁般的意志力，看谁具有绵绵不绝的激情。没有这两点，所有的选定都是白搭，所有的选定都是枉费心机。

今天，我们一定要吃透"选定"，着手"选定"，迅速作出生命中最大的一次决策——选好自己的位置，一生只做一件事。

是小草，就要为生命增添绿意；是鲜花，就要为人间留下芬芳；是阳光，就要照耀大地；是雨露，就要滋润禾苗……茫茫人海中，你的人生坐标在哪里？

成功的道路千条万条，而属于你的只有一条；三百六十行，行行出状元，你该选择哪一行？试想一下，如果让毕加索写小说，让马克·吐温去作画，他们还会被人们尊为大师吗？这里涉及到一个定位问题，简单地说，就是找准自己的一生要做的事，选准一事，选定一生。

十年后，你会变成谁，过得怎么样

给自己定好位了，人生就不会有那么多的烦恼，你的人生也将从此而精彩。

在水生动物中，螃蟹是横着走路的，河虾倒退着走路。它们怪异的行走方式引来了不少嘲笑和讥讽。一天，敏捷矫健的银鱼嘲笑说："螃蟹你真笨！横着走路！如果旁边有障碍物你怎么走啊？"聪明的章鱼也插嘴讥讽道："河虾更傻，向前走多顺啊，可它偏偏倒着走，何时才能到头啊？"螃蟹和河虾听见了，只是淡淡一笑。它们心里知道，选择什么样的行走方式，是根据自己的身体情

第九章
知道自己要去哪儿，全世界都会为你让路

况决定的。只要有自知之明，了解自己的特点，把握好方向和目标，给自己定好位，横着走或者倒着走，都是一种前进的姿态。

人最可贵的是有自知之明，即使这无助于发现真理，它至少也是一项生活准则。法国著名画家安格尔曾说过这么一句话："我在日常生活中严守着一个美好的准则：'贵在自知之明'，我是素以此来鞭策自己的。"

齐庄公乘车出游的时候，在路上看见一只小小的螳螂伸出前臂，准备去阻挡车子的前进，齐庄公不由非常惊讶。车夫就告诉齐庄公："这种虫子凡是看到对手，就会伸出自己的前臂，想要抵挡对手的进攻，却往往没想过自己的力量有多大，所以经常被车压死。"

这就是成语螳臂当车的由来，以此来比喻那些没有自知之明，不自量力的人。

张丽工作的那家公司倒闭半年了，她依然没有找到工作。不是没公司愿意录用她，而是她在原来那家公司工作时月薪为2000元。所以她发誓一定要找一份月薪不低于2000元的工作。父亲得知她的想法，要她跟他一起去卖菜。

其他菜父亲卖的和别人一个价，而唯有白菜，人家卖5毛钱一斤，父亲非卖8毛钱一斤。父亲说自己的白菜是全市最好的，可一连几个人来问过价后都嫌贵。

她有点着急了，对父亲说："我们也降为5毛钱一斤吧。"

父亲不同意，坚持道："我们的白菜是整个菜市场里最好的，不愁没有人买。"

有个人来问价钱了，非常喜欢她家的白菜，但就是嫌贵。那人软磨硬泡，最后一跺脚狠狠心说："7毛一斤，我都要下。"可父亲仍然一分钱也不让。

时间一分一秒过去了，市场内的菜价也在慢慢下跌。许多菜农的白菜大都卖完了，没有卖完的因是挑剩下的而卖到4毛钱一斤，但父亲却只降价到6毛钱一斤。她急了，建议父亲也卖4毛钱一斤，但父亲仍不同意，他仍坚持说自家的白菜是最好的。

中午过后，不能隔夜卖的白菜已被降价到了2毛一斤。黄昏时分，有的人干脆开始卖1元一大棵。而她家的白菜经过一天的日晒已经毫无优势可言，但父亲仍然坚持不降价。天快黑时，一个中年妇女过来问："这堆白菜5块卖不卖？"看来不卖就只有拿回家自己吃了，于是父亲就卖了。

回家的路上，她埋怨父亲太固执，以至于白白浪费机会，反而少卖了好多

钱。父亲没有反驳，只是笑了笑，意味深长地说："总以为早上能以8毛的价格把白菜卖掉，谁知越等越不值钱。"

她深深地被父亲的话触动了，心想：我不就是这样吗？于是第二天，她就到一家公司上班了，月薪1500元。

我们常常说的不能眼高手低，说的就是这个意思：不能将自己定位太过高于本身实际所处的位置。对本属于自己的位置的不屑一顾，只会换来不断的碰壁。尤其在自己处于低谷的时候，更应该正确认识到自己所处的环境，正确估量自己，然后才能一步一个脚印地往上攀登。

是火柴你就发光，是轮胎你就奔跑，是音箱你就歌唱。每一样东西每一个人都有自己的特点和使命。只有找准了自己的位置，人生才有成功的可能。

第十章

感谢折磨你的人,没有对手不会强大

叫嚣抵不过低头实干

世界上没有不劳而获的事情，成功无一不是脚踏实地努力的结果。所以，与其总是将精力放在叫嚣上，不如脚踏实地，从最基本的做起。

1864年9月3日，斯德哥尔摩市郊突然爆发出一声震耳欲聋的巨响，滚滚浓烟、火焰霎时冲上天空。当惊恐的人们赶到现场时，只见原来屹立在这里的一座工厂只剩下残垣断壁，火场旁边，站着一位30多岁的年轻人，突如其来的惨祸，使他面无血色，浑身不住地颤抖着……

青年眼睁睁地看着自己所创建的硝化甘油炸药实验工厂化为了灰烬。人们从瓦砾中找出了5具尸体，4人是他的亲密助手，而另一个是他在大学读书的小弟弟。5具烧得焦烂的尸体，令人惨不忍睹。青年的母亲得知小儿子惨死的噩耗，悲痛欲绝。年迈的父亲因受刺激而引发脑溢血，从此半身瘫痪。

事后，警察局立即封锁了爆炸现场，并严禁青年重建自己的工厂。人们像躲避瘟神一样避开他，再也没有人愿意出租土地让他进行如此危险的实验。但是，困境并没有使青年退缩，几天以后，人们发现在远离市区的马拉仑湖上出现了一艘巨大的平底驳船，驳船上并没有装什么货物，而是装满了各种设备，青年正全神贯注地进行实验。

他就是后来闻名于世的诺贝尔。一次又一次的失败之后，他终于发明了雷管。雷管的发明是爆炸学上的一项重大突破，随着当时许多欧洲国家工业化进程的加快，开矿山、修铁路、凿隧道、挖运河等都需要炸药。于是，人们又开始亲近诺贝尔。他把实验室从船上搬迁到斯德哥尔摩附近的温尔维特，正式建立了第一座硝化甘油工厂。接着，他又在德国的汉堡等地建立了炸药公司。一时间，诺贝尔的炸药成了抢手货。

做事低调踏实的人懂得成功需要辛勤的汗水来浇灌的道理，所以他们会用自己的勤奋去实现自己的目标。同样的人物还有俄国化学家门捷列夫。

很长一段时期，门捷列夫全身心地投入到化学元素的有关排列问题的研究中。一次，在紧张工作了3天3夜之后，他由于过度疲劳睡着了，竟在梦中见到了一张他日思夜想的元素周期表，通过这个梦，他成功地解决了困扰多时的元素排列问题。

后来，有记者采访他，要他讲述他是如何通过做梦而获得成功的。记者的提问，引起他的不满，他说："什么，你认为我的发现只是梦中几个小时的成果吗？你知道之前我付出了多少个日夜、多少心血进行研究吗？"

门捷列夫对待工作的态度说明，成功不是偶然得来的，如果没有艰苦的努力，不管有怎样美妙的梦想、怎样美好的构思，都难以获得成功。

只有努力工作才是获得成功的捷径。看准了的事情，如果不论在什么情况下都能脚踏实地一步一个脚印地去实干，就有可能取得成功。

只有脚踏实地努力去做，才能够把事情做好。如果不愿意做最基础的事情，一心只想着一步登天，那样的人，是无法获得成功的。

世界上没有不劳而获的事情，成功无一不是脚踏实地努力的结果。所以，与其总是将精力放在叫嚣上，不如脚踏实地，从最基本的做起。

如果你想成就一番伟业，在确立你远大的目标之后，静下心来，认认真真、脚踏实地开始你的行程吧！在通往成功的路上，我们不要梦想一步登天，如果基础不扎实，我们的成功就是海市蜃楼。

反击别人不如充实自己

当我们遭到冷遇时，不必沮丧，不必愤恨，唯有尽全力赢得成功，才是最好的反击。

有时候，白眼、冷遇、嘲讽会让弱者低头走开，但对强者而言，这也是另一种幸运和动力。所以美国人常开玩笑说，正是因为负面的刺激，才造就了杜鲁门总统。

在高中毕业班时，查理·罗斯是最受老师喜爱的学生之一。他的英文老师布朗小姐，年轻漂亮，富有吸引力，是校园里最受学生欢迎的老师之一。同学们都知道查理深得布朗小姐的青睐，他们在背后笑他说，查理将来若不成为一个人物，布朗小姐是不会原谅他的。

在毕业典礼上，当查理走上台去领取毕业证书时，受人爱戴的布朗小姐站起身来，当众吻了一下查理，给他出人意料的祝贺。当时，本以为会发生哄笑、骚动，结果却是一片静默和沮丧。

许多毕业生，尤其是男孩子们，对布朗小姐这样不怕难为情地公开表示自己的偏爱感到愤恨。不错，查理作为学生代表在毕业典礼上致告别词，也曾担任过学生年刊的主编，还曾是"老师的宝贝"，但这就足以使他获得如此之高的荣耀吗？典礼过后，有几个男生包围了布朗小姐，为首的一个质问她为什么如此明显地冷落别的学生。

"查理是靠自己的努力赢得了我特别的赏识，如果你们有出色的表现，我也会吻你们的。"布朗小姐微笑着说。男孩们得到了些安慰，查理却感到了更大的压力。他已经引起了别人的嫉妒，并成为少数学生攻击的目标，他决心毕业后一定要用自己的行动证明自己值得布朗小姐报之一吻。毕业之后的几年内，他异常勤奋，先进入了报界，后来终于大有作为，被杜鲁门总统任命为白宫负责出版事务的首席秘书。

当然，查理被挑选担任这一职务也并非偶然。原来，在毕业典礼后带领男生包围布朗小姐，并告诉她自己感到受冷落的那个男孩子正是杜鲁门本人。

查理就职后的第一件事，就是接通布朗小姐的电话，向她转述美国总统的问话："您还记得我未曾获得的那个吻吗？我现在所做的能够得到您的赏识吗？"

生活中，当我们遭到冷遇时，不必沮丧，不必愤恨，唯有尽全力赢得成功，才是最好的反击。当有人刺激了我们的自尊心，伤害到我们时，与其强烈地批驳别人，不如思考自己什么地方还需要完善。

有个喜欢与人争辩的学者，在研究过辩论术，听过无数场辩论，并关注它们的影响之后，得出了一个结论：世上只有一个方法能从争辩中得到最大的利益——那就是停止争辩。你最好避免争辩，就像避免战争或毒蛇那样。

这个结论告诉我们：反击别人不如充实自我。争辩中的赢不是真赢，它带来的只是暂时的胜利和口头的快感，它会使他人不满，影响你与他人之间的关系，更重要的是，在争辩中失利的人不会发自内心地承认自己的失败，所以你的说服和辩论是徒劳无功的，无助于事情的解决。

有一种人，反应快，口才好，心思灵敏，在生活或工作中和别人有利益或意见的冲突时，往往能充分发挥辩才，把对方辩得哑口无言。可是，我们为什么一定要与对方辩论到底以证明是他错了？这么做除了让我们得到一时的快意之外还有什么呢？这样能使他喜欢我们，或是能让我们签订合同？事实并非如此，要想拥有良好的人际关系，要想使自己在事业上游刃有余，在朋友中广受欢迎，在家庭中和睦相处，我们最好不要试图通过争辩去赢得口头上的胜利。

反击别人，除了互相伤害以外，我们不会得到任何好处。这是因为，就算我们将对方驳得体无完肤、一无是处，那又怎样？即使他表面上不得不承认我们胜了，但他心里会从此埋下怨恨的种子。所以，还不如用反击别人的时间来充实自我。

做你自己的伯乐

如果没有其他人来发现你，那你就自己发现自己吧！做自己的伯乐，你才能取得成功。

1972年，新加坡旅游局给总理李光耀打了一份报告，大意是说："我们新加坡不像埃及有金字塔；不像中国有长城；不像日本有富士山；不像夏威夷有十几米高的海浪。我们除了一年四季直射的阳光，什么名胜古迹都没有。要发展旅游事业，实在是巧妇难为无米之炊。"

李光耀看过报告，非常气愤。

据说他在报告上批了这一行字。"你想让上帝给我们多少东西？阳光，阳光就够了!"

后来,新加坡利用那一年四季直射的阳光,种花植草,在很短的时间里,发展成为世界上著名的"花园城市"。连续多年旅游收入名列全亚洲第三位。

上帝给每个国家、每个地区的东西,确实都不是太多。

就拿我们身边知道的来说,它仅给杭州一个西湖,仅给曲阜一个孔子。就个人而言,它给每个人的东西同样也少之又少,它只给了牛顿一只苹果,并且还是掷过去的;它只给了迪斯尼一只老鼠,这只老鼠并且是在迪斯尼自己连一块面包都吃不上的时候到达的。

上帝的馈赠虽然少得可怜,但它是酵母。

只要你是位有心人,你会惊喜地发现上帝的馈赠是多么的丰厚。

聪明的江南人利用西湖把杭州变成了天堂;智慧的北方人则利用孔子把曲阜变成了圣城。

你虽然没有别人英俊潇洒,但你可能身强体壮;你虽然不会琴棋书画,但你可能思维敏捷,逻辑清晰……上帝不会给人全部,但他绝对不会亏待你,所以你一定要做自己的伯乐,发掘自己的潜能。

一个天寒地冻的深夜,W. 翟莫西·盖尔卫,一位年轻的加利福尼亚人,正独自驱车穿过缅因州边缘的森林地带。他的车轮突然打滑,车子撞进了路旁的雪堆。20分钟过去了,盖尔卫没有看到一辆车路经此地。看来待在车里等着是毫无指望了,他认为最好的出路是步行去求援。于是他身穿便服和一件运动衫,开始向来路跑去。稀薄而寒冷的空气,使他几分钟之后便气喘吁吁了,一阵疲乏感袭来,他觉得浑身麻木,接着是令人瘫软的恐惧,"我会死在这冰天雪地之中的!"他意识到。

这个念头如此可怕,盖尔卫的脚步不知不觉地停了下来。过了一会儿,由于他承认现实,他的恐惧发生了短路。他对自己说:"如果我真的要死了,光发愁也无济于事。"这时,他突然觉察到,周围的一切是那样美丽:寂静的夜、闪烁的星星,被雪景衬托得格外分明的树木。盖尔卫没有想到,自己竟然渐渐地恢复了体力,于是他一口气跑了40分钟,终于找到了一户友善的人家。

盖尔卫没有想到,他突然之间显示出的奇怪的内部能量,竟会成为他后来所从事的事业的基础,并由此创造了他所谓和失望恐惧赛跑的"内心竞赛"的理论。在他作为一名运动员和一位教师的多年实践之后,盖尔卫认识到,在那个严寒的夜晚使他得救的正是人类所共有的一种巨大的潜能,问题在于人们是

第十章
感谢折磨你的人，没有对手不会强大

否肯使用它。

还有一个故事是这样说的：有一个探险家，他走进了非洲的荒野中。他随身带了一些不怎么值钱的小装饰品，打算送给当地的土著人。在这些东西当中，有两面真人大小的镜子。他把这两面镜子靠着两棵树放好，然后就坐下来和他的手下人谈论有关探险的情况。这时候探险家注意到有个土著人手里拿着长矛正在向镜子走过来，当他向镜子里望去的时候，他看见了自己的影子，于是开始向镜子里的对手刺去，好像它真的是个土著人一样，仿佛要杀了他。当然，土著人打碎了这面镜子。这时候，探险家向这个土著人走去，问他为什么要打碎镜子。这个土著人回答说："他要杀我，我就先杀了他。"探险家向土著人解释说，镜子不是用来干这个的，并领他走到第二面镜子那边去。他对土著人解释说："看，镜子是这样一个东西——通过它，你可以看到你的头发有没有梳直，你脸上的油彩涂得是否合适，你的胸部多么健壮，你的肌肉多么发达。"野人回答说："噢，我不知道。"

成千上万的人都这样，他们的情形和这个土著人差不多。他们穷其一生和生活作战。在生命的每个转折点上，他们都以为会有一场战斗，而情况最终也确实是这样。他们预计会有敌人，而他们确实遇到了敌人。他们预计困难会接踵而至，而事情也恰好就是这样。"如果事情不是这样，那么它就是那样……总会发生点什么。"对于成千上万的没有能够认识到这种巨大的力量的人来说，事情过去是这样，将来也还会是这样。成千上万的人继续过着平淡、普通、痛苦的生活，因为这种巨大的力量从他们身边悄悄溜走了，他们就再也抓不住它了。生活中的你绝对不要像土著人那样，穷其一生都不能发现自己的力量。发现你自己、做自己的伯乐，你就能走向成功。

不要让别人拿走你的潜能

拥有潜能，你要保护自己的潜能，再充分发挥潜能，才会有成功的机会。

在生活中，很多人都拥有优于其他人的潜能，但是，这些人却不会保护自己的潜能，导致许多人最后终其一生都没将潜能发挥出来，平庸度日。

要想成功，一个人必须注意不要让别人拿走你的潜能。

在遥远的国度里，住着一窝奇特的蚂蚁，它们有预知风雨的能力。而最近蚂蚁们清楚地知道，有巨大的暴风雨正逐渐逼近，整窝蚂蚁全部动员，往高处搬家。

这窝蚂蚁之所以奇特，不在于它们预知气候的能力，许多其他动物也具备这样的天赋。它们的特别之处是整窝蚂蚁都只有五只脚，并不像一般蚂蚁长有六只脚。

由于它们只有五只脚，行动也就没有一般蚂蚁快捷，整个搬家的行动缓慢。虽然面对暴风雨来袭的沉重压力，每只蚂蚁心中都焦急不堪，行动却半点也快不了。

在漫长的搬家队伍中，有一只蚂蚁与众不同，它的行动快速，不停地往返高地与蚁窝之间，来回一趟又一趟，仿佛不知劳累，辛苦地尽力抢搬蚁窝中的东西。

这只勤快的蚂蚁引起了五脚蚂蚁群的注意，它们仔细观察它的动作，终于找出这只蚂蚁动作如此敏捷的关键，它有六只脚！

五脚蚂蚁的搬家队伍整个暂停下来，它们聚在一起，窃窃私语，讨论这只与它们长得不同，行动却快过它们数倍的六脚蚂蚁。

经过冗长的讨论后，五脚蚂蚁们终于达成共识。它们扑上前去，抓住那只六脚蚂蚁，一阵撕咬过后，将它那多出来的一只脚扯了下来。

行动迅速的那只蚂蚁被扯去一只脚，也变成了平凡的五脚蚂蚁，在搬家的行列中，迟缓地跟随大家移动。

五脚蚂蚁们很高兴它们能除去一个异类,增加一个同伴,这时,雷声已在不远处隆隆地响起。

常常在我们接触到一个新的机会、有了一个好的创意,或是工作取得进步时,五脚蚂蚁群便会适时出现。他们会告诉你,你得到的机会是陷阱、你的好创意是行不通的,或是提醒你,工作勤奋不一定会有好的报偿。无所不用其极的目的,是想扯去你突然间多出来的一只脚。

尤其是当你正确地运用出你的潜能时,周围类似五脚蚂蚁般的消极意识更会增加,各式各样不可能的思想蜂拥而至,企图要你放弃他们所不懂的潜能,让你成为平庸的人。

在这个时候,你一定要很好地把握自己,用你自己的独立思想,来保护自己多出来的那只"脚"。坚持你自己的想法,珍惜自己得到的机会,发挥自己独特的创意,更加勤奋地工作,加倍地发挥你自己最大的潜能。这样你才能在未来获得成功。

在行动中激发自己的潜能

任何时候都不要坐在那里等待,从现在起就开始行动,在行动中激发自己的潜能,说不定你就能创造奇迹!

生活中的你是否还在为命运不济而哀叹呢?如果是,那还是赶紧收起这些怨天尤人的论调吧!行动起来,在行动中激发自己的潜能,说不定你就能创造奇迹。

在美国颇负盛名、人称传奇教练的伍登,在全美12年的篮球年赛当中,帮助加州大学洛杉矶分校赢得10次全美总冠军。如此辉煌的成绩,使伍登成为大家公认的有史以来最成功的篮球教练之一。

曾经有记者问他:"伍登教练,请问你如何保持这种积极的心态?"

伍登很愉快地回答:"每天我在睡觉以前,都会提起精神告诉自己:我今天的表现非常好,而且明天的表现会更好。"

"就只有这么简短的一句话吗?"记者有些不敢相信。

伍登坚定地回答:"简短的一句话?这句话我可是坚持了20年!重点和简短与否没关系,关键是在于你有没有持续去做,如果无法持之以恒,就算是长篇大论也没有帮助。"

伍登的积极心态超乎常人,不单只是对篮球的执著,对于其他的生活细节也是保持这种精神。例如有一次他与朋友开车到市中心,面对拥挤的车流,朋友感到不满,继而频频抱怨,但伍登却欣喜地说:"这里真是个热闹的城市。"

朋友好奇地问:"为什么你的想法总是异于常人?"

伍登回答说:"一点都不奇怪,我是用心里所想的事情来看待,不管是悲是喜,我的生活中永远都充满机会,这些机会的出现不会因为我的悲或喜而改变,只要不断地让自己保持积极的心态,一刻也不停地去行动,我就可以把握机会,激发更多的潜在力量。"

其实每个人都有伍登那样的潜力,但是大部分人都不能像伍登那样,时刻保持积极的心态去努力。如果每个人都能像伍登一样,那他也一定会是一个有才华的人,并且在行动中不断进步,创造奇迹的可能就会时刻存在。

学会必要的忍耐

当你不愿让命运来主宰你的一切,但又没有反击命运的能力时,切记,应学会忍耐!

美国第三任总统杰弗逊在给子孙的告诫中有一条是:"当你气恼时,先数到10后再说话;假如怒火中烧,那就数到100。"

第十章
感谢折磨你的人,没有对手不会强大

生活中,在遇到一些不顺心和不如意的事情时,我们的情绪往往会被超常激发起来,陷入激动、委屈、不安等精神状态中。此时最容易被情绪操纵,不顾理智做出鲁莽之事。"忍一时风平浪静,退一步海阔天空",在这个时候,务必要记住"忍耐"二字。强制自己把心情平静下来,认真选择利最大、弊最小的做法,以求达到在当时可能取得的最好效果。

每个人从出生就面临来自方方面面的竞争和挫折。一个人的成功不仅需要不断提高自己的能力,而且需要经受自己在前进道路上的成功与失败的各种考验,需要具备良好的心理素质。由于我们每个人自身的缺点,由于社会还存在着一些阴暗面,还存在着一些人不那么光明正大,因此失败在所难免,有时甚至还不得不忍受"飞来横祸"。在这种情况下,有时需要进行必要的斗争,但是,更多的时候需要的是忍耐。在自己遭到失败的时候,当然希望周围的人同情自己、帮助自己,但是更为重要的是,忍耐住失败的痛苦,学会自己擦净自己伤口的鲜血,并走出痛苦,走向新的生活。要忍耐,以争取自己超越困难,同时,要灵活一些,争取更好的环境,努力奋斗,走向辉煌。

作为命运的主宰者——人,我们应该学会忍耐,因为它常会让我们有意想不到的收获。人在现实中生活,犹如驾一叶扁舟在大海中航行,巨浪和旋涡就潜伏在你的周围,可能会随时袭击你,因此,你要当个好舵手,同时还得具有克服艰难的毅力和勇气,设法绕过旋涡,乘风破浪前进。换言之,忍耐也是面对磨难的一种手法,以不变应万变;忍耐更是一种力量,它能磨钝利刃的锋芒。但忍耐不是软弱,不是退却,也不是背叛,而是以退为进的策略,是求同存异,是寻找合作。

对俞敏洪的创业经历,《中国青年报》记者卢跃刚在《东方马车——从北大到新东方的传奇》一文中,有详细记录。其中令人印象尤深的是对俞敏洪一次醉酒经历的描述,看了令人不禁想落泪。

俞敏洪那次醉酒,缘起于新东方的一位员工贴招生广告时被竞争对手用刀子捅伤。俞敏洪意识到自己在社会上混,应该结识几个警察,但又没有这样的门道。最后通过报案时仅有一面之缘的那个警察,将刑警大队的一个政委约出来"坐一坐"。卢跃刚是这样描述的:

他兜里揣了3000块钱,走进香港美食城。在中关村十几年,他第一次走进这么好的饭店。他在这种场面交流上有问题,一是他那口江阴普通话,别别扭扭,跟北京警察对不上牙口;二是找不着话说。为了掩盖自己内心的尴尬和恐惧，劝别人喝，自己先喝。不会说话，只会喝酒。因为不从容，光喝酒不吃菜，喝着喝着，俞敏洪失去了知觉，钻到桌子底下去了。老师和警察把他送到医院，抢救了两个半小时才活过来。医生说，换一般人，喝成这样，回不来了。俞敏洪喝了一瓶半的高度五粮液，差点喝死。

他醒过来喊的第一句话是："我不干了！"学校的人背他回家的路上，一个多小时，他一边哭，一边撕心裂肺地喊着："我不干了！再也不干了！把学校关了！把学校关了！我不干了……"

他说："那时，我感到特别痛苦，特别无助，四面漏风的破办公室，没有生源，没有老师，没有能力应付社会上的事情，同学都在国外，自己正在干着一个没有希望的事业……"

他不停地喊，喊得周围的人发憷。

哭够了，喊累了，睡着了，睡醒了，酒醒了，晚上7点还有课，他又像往常一样，背上书包上课去了。

实际上，酒醉了很难受，但相对还好对付，然而精神上的痛苦就不那么容易忍受了。当年"戊戌六君子"谭嗣同变法失败以后，被押到菜市口去砍头的前一夜，说自己乃"明知不可为而为之"，有几个人能体会其中深沉的痛苦？醉了、哭了、喊了、不干了……可是第二天醒来仍旧要硬着头皮接着干，仍旧要硬着头皮挟起皮包给学生上课去，眼角的泪痕可以不干，该干的事却不能不干。拿"观察家"卢跃刚的话说："不办学校，干吗去？"

现在大家都知道俞敏洪是千万富豪、亿万富翁，但又有谁知道俞敏洪这样一类创业者是怎样成为千万富翁、亿万富翁的呢？他们在成为千万富翁、亿万富翁的道路上，付出了怎样的代价，付出了怎样的努力，忍受了多少别人不能够忍受的屈辱、憋闷、痛苦，有多少人愿意付出与他们一样的代价，获取与他们今天一样的财富？

当你不愿让命运来主宰你的一切，但又没有反击命运的能力时，切记，应学会忍耐！

儒家与道家都强调忍耐的重要，只有忍到最后一刻才会发生意想不到的变化，才有希望看到转机。或许你仍在向往一帆风顺，可是却在面对曲折的人生。其实所谓的一帆风顺只是对自己心灵的一种安慰而已，坚信唯有奋斗不息才能成为命运的主人。而在这一步步的努力中，你必须学会忍耐！

忍耐是沉默，功亏一篑是因为不懂得忍耐的真正含义，而坚忍不拔地追求并排除万难有所超越才是忍耐的外延。

实际上,忍耐是一种酝酿胜利的高超手段。忍耐实际上是一种动态的平衡,是一种形式的转换,不要被利益所陶醉,也不要因没有利益而悲伤。忍耐可以帮助我们摆脱烦恼,获得人生的真谛。

非洲的一位总统问一位友人有什么好经验,这位友人就说了一句话:"忍耐。"忍耐不是目的是策略,是胜敌的关键所在,但一般人做不到。"小不忍则乱大谋"这句话很正确。三国演义中诸葛亮三气周瑜,愣是活活把周瑜气死了。如果周瑜学会忍耐,哪会有这样的结果呢!

我们有时候不妨学一学鸵鸟,逆来顺受。但是,这不是叫大家颓废,只是让大家学会忍让,为将来的爆发,也就是成功创造条件,同时它也可以为你提供丰富的经验。日常生活中,每一个人总会遇到他人的一些伤害,无缘由的中伤、诽谤……

平白无故的是非给我们带来身心伤害。类似的事件大家也许经历过,也可能以后的日子会遇到。在这种时候,大家应泰然处之,将忍耐进行到底,终有一天所有的错误都将改正。平和的心态不只是给我们自己带来了宁静,也给予他人更多!

百忍成钢,人生就像一个磨刀的过程,忍耐好比磨刀石。当心性修炼得清澈如镜,达到这种不以物喜,不以己悲的境界时,那就是我们历经千锤百炼的刀已炼成。

善待你的对手

善待你的对手,尽显品格的力量和生存的智慧。

一旦谈到双赢,人们一向以为这种情况只会发生在自己与合作伙伴之间,而与对手,"不是你死,就是我亡",这才是最终的结局。

真的是这样吗?显然,答案是否定的。其实我们和对手也可以走进双赢的境地。

所以,我们需要合作伙伴,而不要排斥对手。

对手,是失利者的良师。有竞争,就免不了有输赢。其实,高下无定式,输赢有轮回。曾经败在冠军手下的人,最有希望成为下一场赛事的冠军。只因败者有赢者作师,取人之长,补己之短,为日后取胜奠基。更有一些智者,一番相争之后,便能知己知彼,比得赢就比,比不赢就转,你种苹果夺冠,我种地瓜也可以领先。

对手,是同剧组的搭档。人生在世能够互成对手,也是一种缘分,仿佛同一个分数中的分子、分母。如此说,结局往往只有赢多赢少之别,并无绝对胜败之分。角色有主有次,登台有先有后,掌声有多有少,但彼此相依,缺了谁戏也演不成。同在一个领导班子中也如此,携手共进,共创佳绩,方可交相辉映。

孟子说:"入则无法家拂士,出则无敌国外患者,国恒亡。"奥地利作家卡夫卡说:"真正的对手会灌输给你大量的勇气。"善待你的对手,方尽显品格的力量和生存的智慧。

在秘鲁的国家级森林公园,生活着一只年轻的美洲虎。由于美洲虎是一种濒临灭绝的珍稀动物,全世界现在仅存17只,所以为了很好地保护这只珍稀的老虎,秘鲁人在公园中专门辟出了一块近20平方公里的森林作为虎园,还精心设计和建盖了豪华的虎房,好让美洲虎自由自在的生活。

虎园里森林茂密,百草丛生,沟壑纵横,流水潺潺,并有成群人工饲养的牛、羊、鹿、兔供老虎尽情享用。凡是到过虎园参观的游人都说,如此美妙的环境,真是美洲虎生活的天堂。

然而,让人们感到奇怪的是,从没有人看见美洲虎去捕捉那些专门为它预备的"活食"。从没有人见它王者之气十足地纵横于雄山大川,啸傲于莽莽丛林,甚至未见它像模像样地吼上几嗓子。

人们常看到它整天待在装有空调的虎房里,或打盹儿,或耷拉着脑袋,睡了吃吃了睡,无精打采。有人说它大约是太孤独了,若是找个伴儿,或许会好些。

于是政府又通过外交途径,从哥伦比亚租来了一只母虎与它做伴,但结果

第十章
感谢折磨你的人，没有对手不会强大

还是老样子。

一天，一位动物行为学家到森林公园来参观，见到美洲虎那副懒洋洋的样儿，便对管理员说，老虎是森林之王，在它所生活的环境中，不能只放上一群整天只知道吃草，不知道猎杀的动物。

这么大的一片虎园，即使不放进去几只狼，至少也应该放上两只猎狗，否则，美洲虎无论如何也提不起精神。

管理员们听从了动物行为学家的意见，不久便从别的动物园引进了两只美洲狮投进了虎园。这一招果然奏效，自从两只美洲狮进虎园的那天起，这只美洲虎就再也躺不住了。

它每天不是站在高高的山顶愤怒地咆哮，就是有如飓风般冲下山冈，或者在丛林的边缘地带警觉地巡视和游荡。老虎那种刚烈威猛，霸气十足的本性被重新唤醒。它又成了一只真正的老虎，成了这片广阔的虎园里真正意义上的森林之王。

一种动物如果没有对手，就会变得死气沉沉。同样的，一个人如果没有对手，那他就会甘于平庸，养成惰性，最终导致庸碌无为。

一个群体如果没有对手，就会因为相互的依赖和潜移默化而丧失灵活，丧失生机。

一个行业如果没有对手，就会因为丧失进取的意志，安于现状而逐步走向衰亡。

许多人都把对手视为是心腹大患，是异己，是眼中钉，是肉中刺，恨不得马上除之而后快。其实只要反过来仔细一想，便会发现拥有一个强劲的对手，反而倒是一种福分、一种造化。

因为一个强劲的对手，会让你时刻有种危机四伏感，它会激发起你更加旺盛的精神和斗志。

有时候，表面上看来，我们从对手身上得到的学习机会没有那么直接、明显，然而，仅仅是承受他带给我们的压力，就已是很宝贵的机会，可以对我们的成长起到很大的助益。不要随便把对手视为敌人或仇人，只有这样，我们才可以冷静地观察对方，客观地审视自己；也唯有这样，才能在与对手交手的过程中学到东西。

然而，很多人无法这样看待对手。由于对手和敌人往往只有一线之隔，甚至是一体两面，因而对手也很容易被视为仇人。很多人会带着各种情绪来看待

对手，经常会这样想：敌人和仇人当然是不好的，哪有向他们学习的道理？

不少人在碰到对手的时候，首先是不屑一顾（觉得对手的实力不过如此），接下来是愤怒（发现这样的人竟然有很多人喜欢，还威胁甚至超越自己），最后则是不允许别人在面前说对手的只言片语。

其实，越是敌人和仇人，可学的东西才越多。对方要消灭你，一定是倾巢而动、精锐尽出。对方使出浑身解数的时候，也就是传授你最多招数的时候（敌人为了激怒你、伤害你而使出的一些手段，就是任何其他老师所不能教你的）。所以，如果你有个很强的对手，你应该从心底欢喜。就像每天要照照镜子一样，你每天都要仔细盯紧这个对手，好好欣赏他，好好向他学习。而最好的学习，永远来自于你和他交手、被他击中的那一刻。

一个人有了对手，才会有危机感，才会有竞争力。有了对手，你便不得不奋发图强，不得不革故鼎新，不得不锐意进取，否则，就只有等着被吞并、被替代、被淘汰。

善待你的对手吧！有时候，将我们送上领奖台的，不是我们的朋友，而恰恰是我们的对手。

远离虚荣才能接近对手

对手是你的"敌人"，但从另一个方面来说，对手也是对你的成功帮助最大的人。你只有抛弃虚荣心理，才能跟你的对手走到一起。

商场上有句俗话这样说："同行是冤家。"不错，你的同行的确就是你的竞争对手。在抢占市场时，你们的确是冤家。但是，不可否认的是，如果没有竞争对手，只有个人垄断，那将会导致不思发展的后果。有时候，要想使自己变得更强更好，你必须要善待自己的对手。

第十章
感谢折磨你的人,没有对手不会强大

那你要怎样接近自己的对手呢?这就要求你抛弃虚荣心理,主动和对方接触,你才能接近对手,并了解对手,学习对手,最终达到双赢的效果。

有个名叫西拉斯的人,在一个小镇上开一家杂货铺。这铺子是他爸爸传下来的,他爸爸又是从他爷爷手里接过来的。他爷爷开这铺子的时候南北两边正在打仗。

西拉斯买卖公道,信誉很好。他的铺子对镇上的人来说就像手足,不可缺少。西拉斯的儿子在长大,小铺子就要有新接班人了。

可是有一天,一个外乡人笑嘻嘻地来拜访西拉斯,情况便变得严重了!此人说,他想买下这铺子,请西拉斯自己作价。

西拉斯怎么舍得?即便出双倍价格他也不能卖!这铺子可不仅仅是铺子,这是事业,是遗产,是信誉!

外乡人耸耸肩,笑嘻嘻地说:"抱歉,我已选定街对面那幢空房子,粉刷一番,弄得富丽堂皇,再进些上好货品,卖得更便宜,那时你就没生意了!"

西拉斯眼见对面空房贴出了翻新布告,一些木匠在里面锯呀刨呀,有一些漆匠爬上爬下,他的心都碎了!他无可奈何却又不无骄傲地在自家店门上贴了张告白:"敝号系老店,95年前开张。"

对面也换了一张告白:"敝号系新店,下礼拜开张。"

人们对比着读了,无不心中暗笑。

新店开业前一天,西拉斯坐在他那间阴暗的店堂里想心事,他真想把对手臭骂一顿,幸亏西拉斯有个好妻子。

"西拉斯,"她用低低的声音缓缓地说,"你巴不得把对面那房子放火烧了,是不是?"

"是巴不得!"西拉斯简直在咬牙切齿,"烧了有什么不好?"

"烧也没用,人家保险过。再说,这样想也缺德。"

"那你说我该怎么想?"西拉斯冒着火。

"你该去祝愿。"

"祝愿天火来烧?"

"你总说自己是个厚道人,西拉斯,你一碰到切身事就糊涂。你该怎么做不是很清楚吗?你应该祝愿新店开业成功。"

"你是脑筋出问题了吧,贝蒂。"

说是这么说,西拉斯最后决定去一次。

第二天早晨新店还没开门，全镇人已等在外边。大家看着正门上方赫然写着"新新百货店"几个金字，都想进去一睹为快。

西拉斯也在人群中，他快快活活跨到台阶上大声说："外乡老弟，恭喜开业，谢谢你给全镇人带来方便！"

他刚说完便吃了一惊，因为全镇人都围上来朝他欢呼，还把他举起来。大家跟他进店参观。谁都关心标价，谁都觉得很公道。那外乡老板笑嘻嘻地牵着西拉斯的手，两个生意人像老朋友。

后来，两家生意都做得兴隆，因为小镇一年年变大了。

故事给我们一个很好的启示：

一个能容忍对手发展的人，不但是一个胸襟宽广的人，还是一个具有远见的人。让竞争对手时刻在背后激励自己、鞭策自己，使自己不能有片刻懈怠，努力向前发展，实现双赢目的，实在是再好不过。

放下自私和虚荣，主动接受对方。"尺有所短，寸有所长"，只要你诚心结交，对方也会坦诚相待，你就会从对手身上学到长处，从而更有利于自己的发展。

感谢你的竞争对手

对手有时也是一种激励因素。因竞争的压力而不断寻求进步，最终走上成功的道路，成功的你有什么理由不感谢对手呢？

我们在生活中经常会遇到竞争对手，但我们应该如何去对待我们的对手呢？许多人都视对手为眼中钉，肉中刺，欲除之而后快。其实这种想法是非常错误的，如果我们没有对手，也许我们就会走向极端，走向灭亡。

一位名叫朗凯宁的作家曾写过一篇名叫《对手》的小说：

志和文成为对手，是因为一个女同学。那是在读大学二年级的时候，他俩

第十章
感谢折磨你的人,没有对手不会强大

同时爱上了一个叫颖的女同学。颖是中共党员,她对他俩的条件要求非常明确:谁成为一名中共党员,她就嫁给谁。

于是,志和文同时向党组织递交了入党申请书。一年后,志成为一名党员。当文第二次向党组织递交申请时,志在讨论会上说文动机不纯,他是为了爱情。也许是命运注定,毕业后,他俩被分配在同一部门工作。他俩的争斗让颖生厌,结果谁也没有得到颖的爱情,得到的,只是彼此的怨恨。这怨恨使他俩留一个心眼去盯对方,一旦发现对方有什么纰漏,就毫不留情地捅出去。他俩的目标很明确。

志当上股长的时候,文无可挑剔地加入了中国共产党。

志无可挑剔地当上科长的时候,文也同样当上了股长。

他俩就这么相互盯着,相互攀升。

当志当上了处长时,文也当上了科长。

志当处长,有许多人送钱送礼物给他,他不敢要,他觉得文的一双眼睛盯着他。一回,他实在忍不住,心动了,收了人家送来的3000元。夜里,他做了个梦,梦见文高兴得哈哈大笑,说:"这回你完了,3000元已经构成受贿罪了,你完了。"他吓出一身冷汗,第二天就把钱送到纪检部门去了。

文的机会也同样多。

…………

就这样,他们以无可争议的清廉和才干,走上了更高的职位,且得到了人们的尊敬。

眼下,他俩都到了要退休的年龄。

一天,两人相见,互望着对方,便禁不住紧紧拥抱,且激动得热泪盈眶。是的,没有这样的对手,谁敢说途中会怎样?!

一生平安,得益于对手的"呵护"。

他们都深深地感激对方。

在日本北海道有一种鳗鱼,它被捕捞上来以后很容易死掉。但有一个办法能够使它活得更久,就是在鳗鱼中放进它的对手——狗鱼。鳗鱼因为有了对手狗鱼而被激活,因而活的时间更长。

其实我们无论何时都应该感激对手,只有对手才让我们有危机感,我们才会不断地进取,以获取最大的成功。没有对手我们就不会有进步,没有对手我们就不会有今天的成就,没有对手我们就不会走向成功的道路。

化压力为动力

有压力才会有动力，巧妙化解压力，把压力转化为动力，是每位身处困境者不可不知的成功诀窍。

常言道："井无压力不出油，人无压力轻飘飘。"生活中，人们经常有这样的感觉，挑着重担的人比空手步行的人要走得快，其中的奥妙，便是压力的作用。人生一世，轻松愉快只是一种可能，而承受不同程度的压力则是一种必然。在工作中、生活中遇到的困难、挫折、不幸，是一种压力；生活节奏加快、竞争日趋激烈、追求的痛苦、爱情的困惑，更是压力……我们无法撇开压力去谈人生。

人生苦短，由此不难让我们联想到云南大理白族的三道茶，就是一苦二甜三淡，象征着人生的三重境界。苦尽才能甘来，随之才有潇洒的人生，才会不屈服于压力，将压力转化为前进的动力，开创大业，走向人生的辉煌。天无绝人之路。生活抛给我们一个问题，也给了我们解决问题的能力。

也许你的生存压力不小，烦恼也不少，但切忌陷在自我忧虑中，而要冷静思考，全面评估现状，理清思路，找到策略和行动方案，根据轻重缓急应对。记住你的力量远远要比压力大。

我国著名的国际口画艺术家杨杰就是这样一路走来的。农村出身的他6岁玩耍时双手触及高压线而不幸失去双臂，他被送至儿童福利院10年。10年过后归家，周围一切发生了很大变化，他感觉到生疏、艰难，很不适应。

他向人讨来笔墨，每天用牙磨墨、练画，用于练习的报纸摞起来高出他身高的几倍。功夫不负有心人，后来他在世界多个国家表演口画艺术，他的画在国外展出，并出版了个人画册，获得了多项荣誉称号。自强不息，哪怕有一丝希望也绝不放弃，这就是杨杰的人生态度。

善于承受压力和有强大的动力，是一个人成功的基础，只要你能够有效地将压力转化为动力，你离成功就不会遥远了。

在压力中奋起

不在压力中奋起,便在压力中灭亡。要想在人生的道路上走得更远,你必须选择前者。

毕业之后面临着就业压力,就业之后面临工作压力,其他还有诸如生活压力、竞争压力、恋爱压力,等等,如果你没有在压力面前奋起的勇气,那你只能在重重压力中陷入虚无。

众所周知,张学友是香港著名歌星,是四大天王之一,很多人痴迷他的歌、喜欢他的电影、羡慕他的辉煌,可有几个人知道他艰辛的奋斗历程呢?不要自卑,也不要害怕挫折,这是他的成功秘诀。

他的第一份工作是在政府贸易处当助理文员,工作十分乏味。不肯安于现状的性格使他不久跳槽到了一家航空公司,但工资比第一份还少。当时他也没有想过有一天会成为明星,踏入娱乐圈是偶然的,成功也来得太快,这使得他沉溺在成功带来的满足感和优越感之中,只知道尽情玩乐,逐渐变得放纵、狂傲、骄横,得罪了许多人。结果他的唱片销量直线下降,第一张、第二张唱片都可以卖20万,第三张只卖了10万,接着是8万、2万。他走在街上,原来是"学友"、"学友"的欢呼,现在成了粗言秽语;站在舞台上,原来是鲜花热吻,现在是阵阵嘘声。起初张学友接受不了这残酷的事实,没有去分析原因,而是去一味逃避:酗酒、骂人、闹事。家人朋友不断地劝慰他,但他一概不听,而且他还想过自杀!

沮丧的日子持续了两三年,后来他开始自省,意欲东山再起,这是他骨子里不肯服输、敢于一拼的性格所决定的。如果天生懦弱,自杀恐怕是他最终的抉择。他很了解娱乐圈"一沉百人踩"的事实,知道要东山再起所面对的艰辛,但他决意一拼!他后来总结经验说:"当你决定要面对挫折和困难时,原来并不是没有出路的!"他努力唱出自己的风格,努力拍戏,努力去研究失败的原因,努力学习处世方法,努力应对各种刁难和挫折……全力以赴,付出了不为圈外人所知的艰辛，辉煌逐渐又回到了他的身边。

他说，没有人可以避免压力和挫折，重要的是要有豁达、乐观、坚毅、忍耐的性格，要搞清楚自己的位置和方向，才能走过失败，重新振作。他说自己希望做一只蜗牛，蜗牛永远不会理会别人的催促，无视外来的压力，只是依着自己的步伐和所选择的方向，勇往直前，这必能成功。

压力和挫折时刻都会存在，有人说，人没有了压力生活就会没有了方向，就像没有了风，帆船不会前进一样。但你一定不能在压力中不思进取，否则你将被压力淹没。

在压力中奋起，你才会有成功的可能。

给自己一个悬崖

给自己一个悬崖，你才能有被逼到绝境时的感受，才能迸发出你生命的潜能，从而一扫过去的慵懒，走向成功。

人总是生活在安逸的环境中，能力就会渐渐消退，心智就会渐渐老去，潜力生锈，沦为平庸。因此，一个人若想从中脱颖而出，必须时时给自己一些压力，让自己去接受挑战，才能不断突破自我，发挥潜能，走向卓越。

一个故事能很好地向我们阐释这个道理：

有一个老人到山里砍柴时，捡到一只很小的怪鸟，那怪鸟和出生刚满月的小鸡一样大小，也许是因为它实在太小了，还不会飞，老人就把这只怪鸟带回家给他的孙子玩耍。

老人的孙子很调皮，他将怪鸟放在小鸡群里，充当母鸡的孩子，让母鸡养育着。母鸡没有发现这个异类，全权负起一个母亲的责任。怪鸟一天天长大，羽毛一天天丰满，后来人们发现那只怪鸟竟是一只鹰，人们一致强烈要求，要

第十章
感谢折磨你的人,没有对手不会强大

么放生,要么杀生,让它永远也别回来。

老人因为和鹰相处的时间长了,有了感情,不忍心伤害它。所以,老人决定让它重返大自然。他们就把鹰带到了较远的地方放生,可过了几天那只鹰又飞回来了,他们驱赶它,不让它进家门,甚至将它打得遍体鳞伤,许多办法都试过了,但是对它起不了任何作用。最后他们也明白了,原来鹰是眷恋它从小长大的家园,还有那个温暖舒适的窝。

后来,那老人就把它带到了附近最陡峭的悬崖壁旁,然后将它狠狠地往深涧扔去,只见那鹰像石头般往下坠,然而快到涧底的时候,它终于展开双翅托住了身体,开始滑翔,拍打着翅膀,飞向蔚蓝的天空,渐渐地变成了黑点,飞出了人们的视线,永远地飞走了,再也没有回来。

人何尝不是如此呢?一个人要想让自己的人生有所转机,就必须懂得关键时刻把自己带到人生的悬崖,给自己一个悬崖,就是给自己一片蔚蓝的天空啊!

人在面对压力时会激发出巨大的潜能,因此,你不必因恐惧逆境和挫折而去当温室里的花朵。温室里的花朵固然可以安全舒适地生活,但人生不可能一帆风顺,一旦逆境来临,首先被摧毁的就是失去意志力和行动能力的温室花朵,经常接受磨炼的人才能创造出崭新的天地,这就是所谓的"置之死地而后生"。

找一个竞争对手"叮"自己

如果你想尽快走上成功的道路,那你就必须找一个竞争对手"叮"自己。那样,你的速度才会更快,潜能才会更有效地发挥。

生活并不如意,你也没有什么前进的动力,如果一直这样下去,你的人生就会就此止息,没有什么指望了。

因此,面临这种情况,不妨找一个竞争对手,把他放在背后"叮"紧自己,

不断前行。

在北方某大城市里，诸多电器经销商经过明争暗斗的激烈市场较量，在彼此付出了很大的代价后，有张、李两大商家脱颖而出，他们又成为最强硬的竞争对手。

这一年，张为了增强市场竞争力，采取了极度扩张的经营策略，大量地收购、兼并各类小企业，并在各市县发展连锁店，但由于实际操作中有所失误，造成信贷资金比例过大，经营包袱过重，其市场销售业绩反倒直线下降。

这时，许多业内外人士纷纷提醒李——这是主动出击、一举彻底击败对手张，进而独占该市电器市场的最好商机。

李却微微一笑，始终不曾采纳众人提出的建议。

在张最危难的时机，李却出人意料地主动伸出援手，拆借资金帮助张涉险过关。最终，张的经营状况日趋好转，并一直给李的经营施加着压力，迫使李时刻面对着这一强有力的竞争对手。

有很多人曾嘲笑李的心慈手软，说他是养虎为患。可李却没有丝毫后悔之意，只是殚精竭虑，四处招纳人才，并以多种方式调动手下的人拼搏进取，一刻也不敢懈怠。

就这样，李和张在激烈的市场竞争中，既是朋友又是对手，彼此绞尽脑汁地较量，双方各有损失，但各自的收获却都很大。多年后，李和张都成了当地赫赫有名的商业巨子。

面对事业如日中天的李，当记者提及他当年的"非常之举"时，李一脸的平淡：击倒一个对手有时候很简单，但没有对手的竞争又是乏味的。企业能够发展壮大，应该感谢对手时时施加的压力。正是这些压力，化为想方设法战胜困难的动力，进而在残酷的市场竞争中，始终保持着一种危机感。

其实，商界这一法则，动物界也给我们提供了例证。一位动物学家在考察生活于非洲奥兰治河两岸的动物时，注意到河东岸和河西岸的羚羊大不一样，前者繁殖能力比后者更强，而且奔跑的速度每分钟要快 13 米。

他感到十分奇怪，既然环境和食物都相同，何以差别如此之大？为了能解开其中之谜，动物学家和当地动物保护协会进行了一项实验：在两岸分别捉了 10 只羚羊送到对岸生活。结果送到西岸的羚羊发展到 14 只，而送到东岸的羚羊只剩下了 3 只，另外 7 只被狼吃掉了。

谜底终于被揭开，原来东岸的羚羊之所以身体强健，只因为它们附近居住着一个狼群，这使羚羊天天处在一个"竞争氛围"中。为了生存下去，它们变得越来越有"战斗力"。而西岸的羚羊长得弱不禁风，恰恰就是缺少天敌，没有生存压力的原因。

没有压力，人的潜能就会逐步退却，人的动力慢慢消退，生命的机能不断萎缩。最终，人的事业消沉，生活散漫，人生越来越暗淡。

只有注入强有力的压力，在压力中多多用心、努力将压力转化为动力，才有可能使生命越来越有活力，激发出更多的人生潜能，最终取得事业的成功。

找一个竞争对手"叮"自己，才不至于因生活散漫而消沉，才能在成功的路途上越走越远。

从现在起，感谢折磨你的人吧

人不能总停留在原地，而是要努力向前。感谢折磨你的人，你将得到更迅捷的发展速度。

对于生活中的各种折磨，我们应时时心存感激。只有这样，我们才会常常有一种幸福的感觉，纷繁芜杂的世界才会变得鲜活、温馨和动人。一朵美丽的花，如果你不能以一种美好的心情去欣赏它，它在你的心中和眼里也就永远娇艳妩媚不起来，而如同你的心情一般灰暗和没有生机。

只有心存感激，我们才会把折磨放在背后，珍视他人的爱心，才会享受生活的美好，才会发现世界原本有很多温情。心存感激，是一种人格的升华，是一种美好的人性。只有心存感激，我们才会热爱生活，珍惜生命，以平和的心态去努力地工作与学习，使自己成为一个有益于社会的人。心存感激，我们的生活就会洋溢着更多的欢笑和阳光，世界在我们眼里就会更加美丽动人。

有个70岁的日本老先生，拿了一幅祖传的珍贵名画来到电视台上节目，要求"开运鉴定团"的专家鉴定,他说,他的父亲说这是价值数百万日元的宝物,他总是战战兢兢地保护着,由于自己不懂艺术,因而想请专家鉴定画的价值。

结果揭晓,专家认为它是赝品,连一万日元都不值,主持人问老先生:"你一定很难过吧?"来自乡下的老先生脸上的线条却在短短时间内变得无比柔软,他憨厚地微笑道:"啊!这样也好。不会有人来偷,我可以安心地把它挂在客厅里了。"

老先生的自我解嘲令人感慨:失去竟然可以比拥有轻松。

就像故事中的日本老先生一样,如果生活给了你一个让你痛苦的理由。这时,你要保存一颗感恩的心。心存感恩,你的人格会在感恩中升华,生活对于你就只有快乐,没有痛苦,你就会拥有一个成功而快乐的人生!

第十一章

机遇，给做好准备的人

机遇，在寂寞的准备之中

在现实生活中，我是一个讷于言却不敏于行的人，也是一个自由散淡怯于与人交往的人，但我更是一个酷爱思考，喜欢伴着黄昏散步的人。

读书不求甚解的乐趣，思考纵横驰骋的自由，黄昏散步行走活动着疲倦的肢体，也催生着思考迸射出意外的收获之光，使我领略到人生又一道美丽的风景。那就是做一个自己想做的充分自由的人，在能够温饱度日的基础上，去求得身心自由度的最大拓展，于平淡无为中，默默而又踏实地做着实现自己人生价值的准备。

这一过程，是由茫茫混沌逐渐走向日渐清晰，也是由感性的不自觉逐渐走向理性的自觉的过程。

简单的生活，返璞归真，摒弃了不切实际的奢望和幻想，才能享有心灵思考的充分自由。在读书中快乐地与智者对话，在思考中自由地穿行飞翔，在写作中挥洒自如的倾诉，于我来说，这才是找到了活在人世间的最本质、最充分、最幸福的理由所在。

人在尘世间行走，如白驹过隙，不过是一匆匆过客。在享受人类文明成果的同时，如不能为人类文明进程的轨迹留下点什么，那么，做一个愉悦的阅读者、自由的思考者、快乐的写作者，又何尝不是一桩赏心悦目的乐事。

"对真理的不可遏止的探求，对人类苦难的不可遏止的同情，对爱情不可遏止的追求"（罗素语），这句话，陪伴着我度过了一个漫长的准备期。它点燃和持续着我热爱生活、快乐读书、自由思考、默默写作的激情！

"板凳要坐十年冷，文章不写一句空"。

只有耐得住寂寞的耕耘，才会有文章的精炼和思想的闪光。

这是一种境界，对我来说虽终生勉力也未必能抵达，但每走一步就会缩小一点距离。对此，我毫不怀疑。

独学而无友，孤陋则寡闻。

第十一章
机遇，给做好准备的人

网络的BBS是一片神奇而美丽的土地。它不分男女老幼，不分东西南北，不分尊卑贵贱，没有尘世勾心斗角的纷扰，也没有弱势与强权的对垒，只要你行使比在生活中自由得多的话语权，就可以充分施展各自的才华，得到朋友的友爱和尊重。在这里可以享有充分发言（规定范围内）的自由，可以学习、探讨和弥补到自己需要的知识，开阔眼界，获取到新的信息，从而，尽可能走到思想和知识的前沿。只有视野的开阔和视点的提升，才会使思考更敏锐、更开阔、更具有穿透力。

六个苹果六个人交换着吃，每人得到的仍是一个苹果，如果六个人的六种思想交流、碰撞，每人得到的那就绝不仅只是六种思想。

我想，这应该成为我们活跃在BBS、流连忘返并勇于发言、自愿而自觉地行使好话语权的最本质最快乐的理由！

生活偏爱有准备的人。

在写作上，我已品尝数年磨剑——有所准备带来的水到渠成的小小成功和恩惠。

我时常想起这样一句话：宁可千日无机会，也不可一日无准备。对一个想有所建树的人，想不经过长期默默无闻的准备和奋斗过程，就可以达到一鸣惊人的效果，这样的事尚无先例，也未之有闻。

只有以默默耕耘的无为，才能走向水到渠成的有为，除此别无它途。

只要每走一步有所成功，哪怕只是一点小小的进步。当回首反观，就会惊异于那默默无闻的准备给自己带来了莫大的恩惠并由此处于深深地感动之中，感谢生活，感谢自己，感谢友人，并发出由衷的赞叹：生活偏爱有准备的人！

宁可千日无机会，也不可一日无准备。任何一个想有所建树的人，都必须经过长期默默无闻的准备和奋斗的过程，才能最终一鸣惊人。

成功的人生，始于准确地判断并抓住机会

成就成功者的因素有很多，但是归纳起来不外乎实力和机遇。很多人把修炼内功当成头等大事，这本来不错，但也有点"傻"，有时候修炼内功的过程中，也会出现好的机遇，如果你一定要等到自己功夫到家的时候再出山，很可能已经换了天下了。

其实很多人都是在"修行"的过程中抓住了机遇，才平步青云的。比如最初走上电视屏幕的主持人芭芭拉·沃尔特斯与男主持人哈里·里勒森共同主持晚间新闻时，大家都觉得这是新闻联播的娱乐化，并对此表示质疑。

当女性新闻特派记者和主播出现在美国的电视屏幕上时，女性电视节目主持人开始增加。但在当时以男性为主导的电视圈里，女性主持的节目多为以生活方式、人物、家庭、教育之类内容为主的专栏；更为可悲的是，说电视界对女性的才华并不认可，即使有女性主播或特派记者在严肃新闻领域有突出的表现，也往往被认为是靠容貌或者所谓"女性的特殊优势"取胜。因此，当美国广播公司以百万年薪聘请芭芭拉·沃尔特斯与男主持人哈里·里勒森共同主持晚间新闻时，大家都觉得这是新闻联播的娱乐化。

除了电视行业的一片骂声之外，更让人伤心的是，与她搭档的男主持人哈里·里勒森毫不掩饰地对沃尔特斯表示反感。里勒森是一个资深的新闻行家，他每天从街上喝完咖啡回来，进入办公室之后和沃尔斯特一句话都不讲，唯一理会她的是化妆师，她常常委屈地流眼泪，化妆师就劝她："别哭了，你把妆都弄花了。"

很多观众都对一个女人主持晚间新闻感到别扭，沃尔特斯百万美元的年薪也让很多人感到不舒服。"谁都不愿理我，我只好离开那里。这太可怕了！"破纪录的薪水和耀眼的记者地位，与公开遭到拒绝交织在一起，沃尔特斯面临了空前的"反芭芭拉"运动，结果她只好从硬新闻中退出。她的性别，她口音中浓重的"r"音都成为周围人的攻击的把柄。"每天都有可怕的新闻等着我，

第十一章
机遇,给做好准备的人

我只有回家才能逃脱,我觉得我完蛋了,感到没有生活保护者而遭受到没顶之灾。"

幸好 ABC 新闻社总裁看出她的窘境,并愿意出手相救。他让一些主持人到华盛顿、芝加哥和伦敦等地去出名,当然,那个拒绝和沃尔特斯合作的最大的明星里勒森不愿意留下,他辞职另谋出路。为了证明 ABC 没有白花钱雇她,沃尔特斯开始强迫自己搞到更大的新闻。"我不能后退。"她说,那段时间,她做出了一生中最多的新闻,她到古巴采访卡斯特罗;到巴拿马采访领导人奥马尔·赫雷拉;她采访以色列总理贝京和埃及总统萨达特。尽管这样劳碌奔波也还是要忍受失败带来的耻辱,但她总算是站住了脚跟。

芭芭拉·沃尔特斯的成功在于,她在绝望的时候获得了一个翻身的机会,而她自己也拼劲全力去抓住这个机会。如果因为害怕就主动放弃,她永远也不会在电视行业出人头地了。别人的成功轨迹看来轻松,但他走的路和用的心,是我们所不知的。但有一条可以确定:任何成功的人生,都是从准确地判断并抓住机遇开始的。

梭罗说:"生命很快就过去了,一个时机从不会出现两次,必须当机立断,不然就永远别要。"能否抓住机遇是一个人平庸或者卓越的分水岭。决定一个人成败的不是才华,也不是性格,而是他是否有善于抓住机遇的能力。

机遇可以等待,但也可以创造

诺贝尔的一生和炸药紧密相连,炸药带给他欢乐,也带给他痛苦,带给他责骂,也带给他赞扬。

诺贝尔的父亲就是一个炸药爱好者,很小的时候,诺贝尔就看见父亲研究炸药。父亲研制的水雷曾被俄军用于克里米亚战争中,用来阻挡英国舰队的前进。由于父亲经常换工作,诺贝尔所受的教育多半来自家庭教师。

17岁时,诺贝尔以工程师的名义到了美国,在有名的艾利逊工程师的工场里实习。实习期满后,他又到欧美各国考察了四年,才回到家中。不久,父亲从俄国搬回瑞典。当时正是采矿业发展的时期,对性能稳定的炸药需求旺盛,诺贝尔决定改进炸药生产。

在诺贝尔之前,中国"四大发明"之一的黑色火药早已传到欧洲。但黑色火药的威力不够大,而另一种新的炸药又是个"爆脾气",容易爆炸,制造、存放和运输都很危险,人们不知道该怎么使用它。诺贝尔的哥哥曾试图制造出更好的炸药,但却没有实用价值。诺贝尔和他的弟弟一起建立了实验室,继续哥哥的研究。经过多次的试验,诺贝尔终于发明了使硝化甘油爆炸的有效方法,并取得了这项发明的专利权。初获成功之后,意外却降临了。1864年9月3日,实验室发生爆炸,当场炸死了五人,其中包括诺贝尔的弟弟。这场事故不仅让诺贝尔失去了亲人,也失去了邻居们的信任。再也没有人愿意他在附近办实验室,诺贝尔只好把设备转移到一只船上。几经波折,诺贝尔还是建造了世界上第一个硝化甘油工厂。

但这并不是故事的结尾。世界各国买了他制造的硝化甘油,经常发生爆炸事故:美国的一列火车,因炸药爆炸,成了一堆废铁;德国的一家工厂,因炸药爆炸,厂房和附近民房变成一片废墟;"欧罗巴"号海轮,在大西洋上遇到大风颠簸,引起硝化甘油爆炸,船沉人亡。世界各国对硝化甘油失去信心,但诺贝尔没有灰心,而是去想办法解决硝化甘油不稳定的问题。

1867年7月14日,诺贝尔拉来火药需求商,在他们面前表演了一个重要的节目:他先在一箱安全炸药上点燃木柴,结果没有爆炸;再把一箱安全炸药从大约20米高的山崖上扔下去,结果,也没有爆炸;然后,他在石洞中装入安全炸药,用雷管引爆,结果都爆炸了。这次实验,获得了完全的成功,给参观的人留下了深刻的印象;诺贝尔的安全炸药,确实是安全的。不久,诺贝尔建立了安全炸药托拉斯,向全世界推销这种炸药。

如果诺贝尔等着客户来找自己,他可能永远都在自己的小山沟中做实验,走不出实验的范畴。但是既然没有人找到他,他就把别人找过来。炸药的安全性不需要多言,通过对比就一目了然了,别人看了他的炸药,还有什么好怀疑的呢?诺贝尔的故事适合那些自认为怀才不遇的人,当你真的有才华的时候,就要创造机会来表现自己的才华!事实上,绝大部分人的成功都是靠自己争取得来的，坐等机会的人，最终很少能遇到天时地利的时候。

　　愚者错失机会，智者善抓机会，成功者创造机会。等待机遇的人，只能收获叹息；抓住机遇、创造机遇的人，才会收获成功。

机遇只青睐那些有准备的头脑

　　天下没有免费的午餐，机遇总是偏爱那些有准备的人。这两句话并不矛盾，所有的机会都是公平的，但并不表示所有人把握机会的概率是相同的，有准备的人自然是几率大很多。

　　在西方流传着这样一个故事：

　　许多年前，一位聪明的国王召集了一群聪明的臣子，给了他们一个任务："我要你们编一本各时代的智慧录，好流传给子孙。"这些聪明人离开国王后，工作了很长一段时间，最后完成了一本十二卷的巨作。

　　国王看了以后说："各位先生，我确信这是各时代的智慧结晶，然而，它太厚了，我怕人们不会读，把它浓缩一下吧。"这些聪明人又长期努力地工作，几经删减之后，完成了一卷书。然而，国王还是认为太长了，又命令他们再浓缩，这些聪明人把一卷书浓缩为一章，又浓缩为一页，然后减为一段，最后变为一句话。

　　国王看到这句话后，显得很得意。"各位先生，"他说，"这真是各时代智慧的结晶，并且各地的人一旦知道这个真理，我们大部分的问题就可以解决了。"

　　这句话就是："天下没有白吃的午餐。"

　　第一个进入太空的中国人杨利伟，为什么那么幸运？听听他的话我们就能明白："现在我一闭上眼睛，座舱里所有仪表、电门的位置都能想得清清楚楚；随便说出舱里的一个设备名称，我马上可以想到它的颜色、位置、作用；操作时要求看的操作手册，我都能背诵下来，如果遇到特殊情况，我不看手册，也完全能处理好。"如果不是经过魔鬼训练的重重考验，他怎么能在众多的后备人选中把握住这个机会呢？

我们中国人做事讲究"天时、地利、人和"，充分的准备用现在的话来说，不外乎这些因素：

1. 创新意识

机遇是意外的、异常的，因而用常规方法抓住机遇是很困难的，这就需要有创新意识，能不断寻求新的对策和方法。

2. 判断力

在人们发现的机遇中，并不是每一个意外情况都有价值，都值得探索，都有成功的希望。这就需要准确判断，从各种机遇中抓住有希望的线索，抓住有价值、有潜在意义的线索。这一点对于确定是否进一步追究机遇所提供的线索有决定性意义。

3. 观察力

具有敏锐的观察力，才能及时捕捉到看起来微不足道的偶然事件。

4. 事业心

只有把自己的思想和行为与事业紧密相连的人，才有可能把机遇与发展事业、搞好工作联系起来，为了事业而刻意求索。头脑的准备，不仅是心理、意识的准备，而且还包括经验和知识的准备。因为处理机遇很难像一般事务那样有计划、有目的、有步骤，主要是凭自身的经验、知识的积累进行决策，因此你必须有丰富的经验、渊博的知识与合理的知识结构，这样，在机遇出现时，才能触类旁通，引起注意，努力思考，作出判断。现代社会竞争日趋激烈，一个机遇往往被几个人同时捕捉。在这种情况下，究竟谁能把捕捉到的机遇利用起来，这就要取决于实力的对比和竞争了。要取得随机决策的成功，机会和实力两个条件缺一不可。"机遇只偏爱有准备的头脑"，这是一句早为人们所熟稔的名言，其中所包含的朴素真理一次次为实践所证实。要想牢牢抓住机遇，就为机遇的来临做好准备吧。

机遇垂青于有准备的人，只要我们在工作与生活中主动运用我们的大脑，让好点子如泉水般涌出，我们便会找到属于自己的最佳坐标。

风险的背后，就是机会和成功

并不是每一个机会都是戴着桂冠来我们身边的，有些机遇往往戴着危险面罩，让很多只看表面的人望而却步。那些善于思考的人，往往能变"危机"为"良机"。

据有关媒体报道，2009 年，经济危机的影响将全面来临。与 1873 年、1929 年的经济危机不同的是，1873 年只是美国国内的经济危机，1929 则是西方国家的经济危机，而 2009 年，是全球性的经济危机。

危机来临，股票狂跌、市场疲软、无数企业倒闭、工人失业、大学生就业困难，人们的生活陷入了混乱之中。但是，当危机肆虐的时候，难道我们就没有应对它的法宝了吗？答案是否定的。

从"危机"一词的组合中我们可以看出：危险中往往蕴藏着新的机会。那些善于思考的人，往往能变"危机"为"良机"。这里有三个故事，也许会给今天面临金融危机的我们一些启发：

第一个故事：

从前有一座名城最繁华的街市失火，火势迅猛蔓延，数以万计的房屋商铺在一片火海之中顷刻之间化为废墟。有一位富商苦心经营了大半生的几间当铺和珠宝店，也恰在那条闹市中。火势越来越猛，他大半辈子的心血眼看毁于一旦，但是他并没有让伙计和奴仆冲进火海，舍命抢救珠宝财物，而是不慌不忙地指挥他们迅速撤离，一副听天由命的神态，令众人大惑不解。然后他不动声色地派人从家乡河流的沿岸平价购回大量木材、石灰。当这些材料像小山一样堆起来的时候，他又归于沉寂，整天逍遥自在，好像失火压根儿与他毫不相干。

大火烧了数十日之后被扑灭了，但是曾经车水马龙的城市，大半个城已经是墙倒房塌，一片狼藉。不几日，宫廷颁旨：重建这座城市，凡销售建筑用材者一律免税。于是城内一时大兴土木，建筑用材供不应求，价格陡涨。这个商人趁机抛售建材，获利颇丰，其数额远远大于被火灾焚毁的财产。

第二个故事：

有位经营肉食品的老板，在报纸上看到这么一则毫不起眼的消息：墨西哥发生类似瘟疫的流行病。他立即想到墨西哥瘟疫一旦流行起来，一定会传到美国，而与墨西哥相邻的两个州是美国肉食品的主要供应基地。

如果发生瘟疫，肉类食品供应必然紧张，肉价定会飞涨。于是他先派人去墨西哥探得真情后，立即调集大量资金购买大批菜牛和肉猪饲养起来。过了不久，墨西哥的瘟疫果然传到了美国这两个州，市场肉价立即飞涨。时机成熟了，他大量售出菜牛和肉猪，净赚百万美元。

第三个故事：

19世纪美国加州发现金矿的消息使得数百万人涌向那里淘金。17岁的小女孩雅木尔也加入了这个行列。一时间加州的淘金者面临着水源奇缺的威胁。人们大多数都没有淘到金，小雅木尔也未淘到金。可细心的小雅木尔却发现，远处的山上有水。她在山脚下挖开引渠，积水成塘，然后，她将水装进小桶里，每天跑几十里路卖水，不再去淘金，做没有成本的买卖，生意极好，可淘金者当中有不少人嘲笑她。许多年过去了，大部分淘金者空手而归，而雅木尔却获得了6700万美元，成为当时很富有的人。任何危机都蕴藏着新的机会，这是一条颠扑不破的人生真理。很多时候看起来毫无价值的信息，在会思考的人心中就是一个好机会。受苦的人会把不幸当成人生的痛苦，而积极向上的人总是能把苦难当成自己飞得更高的财富。

塞翁失马，焉知非福。任何危机都蕴藏着新的机会，这是一条颠扑不破的人生真理。而能否有效地利用危机，从危机中发现机会，便是成功的一大关键。

挑战自我，多给自己一个机会

美西战争爆发之时，美国总统必须马上与古巴的起义军将领加西亚取得联络。加西亚在古巴的大山里——没有人知道他的确切位置，可美国总统必须尽快得到他的合作。

有什么办法呢？

有人对总统说："如果有人能够找到加西亚的话，那么这个人一定是罗文。"于是总统把罗文找来，交给他一封写给加西亚将军的信。至于罗文中尉如何拿了信，用油纸袋包装好，上了封，放在胸口藏好；如何坐了四天的船到达古巴，再经过三个星期，徒步穿过这个危机四伏的岛国，终于把那封信送给加西亚——这些细节都不重要。

重要的是，美国总统把一封写给加西亚的信交给罗文，罗文接过信之后并没有问："他在什么地方？"

像罗文中尉这样的人，值得拥有一尊塑像，放在所有的大学里。太多人所需要的不仅仅是从书本上学习来的知识，也不仅仅是他人的一些教诲，而是要铸就一种精神：积极主动、全力以赴地完成任务——"把信送给加西亚"。

阿尔伯特·哈伯德所写的《把信送给加西亚》一书首次发表是在1899年，随后就风靡了整个世界。不仅是因为每一个领导都喜欢罗文这样的下属，更因为每一个人都从心底佩服罗文，佩服这个主动挑战任务的人。现代企业，迫切需要罗文，需要具有责任心和自动自发精神的好员工！而我们的人生，也同样渴望罗文精神。

彼得和查理一起进入一家快餐店，当上了服务员。他俩的年龄一样，也拿着同样的薪水，可是工作时间不长，彼得就得到了老板的褒奖，很快被加薪，而查理仍然在原地踏步。面对查理和周围人士的牢骚与不解，老板让他们站在一旁，看看彼得是如何完成服务工作的。在冷饮柜台前，顾客走过来要一杯麦乳混合饮料。

彼得微笑着对顾客说:"先生,你愿意在饮料中加入一个还是两个鸡蛋呢?"

顾客说:"哦,一个就够了。"

这样快餐店就多卖出一个鸡蛋。在麦乳饮料中加一个鸡蛋通常是要额外收钱的。

看完彼得的工作后,经理说道:"据我观察,我们大多数服务员是这样提问的:'先生,你愿意在你的饮料中加一个鸡蛋吗?'而这时顾客的回答通常是:'哦,不,谢谢。'对于一个能够在工作中主动解决问题、主动完善自身的员工,我没有理由不给他加薪。"

其实这个道理很简单:比别人多努力一些、多思考一些,就会拥有更多的机会。

对很多人来说,每天的工作可能是一种负担、一项不得不完成的任务,他们并没有做到工作所要求的那么多、那么好。对每一个企业和老板而言,他们需要的绝不是那种仅仅遵守纪律、循规蹈矩,却缺乏热情和责任感,不够积极主动、自动自发的人。

工作需要自动自发,而那些整天抱怨工作的人,是永远都不会"把信送给加西亚"的,他们或者出发前就胆怯了;或者遇到苦难而中途放弃;或者弄丢了这封重要的信,害怕惩罚而逃走;或者被敌人发现,背叛写信人。这样的人是非常狭隘的,他的人生又能有多广阔?

其实,我们每个人都可以把自己的目标当成一次"把信送给加西亚"的任务,这是一次挑战自己的机会,也是实现自我、突破自己的机会。

在这个世界上,只有强者才能掌握自己的命运,也只有强者才能够在芸芸众生中脱颖而出。一个人,无论别人有多么辉煌都与你无关,重要的是你要开创你自己的辉煌,你要不断地超越自己,你才能一步步成长壮大。

机遇没有彩排，只有直播

许多人坐等机会，希望好运从天而降，这些人往往难成大事。成功者积极准备，一旦机会降临，便能牢牢地把握。机遇对于每个人来说，没有彩排，只有直播，你没有把握住的话，只能等着自己出丑。

有位年轻人，想发财想得发疯。一天，他听说附近深山里有位白发老人，若有缘与他相见，则有求必应，肯定不会空手而归。于是，那位年轻人便连夜收拾行李，赶上山去。他在那儿苦等了五天，终于见到了那个传说中的老人，他求老者给他好运。老人告诉他说："每天清晨，太阳未东升时，你到海边的沙滩上寻找一粒'心愿石'。其他石头是冷的，而那颗'心愿石'却与众不同，握在手里，你会感到很温暖而且会发光。一旦你寻找到那颗'心愿石'后，你所祈愿的东西就可以实现了！"

每天清晨，那个年轻人便在海滩上捡石头，发觉不温暖又不发光的，他便丢下海去。日复一日，月复一月，那个年轻人在沙滩上寻找了大半年，却始终也没找到温暖发光的"心愿石"。

有一天，他如往常一样，在沙滩开始捡石头。一发觉不是"心愿石"，他便丢下海去。一粒、二粒、三粒……

突然，年轻人大哭起来，因为他突然意识到：刚才他习惯性地扔出去的那块石头是"温暖"的……

当机遇到来时，如果你没有提前为机会做好准备，就会和这位年轻人一样将它习惯性地丢掉，与它失之交臂。生活中不是机遇少，只是我们对机遇视而不见。

这就和许多发明创造一样，看起来是偶然，其实那些发现和发明并非偶然得来的，更不是什么灵机一动或运气极佳。事实上，在大多数情形下，这些在常人看来纯属偶然的事件，不过是从事该项研究的人长期苦思冥想的结果。

人们常常引用苹果砸在牛顿的脑袋上，导致他发现万有引力定律这一例子，来说明所谓纯粹偶然事件在发现中的巨大作用。但人们却忽视了，多年来，牛顿一直在进行为重力问题苦苦思索、研究这一现象的艰辛过程。苹果落地这一常见的日常生活现象之所以为常人所不在意，而能激起牛顿对重力问题的理解，能激起他灵感的火花并进一步作出异常深刻的解释，这是因为牛顿对重力问题有深刻的理解的结果。生活中，成千上万个苹果从树上掉下来，却很少有人能像牛顿那样引发出深刻的定律出来。

同样，从普通烟斗里冒出来的五光十色像肥皂泡一样的小泡泡，这在常人眼里就跟空气一样普通，但正是这一现象使杨格博士创立了著名的光干扰原理，并由此发现了光衍射现象。

人们总认为伟大的发明家总是论及一些十分伟大的事件或奥秘，其实像牛顿和杨格以及其他许多科学家，他们都是研究一些极普通的现象。他们的过人之处在于能从这些人所共见的普遍现象中揭示其内在的、本质的联系，而这些都是凭着他们的全力以赴钻研得来的。只有这样为机遇做好了充分的准备，才能发现机遇，进而更好地抓住机遇。

所罗门说过："智者的眼睛长在头上，而愚者的眼睛是长在脊背上的。"心灵比眼睛看到的东西更多。有些人走上成功之路，不乏来自于偶然的机遇。然而就他们本身来说，他们确实具备了获得成功机遇的才能。

好运气更偏爱那些努力工作的人。没有充分的准备和大量的汗水，机会就会眼睁睁地从身边溜走。对于机遇，它意味着需要你忍受无法忍受的艰苦和穷困，以及献身工作的漫漫长夜。只有为所从事的工作有充分的准备时，机会才会来临。

拿破仑·希尔说，任何人只要能够定下一个明确的目标，坚守这个目标，时时刻刻把这个目标记在心中，那么，必然会获得意想不到的结果。

在日常生活中，常常会发生各种各样的事，有些事使人大吃一惊，有些事却毫无惊人之处。一般而言，使人大吃一惊的事会使人倍加关注，而平淡无奇的事往往不被人所注意，但它却可能包含着重要的意义。一个有敏锐洞察力的人，他会独具慧眼，留心周围小事的重要意义。人们也不能把目光完全局限于"小事"上，而是要"小中见大"、"见微知著"。只有这样，才能有更多发现机遇的机会。

我们应当随时为机遇做好热身，努力向着自己的目标奋斗，为目标准备，才能够在机会来临的时候大显身手，否则在机会来临的时候自己手忙脚乱，或者不知所措,只能让机会白白地从身边溜走。人不能躺在那里等待机遇,只有事先做好充分的准备,在机遇来临时才有可能抓住机遇,获得成功。

养兵千日,用兵一时。生活中,我们只有准备充分,才能把自己的工作做到位。准备工作做得越充分的人,成功的可能性就越大。

机遇是靠自己争取的

索富克勒斯这样说过:"机会要靠自己争取,机会是一切努力之中最杰出的船长。"而比尔·盖茨曾教导微软的员工:"只要你善于观察,你的周围到处都存在着机会;只要你善于倾听,你总会听到那些渴求帮助的人越来越弱的呼声;只要你有一颗仁爱之心,你就不会仅仅为了私人利益而工作;只要你肯伸出自己的手,永远都会有高尚的事业等待你去开创。"比尔·盖茨之所以能开创辉煌的事业,是因为他总是能够全力以赴,并以他独特的眼光捉住身边转瞬即逝的机会。

生活中许多人常常会舍近求远,到远处去寻找自己身边就有的东西。而机遇往往就在你的脚下。

有这样一个故事。

一位船长讲述道:"天正渐渐地黑下来。海上风很大,海浪滔天,一浪比一浪高。有一天晚上我们碰到了不幸的中美洲号,我给那艘破旧的汽船发了个信号打招呼,问他们需不需要帮忙。

"'情况正变得越来越糟糕,'中美洲号的亨顿船长朝着我喊道。'那你要不要把所有的乘客先转移到我船上来呢?'我大声地问他。'现在不要紧,你明天早上再来帮我好不好?'他回答道。'好吧,我尽力而为,试一试吧。可是你现在先把乘客转到我船上不更好吗?'我问他。'你还是明天早上再来帮我吧。'

他依旧坚持道。"

"我曾经试图向他靠近，但是，你知道，那时是在晚上，夜又黑，浪又大，我怎么也无法固定自己的位置。后来我就再也没有见到过中美洲号。就在他与我对话后的一个半小时，他的船连同船上那些鲜活的生命就永远地沉入了海底。船长和他的船员以及大部分的乘客在海洋的深处为自己找到了最安静的坟墓。"

亨顿船长曾经离他咫尺，他却没有抓住这个机会，在他面对死神的最后时刻，深深的自责又有什么用？他的盲目乐观与优柔寡断使得许多乘客成为牺牲品！

其实，在我们的生活当中，有很多像亨顿船长这样的人，只有在失去之后，才幡然悔悟，认同了那句古老的格言"机不可失，时不再来"。然而，这时一切已经太迟了。

善于利用机会就如同给成功埋下了一粒种子，终有一天，这些种子会生根、发芽、结果，这样给他们自己或是别人带来更多的机会。每个一步一个脚印、踏踏实实工作的人其实正在离机会与幸福越来越近，可以选择的道路也会越来越宽，越来越平坦。只有运用自己的主动性不断向机会靠近，才能赢得机会。

机会的大门向所有的人都是敞开的，无论是头脑清醒、生活节俭、年富力强的科学家，还是温文尔雅的学生，无论是谨慎细致的公务员，还是兢兢业业的公司职员，机会的存在形式都是一样的。成功的机会是无限的，在每一个行业中都有无数的机会，但是，每个机会都是稍纵即逝的，除非有人抓住它，并善加利用。

每当面对困难时，不妨停下来问问自己："这个困难之中，可能藏有什么机会呢？"当你发现了机会，你就超越你的对手了。常常有人终其一生在等待一个完美的机会自动送上门，这样他们便可以拥有光荣的时刻。直到他们了解，每一个机会都属于那些主动寻找的人，才后悔不该坐等机会的到来！

如果你对你的未来有具体的计划，不要犹豫了！别蹉跎空候，也别期望成功会自然到来，当你确定自己所要的是什么，全力以赴地去争取，只有这样你才有成功的希望。只有不负责任的人才总是抱怨自己没有机会，没有时间；而那些永远在孜孜不倦地工作着、努力着的人能够从琐碎的小事中找到机会，并紧紧抓住细小的机会，去利用它们完成自己的计划。

每个人的体内都包含了诚实的品质、热切的愿望和坚忍的品格，这些都让人们有成就自己的可能；人们的前方还有无数伟人的足迹在引导着、激励着人们不断前行；而且，每一个新的时刻都给人们带来许多未知的机遇。一个聪明的人，只要把握住这些"未知的机遇"，就能够为人生目标进行拼搏，赢得人生。

那些成功者不会等待机会的到来，而是寻找并抓住机会、把握机会、征服机会，让机会成为服务于他的奴仆。换句话说，任何机会都可以是他们手中的"金钥匙"。

有"心机"才能发现转机

在每个人的生活中都会遇到这样或者那样的困难，当面临困境的时候，有的人能够在困境中突围，从而得到更好的发展，而有的人却被困境拖垮。有两种截然不同的结果是因为：从困境中突围的那个人认真观察生活的细节，思考转败为胜的良机，并在关键时刻抓住机会，奋力一战，取得成功；而失败者没有动脑筋发现生活的转机，以致耽误了突围的最佳时机而以失败告终。

保罗·迪克刚刚从祖父手中继承了美丽的"森林庄园"，庄园就被一场雷电引发的山火化为灰烬。面对焦黑的树桩，保罗欲哭无泪，年轻的他不甘心百年基业毁于一旦，决心倾其所有也要修复庄园，于是他向银行提交了贷款申请，但银行却无情地拒绝了他。接下来，他四处求亲告友，依然是一无所获。

所有可能的办法全都试过了，保罗始终找不到一条出路，他的心在无尽的黑暗中挣扎。他知道，自己以后再也看不到那郁郁葱葱的树林了。为此，他闭门不出，茶饭不思，眼睛熬出了血丝。

一个多月过去了，年已古稀的外祖母获悉此事，意味深长地对保罗说："小伙子，庄园成了废墟并不可怕，可怕的是你的眼睛失去了光泽，一天天地老去。一双老去的眼睛，怎么可能看得见希望呢？"

保罗在外祖母的劝说下，一个人走出了庄园，走上了深秋的街道。他漫无目的地闲逛着,在一条街道的拐角处,他看见一家店铺的门前人头攒动,他下意识地走了过去,原来是一些家庭妇女正在排队购买木炭。那一块块躺在纸箱里的木炭忽然让保罗眼睛一亮,他看到了一线希望。

在接下来的两个多星期里,保罗雇了几名烧炭工,将庄园里烧焦的树加工成优质的木炭,分装成箱,送到集市上的木炭经销店。结果,木炭被一抢而空,他因此得到了一笔不菲的收入。不久,他用这笔收入购买了一大批新树苗,一个新的庄园又初具规模了。几年以后,"森林庄园"再度绿意盎然。

保罗虽然在开始痛失庄园,但是一次无意间的发现让他找到事情的新转机,之后经过努力,最终获得成功。其实生活中遇到的事情看起来很糟糕,有心人会通过自己的细心发现其中的转机,抓住转机就能获得巨大的成功;对于无心的人来说,这些糟糕的事情就像压在心中的石头一样,一直压着自己,让自己一直不能翻身。

"年轻人的机遇不复存在了!"一位学法律的学生对丹尼尔·韦伯斯特抱怨说。"你说错了,"这位伟大的政治家和法学家答道,"最顶层总有空缺。"

对于善于利用机会的人,世界到处都是门路,到处都有机会。我们总能依靠自己的能力尽享美好人生,这种能力既给了强者,也给了弱者。弱者与强者相比较而言,缺少的就是强者的心机和对于生活中的机遇的判断力。

把一块固体浸入装满水的容器,人人都会注意到水溢了出来,但从未有人想到身体在水盆中的体积等同于同体积水这一道理,只有阿基米得拥有足够的"心机",注意到这一现象,并发现了一种计算不规则物体体积的简易方法。

生活中的我们可能贫穷,可能没有别人拥有的资源丰富,但是那些拥有大成功的人也不都是各方面条件都很优越,而是这些人有心机。用心发现生活中的每一个转机,一个小小的发现也可能造就一生的成功。在遇到困境的时候,不要一味地沉浸在悲伤的氛围中或者是一味的抱怨之中,而是要走出来,多看看,多思考外面的世界,或许突然之间的一个发现会让你灵感顿生,一个新的解决困境的方法就由此诞生。而伤心和抱怨是无论如何也不能解决当前的困境,只会徒添烦恼。对于一个不善于观察生活的人来说,是永远也看不见生活的转机的。

只有擦亮双眼,用心思考,才能发现隐藏在我们生活的一些细小的事情上的机会,抓住机会在绝境中逢生,不断前进。

一个人一生中的际遇肯定会截然不同,然而只要你耐得住寂寞,不断充实、完善自己,当机遇向你招手时你就能很好的把握并获得成功。

第十二章

选择不了好的起点,但可以赢一个漂亮的终点

挑战极限，和"不可能"过招

不要对还没有打的牌局说"不可能"，一切皆有可能，只有想不到，没有做不到。

在自然界中，有一种十分有趣的动物，叫做大黄蜂，曾经有许多生物学家、物理学家、社会行为学家联合起来研究这种生物。

根据生物学的观点，所有会飞的动物必然是体态轻盈、翅膀十分宽大的，而大黄蜂这种生物的状况却正好跟这个理论相反。大黄蜂的身躯十分笨重，而翅膀却出奇的短小。依照生物学的理论来说，大黄蜂是绝对飞不起来的。而物理学家的论调则是，大黄蜂的身体与翅膀的比例，根据流体力学的观点，同样是绝对没有飞行的可能的。

可是，在大自然中，只要是正常的大黄蜂，却没有一只是不能飞的，甚至它飞行的速度并不比其他能飞的动物慢。这种现象，仿佛是大自然和科学家们开的一个很大的玩笑。最后，社会行为学家找到了这个问题的答案。很简单，那就是——大黄蜂根本不懂生物学与流体力学，每一只大黄蜂在它长大之后就很清楚地知道，它一定要飞起来去觅食，否则必定会活活饿死！这正是大黄蜂之所以能够飞得那么好的奥秘。

由此可见，这世上没有绝对的"不可能"，只要敢于拼搏，一切皆有可能。

说到"不可能"这个词，我们来看一看著名成功学大师卡耐基年轻时用的一个奇特的方法。

年轻的时候，卡耐基想成为一名作家。要达到这个目的，他知道自己必须精于遣词造句，字典将是他的工具。但由于他小的时候家里很穷，接受的教育并不完整，因此"善意的朋友"就告诉他，说他的雄心是"不可能"实现的。

年轻的卡耐基存钱买了一本最好的、最完全的、最漂亮的字典，他所需要的字都在这本字典里，而他对自己的要求是要完全了解和掌握这些字。他做了一件奇特的事，他找到"impossible"（不可能）这个词，用小剪刀把它剪下来，

第十二章
选择不了好的起点，但可以赢一个漂亮的终点

然后丢掉，于是他有了一本没有"不可能"的字典。以后，他把整个事业建立在这个前提上。对一个要成长，而且要超过别人的人来说，没有任何事情是不可能的。

当然，讲这个例子并不是建议你从你的字典中把"不可能"这个词剪掉，而是建议你要从你的脑海中把这个观念铲除掉。谈话中不提它，想法中排除它，态度中去掉它、抛弃它，不再为它提供理由，不再为它寻找借口。把这个字和这个观念永远抛开，而用"可能"来代替它。

翻一翻你的人生字典，里面还有"不可能"吗？可能很多时候，当我们鼓起雄心壮志准备大干一场时，有人会好心地告诉我们："算了吧，你想的未免也太天真、太不可思议了，那是不可能的事情。"接着我们也开始怀疑自己：我的想法是不是太不符合实际了？那是根本不可能达到的目标。

假如回到500年前，如果有人对你说，你坐上一个银灰色的东西就可以飞上天；你拿出一个"小盒子"就能够跟远在千里之外的朋友说话；打开一个"方盒子"就能看到世界各地发生的事情……你也同样会告诉他"不可能"。但是今天，飞机、手机、电视甚至宇宙飞船都已经变成现实了。正如那句老话所说的，"没有做不到，只有想不到"，奇迹在任何时候都可能发生。

纵观历史上成就伟业的人，往往并非是那些幸运之神的宠儿，而是那些将"不可能"和"我做不到"这样的字眼从他们的字典以及脑海中连根拔去的人。富尔顿仅有一个简单的桨轮，但他发明了蒸汽轮船；在一家药店的阁楼上，法拉第只有一堆破烂的瓶瓶罐罐，但他发现了电磁感应现象；在美国南方的一个地下室中，惠特尼只有几件工具，但他发明了锯齿轧花机；伊莱亚斯·豪只有简陋的针与梭，但他发明了缝纫机；贫穷的贝尔教授用最简单的仪器进行实验，但他发明了电话。

美国著名钢铁大王安德鲁·卡内基在描述他心目中的优秀员工时说："我们所急需的人才，不是那些有着多么高贵的血统或者多么高学历的人，而是那些有着钢铁般的坚定意志，勇于向工作中的'不可能'挑战的人。"

人生如打牌，有些人总是还没有开始打，就因为别人说或自己认为"不可能"赢就放弃了，他连在牌局上展示的机会都没有。要知道，只要你敢于挑战，坚定信心，你就能超越极限，将不可能变为可能。

掌控情绪"转换器",生气不如争气

满手坏牌的时候,有人会觉得自己倒霉透顶,于是,嘴里骂着、心里恨着地打完这场牌。其实生气是无谓的,改变不了牌不好的现状,倒不如想着如何变不利为有利,打好牌。

生活中,我们感受周围的事物,形成一种观念,作出我们的判断,无一不是由我们的心灵来进行的。然而,不好的情绪常常折磨我们的心灵,使我们做事出现种种偏差。因此,那些能取得成就的人往往是能驾驭情绪的人,而经常败得一塌糊涂的人通常是被情绪驾驭的人。

一名初探歌坛的歌手,满怀信心地把自己的录音带寄给某位知名制作人,然后,他就日夜守候在电话机旁等候回音。

第一天,他因为满怀期望,所以情绪极好,逢人就大谈抱负;第十七天,他因为情况不明,所以情绪起伏,烦躁不安;第三十七天,他觉得前程未卜,所以情绪低落,闷不吭声;第五十七天,他因为期望落空,所以情绪坏透,电话铃响后拿起电话就骂人,没想到电话正是那位名制作人打来的,他因此而自毁前程。

很多时候,我们就像这位青年一样,在生气发怒时丧失了很多机会。人生本来就不是一帆风顺的,在生气的时候我们应该强迫自己控制好情绪,不要让它影响我们的正常生活和工作。

有这样一个故事:

有一位妇人脾气十分古怪,经常为一些无足轻重的小事生气。她也很清楚自己的脾气不好,但她就是控制不了自己。

朋友对她说:"附近有一位得道高僧,你为什么不去向他诉说心事,请他为你指点迷津呢?"于是她就抱着试一试的态度去找那位高僧。

她找到了高僧,向他诉说了心事,态度十分恳切,渴望从高僧那里得到启示。高僧一言不发地听她讲述,等她说完了,就把她领到一座禅房中,然后锁

第十二章
选择不了好的起点，但可以赢一个漂亮的终点 / 257

上房门，无声而去。

妇人本想从高僧那里听到一些开导的话，没想到高僧一句话也没有说，只是把她关在这个又黑又冷的屋子里。她气得跳脚大骂，但是无论她怎么骂，高僧就是不理会她。妇人实在忍受不了了，便开始哀求，但禅师还是无动于衷，任由她在那里说个不停。

过了很久，房间里终于没有声音了，高僧在门外问："还生气吗？"

妇人说："我只生自己的气，我怎么会听信别人的话，到你这里来！"

高僧听完，说道："你连自己都不肯原谅，怎么会原谅别人呢？"于是转身而去。

过了一会儿，高僧又问："还生气吗？"

妇人说："不生气了。"

"为什么不生气了呢？"

"我生气有什么用呢？只能被你关在这个又黑又冷的屋子里。"

高僧说："你这样其实更可怕，因为你把你的气都压在了一起，一旦爆发，会比以前更加强烈。"说完又转身离去了。

等到高僧再问她的时候，妇女说："我不生气了，因为你不值得我为你生气。"

"你生气的根还在，你还没有从气的漩涡中摆脱出来！"高僧说道。

又过了很长时间，妇人主动问道："高僧，你能告诉我气是什么吗？"

高僧还是不说话，只是看似无意地将手中的茶水倒在地上。妇女终于顿悟：原来，自己不气，哪里来的气？心地透明了，了无一物，何气之有？

实际上，我们自己不生气就什么事情都没有了，生气都是自找的。在生气的时候，我们要适当地进行情绪转换，掌控好自己的情绪。

被称为"世界剧坛女王"的拉莎·贝纳尔，在一次横渡大西洋途中突遇风暴，不幸在甲板上滚落，足部受了重伤。当她被推进手术室，面临锯腿的厄运时，她突然念起了自己所演过的剧中的一段台词。记者们以为她是为了缓解一下自己的紧张情绪，可她说："不是的！是为了给医生和护士们打气。你瞧，他们不是太正儿八经了吗？"

威廉·詹姆斯说："完全接受已经发生的事，这是改变不幸命运的第一步。"接受无法抗拒的事实，既然是第一步，那么有没有第二步？有。拉莎手术圆满成功后，她虽然不能再演戏了，但她还能演讲。她的演讲，使她的戏迷再次为她而鼓掌。

拉莎·贝纳尔在面对无法抗拒的灾难时，跳出焦虑、悲伤的圈子，她转换了自己的情绪，又踏上一个新的里程，并继续努力，依然得到了别人的肯定。

任何人遇到灾难情绪都会受到影响，这时一定要操纵好情绪的"转换器"。面对无法改变的不幸或无能为力的事，抬起头来，对天大喊："这没有什么了不起，它不可能打败我！"或者耸耸肩，默默地告诉自己："忘掉它吧，这一切都会过去！"

情绪是可以调适的，只要你操纵好情绪的"转换器"，随时提醒自己、鼓励自己，将生气转化为动力，才能改变境遇，闯出一番新的天地。

当你心情烦躁的时候，可以散散步或听听音乐，把不满的情绪发泄出来或转移，尽量使自己的心境平和，在平和的心境下，情绪就会慢慢缓和；或者用繁忙的工作或通过参加有兴趣的活动去补充、转换。

在人生的牌局中，当满手坏牌的时候，与其埋怨自己命不好，恨恨地诅咒、骂人，倒不如转换情绪，让自己平静下来好好想想，如何将不利变为有利，打好手中的坏牌。如果这样做，你就还有赢的希望；如果你只是沉浸在消极的情绪中，那输牌的肯定是你。

人生苦旅，等闲视之

谁的一生都可能有一手坏牌的时候，强者会把坏牌当做一个小小的障碍，等闲视之；而弱者却把坏牌看成永远翻不过去的大山，听从命运的安排。

人生难免会有失意的时候，事业上的，情感上的，家庭上的，等等。面对失意，强者以一颗自强不息的心不断进取；弱者就是面对一张薄纸，也不愿伸手去戳破，去达到自己的目的。一个人拿到一手坏牌时，一定要保持自立自强

第十二章
选择不了好的起点,但可以赢一个漂亮的终点

的姿态,奋力前行。

一位作家在他的一部作品中描绘了一只新生的长颈鹿如何学习它的第一课。

把一只长颈鹿带到世上来是一个艰难的过程。小长颈鹿从母亲的子宫里掉出来,落到大约距离3米高的地面上,通常后背着地。几秒钟内,它翻过身来,把四肢蜷在身体下,并甩掉眼睛和耳朵里残存的一点羊水。依靠这个姿势,它第一次得以审视这个世界。然后,长颈鹿妈妈便用粗暴的方式把它的孩子带到现实生活中。

长颈鹿妈妈尽力低下头,以看清小长颈鹿的位置,确保自己在小长颈鹿的正上方,等待了大约一分钟,然后做出最不合常理的事——抬起长长的腿,踢向小长颈鹿,让它翻了一个跟头后,四肢摊开。

如果小长颈鹿不能站起身,这个粗暴的动作就会被长颈鹿妈妈不断地重复。为了能够站起来,小长颈鹿拼命努力。因为疲倦,小长颈鹿有时会停止努力。长颈鹿妈妈看到,就会再次踢向它,迫使它继续努力。最后,小长颈鹿终于第一次用它颤动的双腿站了起来。

这时,长颈鹿妈妈会做出更不合常理的举动:再次把小长颈鹿踢倒。为什么?长颈鹿妈妈想让它记住自己是怎么站起来的。在荒野中,小长颈鹿必须能够以最快的速度站起来,以免使自己与鹿群脱离,只有在鹿群里它才是安全的。狮子、狼等野兽都喜欢猎食小长颈鹿,如果长颈鹿妈妈不教会它的孩子尽快站起来,与大部队保持一致,那么它很快就会成为这些野兽的猎物。

长颈鹿妈妈的行为看上去十分粗暴、不近情理,但那是为了让孩子更快、更好地适应自然界恶劣的生存环境。物竞天择,只有强者才能在竞争激烈的自然界中生存下去。

人生的路是漫长的,任何人都不可能永远陪在你身边和你一起面对外面的风雨。在失意的时候,一个人千万不要失去斗志,只要自强不息,再坏的牌也难不倒你。

面对挫折,只有自强者才能战胜困难、超越自我。如果一味地想等待别人来帮忙,只能落得失败的下场。凭着自己的努力可以解决任何问题,永远可以依赖的人只有自己!

借别人的棉袄过冬

榜样的力量是无穷的。牌局中,当你冥思苦想着如何破局但总没有答案时,可以借鉴别人成功的经验,学习他们解决问题的方法,这样更有利于自己获得成功。

在走向成功的路上,人人都在不断探索、追求,人人都在探索一条捷径,希望不走弯路。如果仅靠自己一个人慢慢摸索,那取得成功的时间肯定会长得多;如果能借鉴别人成功的方法,再与自己的实际相结合,会更容易获得成功。

有一个法国人,42岁了仍一事无成,他也认为自己简直倒霉透了:离婚、破产、失业……他找不到自己生存的价值和人生的意义。他对自己非常不满,因此变得古怪、易怒,同时又十分脆弱。

有一天,一个吉卜赛人在巴黎街头算命,他随意一试。吉卜赛人看过他的手相之后说:"您是一个伟人,您很了不起!"

"什么?"他大吃一惊,"你说我是个伟人,你不是在开玩笑吧?!"

吉卜赛人平静地说:"您知道您是谁吗?"

我是谁?他暗想,是个倒霉鬼,是个穷光蛋,是个被生活抛弃的人!但他仍然故作镇静地问:"我是谁呢?"

"您是伟人,"吉卜赛人说,"您知道吗,您是拿破仑转世!您身上流的血、您的勇气和智慧,都是拿破仑的啊!先生,难道您真的没有发觉,您的面貌也很像拿破仑吗?"

"不会吧……"他迟疑地说,"我离婚了……我破产了……我失业了……我几乎无家可归……"

"但是,那是您的过去,"吉卜赛人说,"您的未来可不得了!如果先生您不相信,就不用给钱好了。不过,5年后,您将是法国最成功的人啊!因为您就是拿破仑的化身!"

这个法国人表面装作极不相信地离开了,心里却有了一种从未有过的伟大

第十二章
选择不了好的起点，但可以赢一个漂亮的终点

感觉。他对拿破仑产生了浓厚的兴趣。回家后，就想方设法找与拿破仑有关的一切书籍、著述来学习。

渐渐的，他发现周围的环境开始改变了，朋友、家人、同事、老板，都换了另一种眼光、另一种表情对他。事情开始顺利起来。

后来他才领悟到，其实一切都没有变，是他自己变了：他的胆魄、思维方式都在模仿拿破仑，就连走路、说话都像。

13年以后，也就是在他55岁的时候，他成了亿万富翁，成为法国赫赫有名的成功人士。

榜样的力量是无穷的。凡是在某个领域出类拔萃的人，其所思与所为都不同于该领域中的一般人。他们成功的秘诀，是师人之长，取人之精，为己所用。

马太效应告诉我们，任何个体、群体或地区，一旦在某一方面获得成功和进步，就会产生一种积累优势，就有更多的机会取得更大的成功和进步。而通过观察、比较、学习和沟通，征求成功者的意见，便是成功的关键所在。

不管我们是做哪个行业，选一位成功者当自己的引导者，别害怕求助于他。其实，一个有成就的人，很希望与那些能将他的才华完全发挥出来的人分享他的学问、智慧和经验。所以，成功的人都是乐于借鉴他人的经验，学习他人的长处，而站在前人的肩膀上成就事业、创造人生的。

那么，我们究竟要向那些成功人士学习什么，又该如何学习呢？

首先，我们要学习他们遇到问题时的心态。当遇到棘手的问题时，我们可以向成功人士请教：他们遇到问题的反应是什么，以怎样的心态去面对困难……其实很多时候，决定成败的并不是能力的大小，而是心态的好坏。另外，我们还可以通过自己的认真观察，总结成功人士获得成功的心态。

其次，学习成功人士在遇到难题时处理问题的能力。成功人士之所以成功，并不是因为他们本身的智商比常人高，而是因为他们解决问题的能力比较强，所以我们就要学习成功人士在遇到问题的时候如何面对问题、分析问题，在方案出现变动的时候如何因计划而改变方案，以及在最艰难的时候如何做到化险为夷。

最后，学习成功人士在平时如何积累知识、经验。一个人或者一个企业的成功，不是一朝一夕的，而是在长期的积累过程中逐渐形成的，所以我们需要学习的是成功人士或者成功的企业是如何一步步壮大的，他们在这个过程中都做了些什么。我们要虚心地向成功人士请教他们积累的经验，自己更要仔细地

去观察他们是如何进行积累的。将学到的他们的方式在自己平时的生活中加以利用,这样使自己更容易取得成功。

在人生的牌局中,我们要善于借用那些高手赢牌的技巧,使自己的路越走越宽,离成功越来越近。

成功没有霸王条款,勇于挑战就能跨越起点

生活对每个人来说都是公平的,一个不善于挑战的人会将一手其实还不错的牌打输,而一个善于挑战的人会将一手很烂的牌打成一副好牌。

生活是由一连串的问题组成的。一个善于向困难挑战的人,尤其是善于向那些最难、挡住大部分人的问题挑战的人,他会跨过一个个问题,最终赢得胜利。可以说,在成功的道路上没有霸王条款,只要你勇于去挑战成功,你就能跨越起点,逼近成功。

美国五大湖区的运输大王考尔比刚参加工作时非常贫穷,他最初从纽约一步一步走到克利夫兰,后来在湖滨南密歇根铁路公司总经理那里谋了一个书记的职务。

但是他工作了一段时间后,就觉得这个职位的视野过于狭小——除了忠实地、机械地干活以外,没有任何发展前途可言,这已不能满足其远大的志向了。他也意识到,梯子底部不一定就安稳,上面随时都可能掉下东西砸到自己,这样还不如爬到梯子的上部,并一心朝上爬。

于是,他辞掉了这份工作,在海·约翰大使的手下谋得了一个职位。大使后来成为国务卿、美国驻英国大使,而在此之前,考尔比就已经明白,与前者在一起不会有发展,与后者共事则会有很大的成就。

工作应从什么样的高度开始?不少刚开始找工作的毕业生会认为从哪里开

始都一样，先落了脚再说，并雄心勃勃地表示不会待多久。但遗憾的是，他们中的大多数进到那个层次后便很难再出来了。对于这个问题，著名的成功学家拿破仑·希尔有过很经典的论述，他说："这种从基层干起，慢慢往上爬的观念，表面上看来也许十分正确，但问题是，很多从基层干起的人，从来不曾设法抬起头，以便让机会之神看到他们。所以，他们只好永远留在底层。我们必须记住，从底层看到的景象并不是很光明或令人鼓舞的，有时反而会增加一个人的惰性。"

因此，一级也好，两级也好，总之，在职位上努力向上攀登十分重要，对一个人的长远发展来说也是一件意义深远的事情。

因此，成功人士建议，如果有可能的话，尽量从基层的上一步或上两步开始，这样你就会免受最底层的单调生活的折磨，避免形成狭隘的思想和悲观的论调，尤其是可以避开低层次的斗争。事实也确实如此，在一个较低的层次上，由于资源和机会有限，人员素质参差不齐，斗争与内耗往往十分激烈而且赤裸裸的。许多人在到达上一层之前，也许已经元气大伤、锐气全无了，因为他们把太多的热血流在了污泥里。

有一位30多岁在北大读MBA的人袒露，他这岁数还来读MBA，只是为了越过一些层级。他原来的单位是个很保守的地方，论资排辈，他工作了几年仍然是个小跟班，参与不了任何重要的事情，也得不到真正的锻炼，而自己比较适合的中高级管理人员的位置又是那样遥不可及。他的许多同龄人都逐渐变得懈怠和颓废起来，但他选择了离去，选择了越过一些也许是永远都难以"胜任"的层级，直奔"主题"。虽然MBA的课程读起来很辛苦，但他乐在其中，因为他知道山的后面是什么。

后来，他做了一家大公司的高级主管，年薪超过50万，而他原来的年薪不足2万。

更重要的是，他坐在了最适合他的位子上，自己舒服，别人也舒服。

很多时候，是我们不敢向自我挑战，总觉得那些事情那么难，自己怎么可能实现呢？于是失掉了一次次的机会。而那些成功的人、成功的企业，并不是因为他们本身就有三头六臂，而是他们有挑战自我的勇气，相信自己，并不断努力，在超越一个个目标后，他们会选择更高的目标来征服。为什么有着同样的经历、同样的出身，但是有些人会成为成功人士，而有些人仍然在底层挣扎？就是因为失败的人没有这份挑战困难、挑战生活、挑战自我的勇气。

在生活的洪流中,人应当有逆流而上的勇气,不断努力,再苦再难也要坚持,只要熬过了,什么样的困难都难不住你。成功没有霸王条款,只要学会挑战自我,你就会跨越起点。

要敢于决断

很多时候,在牌局的关键时刻,我们总会举棋不定,不知道该出哪一张牌,害怕这个,害怕那个,到头来失去了出牌的机会。

哲学家苏格拉底说:"当许多人在一条路上徘徊不前时,他们不得不让路,让那些珍惜时间的人赶到他们的前面去。"当有人问亚历山大是如何征服世界时,他回答说,他只是毫不迟疑地去做这件事。

那些总是摇摆不定、犹豫不决的人肯定是个性软弱、没有生气的人,他们不敢决定任何一件事情,不敢担负起应负的责任;他们常常对自己的决断产生怀疑,不敢相信他们自己能解决重大的问题;他们对自己缺乏信心,往往推迟重大的决定,有时甚至无动于衷。

优柔寡断会破坏一个人的自信心和判断力,并大大浪费个人的精力。试图面面俱到、万事平衡的人作出的无益而琐碎的分析,是抓不住事物本质的。决策最好是决定性的、不可更改的,一旦作出之后就要用所有的力量去执行。

人生充满了选择。不管是读书、创业或婚姻,我们总要在几个可供选择的方案中做一个"赌注式"的决断。对于我们所选择的结果究竟是好是坏,也往往没有明确的答案。机会难得,想再回头重新来过是绝不可能的。因此,我们可以说:决断是各种考验的交集。

其实,上天并未特别照顾那些抓住机会之神的幸运者,只不过是他们一再对问题苦思对策,并毫不犹豫地去做了,因而获得了机会之神的青睐。

第十二章
选择不了好的起点，但可以赢一个漂亮的终点

拿破仑在紧急情况下总是立即抓住自己认为最明智的做法，而牺牲了其他所有可能的计划和目标，因为他从不允许其他的计划和目标来不断地扰乱自己的思维和行动。这是一种有效的方法，充分体现了勇敢决断的力量。换句话说，也就是要立即选择最明智的做法和计划，而放弃其他所有可能的行动方案。

决断并非一意孤行的"盲断"，也非逞一时之快的"妄断"，更非一手遮天的"专断"。决断除了要有客观的事实根据、出众的预见性眼光外，同时更要有决心与魄力。

莎士比亚说："我记得，当恺撒说'做这个'时，就意味着事情已经做了。"

英国著名女作家乔治·艾略特则这样判断一个人："等到事情有了确定的结果才肯做事的人，永远都不可能做成大事。"

曾经有这样一个人，他毕业于名牌大学，毕业时，有人建议他去炒股，他曾很积极地想去办股东卡，但是后来他想：这是一件很有风险的事情，还是等一阵再说吧。之后又有人建议他去夜校兼职当老师，他高兴了半天，但是又一想，一节课才挣那么点钱，没有什么意思，就又放弃了。他是一个很有天赋的人，却一直碌碌无为。

很多时候，我们缺乏的就是想到了就立马去做的勇气。

快速的决策和异常的胆略使许多成功人士渡过了危机和难关，而关键时刻的优柔寡断只能带来灾难性的后果。对于想成功的人来说，犹豫不决、优柔寡断是他们的敌人。它可能在其他伤害他、阻挠他、限制他的情况之前，就已使他处于无法自拔的境地中。

不要再等待、再犹豫，绝不要等到明天，今天就应该开始。要逼迫自己训练一种遇事果断坚定、迅速决策的能力，对于任何事情切不要犹豫不决。

一个企业或者一个人的决断，其实只有很少部分需要反复推敲，进行全方位的权衡和考虑。而对于大部分事情，在作决定的时候都要做到：一旦打定主意，就绝不更改，不再留给自己回头考虑、准备后退的余地。只有这样做，才能养成坚决果断的习惯。这样做既可以增强人的自信，同时也能得到他人的信赖。决策果断的人，在作决定时难免会发生错误，但是他因为自信，再加上以后经验、阅历的增加，会弥补一些错误决策可能带来的损失。他们要比那些简直不敢开始工作，做事处处犹豫、时时小心的人强得多。

我们在人生的牌局上出牌的时候，要尽量避免犹犹豫豫的习惯，要果断一些，这样才有赢牌的可能。

愚者赚今朝，智者赚明天

出牌的时候，如果只是瞅着眼前这一步，虽然目前牌路看起来不错，但很可能因为没有预见而断了自己的后路。

戴高乐说："眼睛所到之处，是成功到达的地方。唯有伟大的人才能成就伟大的事，他们之所以伟大，是因为决心要做出伟大的事。"教田径的老师会告诉你："跳远的时候，眼睛要看着远处，你才会跳得更远。"

一个人要想成就一番大事业，没有远见是不行的。但站得高才能看得远。一个人只有拥有深邃的思想和广阔的视野，按照既定的目标坚持不懈，才会获得成功。在现实生活中，拥有远见卓识将给你的生活和工作带来极大的好处。

百度CEO李彦宏在母校的一次发言中这样说："百度在2000年成立时，并不直接为网民提供搜索服务，我们只为门户网站输出搜索引擎技术，而当时只有门户网站需要搜索服务。2001年夏天，我做了这样一个决定，从一个藏在门户网站后面的技术服务商，转型做一个拥有自己品牌的独立搜索引擎。这是百度发展历程中唯一的一次转型，但会得罪几乎所有的客户，所以当时遭到很多投资者的反对。但当我把视线投向若干年以后时，我不得不坚持自己的观点。大家知道，后来我说服了投资者，所以才有了大家今天看到的百度。百度从后台走向了前台，加上我们的专注与努力，今天运营着东半球最大的网站。

"而事实上，从创立百度的第一天，我的理想就是'让人们最便捷地获取信息'。这个理想不局限于中文，不局限于互联网。作为一名北大信息管理系的学生，我很幸运地在前互联网时代、在大学时就理解了信息与人类的关系和重要性。所以，百度从第一天起，就胸怀远大理想：我们希望为所有中国人，以致亚洲，以致全世界的人类，寻求人与信息之间最短的距离，寻求人与信息的相亲相爱。所以说：视野有多远，世界就有多大。"

正是因为有这样的远见，李彦宏才能够成就今天的百度。

凯瑟琳·罗甘说："远见告诉我们可能会得到什么东西，远见召唤我们去行

第十二章
选择不了好的起点，但可以赢一个漂亮的终点

动。心中有了一幅宏图，我们就能把身边的物质条件作为跳板，跳向更高、更好的境界，从一个成就走向另一个成就。这样，我们就拥有了无可衡量的永恒价值。"

远见会给一个企业带来巨大的利润，为一个企业打开机会之门。远见可以增强一个人的发展潜力，一个人越有远见，他就越有潜能。远见会使你的工作与生活轻松愉快。它赋予你成就感，赋予你乐趣。当那些小小的成绩为更大的目标服务时，每一项任务都成了一幅更大的图画的重要组成部分。

远见会为你的工作增添价值。同样，当我们的工作是实现远见的一部分时，每一项任务都具有价值，哪怕是最单调的任务也会给你满足感，因为你看到更大的目标正在实现。

如果你有远见，那么你实现目标的机会就会大大增加。美国商界有句名言："愚者赚今朝，智者赚明天。"着眼于明天，不失时机地发掘或改进产品或服务，满足消费者新的需求，会独占鳌头，形成"风景这边独好"的佳境。打牌的时候也是这样，走当前的一步，要考虑下几步可能出现的情况，对自己出牌的思路作出相应的调整，这样才可能笑到最后。

19世纪80年代，约翰·洛克菲勒已经以他独有的魄力和手段控制了美国的石油资源，这一成就主要受益于他那从创业中锻炼出来的预见能力和冒险胆略。1859年，当美国出现第一口油井时，洛克菲勒就从当时的石油热潮中看到了这项风险事业是有利可图的。他在与对手争购安德鲁斯－克拉克公司的股权中表现出了非凡的冒险精神。拍卖从500美元开始，洛克菲勒每次都比对手出价高，当达到5万美元时，双方都知道，标价已经大大超出石油公司的实际价值，但洛克菲勒满怀信心，决意要买下这家公司。当对方最后出价72万美元时，洛克菲勒毫不迟疑地出价72.5万美元，最终战胜了对手。

当他所经营的标准石油公司在激烈的市场竞争中占据了美国市场上炼制石油的90%的市场份额时，他并没有停止冒险行为。19世纪80年代，利马发现了一个大油田，因为含碳量高，人们称之为"酸油"。当时没有人能找到一种有效的办法提炼它，因此一桶只卖15美分。洛克菲勒预见到这种石油总有一天能找到提炼方法，坚信它的潜在价值是巨大的，所以执意要买下这个油田。当时他的这个建议遭到董事会多数人的坚决反对。洛克菲勒说："我将冒个人风险，自己拿出钱去购买这个油田，如果有必要，拿出200万、300万美元也在所不惜。"洛克菲勒的决心终于迫使董事们同意了他的决策。结果，不到两年时间，

洛克菲勒就找到了炼制这种"酸油"的方法，油价由每桶15美分涨到1美元，标准石油公司在那里建造了当时世界上最大的炼油厂，赢利猛增到几亿美元。

　　远见就是在人类的巨大画卷中洞察到未来的情景。只有看到别人看不见的事物的人，才能做到别人做不到的事情。这就如打牌一样，在出这一张牌后，就要预见到后几张牌会怎么出，这样才能成为最后的赢家。

　　远见是成功者必备的素质之一，每一个渴望成功的人都要有意识地培养自己的远见。不管遇到什么问题和障碍，只要长期不懈地努力，就能实现自己的梦想。

"破冰之船"如何行万里

　　当牌出到一半的时候，你可能开始犹豫是否还要坚持打下去，因为局势看起来明显没有打下去的必要。但此时若放手，你可能就大错特错了，因为此时可能对方手里还有一张非常坏的牌，如果坚持下去，你就胜利了。

　　成功在于不断努力。不要因为途中遇到种种阻挠就丧失信心，其实"破冰之船"也能行万里。当破冰船上强大的机器开动时，能把自己的船首移到冰面上去，它的船首的水下部分就是因为这个缘故造得非常斜。船首出现在冰面上的时候，就恢复了自己的全部重量，而这个极大的重量就能把冰压碎。遇到更厚的冰块时，就要用船的撞击力来制服它。这时候破冰船就得向后退，然后用自己的全部重量向冰块猛撞。若是几米高的冰山，破冰船就得用它坚固的船首猛烈撞击几次才能将它们撞碎。

　　其实人也可以像这破冰之船一样，只要有坚持破冰的毅力，照样可以行万里。

　　你可能常常埋怨自己技不如人，但你想过其中的原因吗？静下心，回顾一

第十二章
选择不了好的起点，但可以赢一个漂亮的终点

下你学习和工作的历程，你是不是有这样的缺点：不能把某件事情漂亮地干完，做事常常半途而废。这是成功的大忌。伏尔泰说："要在这个世界上获得成功，就必须坚持到底；剑到死都不能离手。"请记住：只有坚持才能获得成功。其实有时候，你所从事的事业并不是十分困难，成功需要的多半是你的恒心。

日本有个电视剧叫做《第一百零一次求婚》，男主人公星野达郎不论是在外形上还是在工作上都让许多女性望而却步，在99次相亲失败后，达郎感到自卑、失望，但是他还是没有放弃。在第一百次的相亲中，他遇到了漂亮的大提琴手矢吹薰，对她一见钟情。但这么优秀、漂亮的女孩又怎么会对达郎产生感情呢？但是最后她还是在达郎的真情和他的坚持不懈中答应了达郎的求婚。但是在举行婚礼前，薰遇到了一个跟她死去的男朋友外形、气质特别相似的男人，并被他吸引。达郎为此伤心不已，但是他在一段时间之后振作起来，为律师考试奋斗。最终，薰想起达郎的种种关心，加上后来遇到的这个男人根本就不是她的男朋友，只是她的幻觉。她被达郎的一片真心所感动，在一个夜里，矢吹薰穿着洁白的婚纱，去工地上找到了达郎，并捡起地上的螺丝钉作为戒指……

虽然这是电视剧，可是与现实联系得很紧密。如果说开始时达郎因为自卑就放弃了，或者在不断被拒绝的时候就放弃了，他就不会赢得薰的爱。但是在坚持中，达郎成功了。所以在生活中，还没有走到最后一步，谁也不要说自己输了，只要坚持，完全有可能赢。

有一次，有人问小提琴大师弗里兹·克莱斯勒："您怎么演奏得这么棒，是**不是运气好？**"他回答道："是练习的结果。如果我一个月没有练习，观众能听出差别；如果我一周没有练习，我的妻子能听出差别；如果我一天没有练习，我自己能听出差别。"

坚持不懈便意味着有决心。当我们精疲力竭时，放弃看起来更好，但成功者忍住了。如果问一问取得成功的运动员，他们一定忍受了痛苦并完成了他们所开始的事情。很多失败者都有一个很好的开端，却没有产生任何结果。不过面对失败，只要继续坚持，继续努力，你就会成功。

如果你失败了，不妨扪心自问：在遇到各种困难的时候我坚持了吗？打牌时，你看到手里的几张牌，再看看牌到中途，可能觉得打下去也不可能赢，你就要主动放弃。如果你真这样做了，那你离赢可能只差一步之遥，因为对方手里可能还有一张特别坏的牌。

心向着太阳，就能"开花"

牌局中的输赢、成败往往是因为一部分人的心态造成的。一个有着积极向上心态的人总会看到成功的希望，也一定会等到赢牌的时刻。

心理学家认为，一个人具有什么样的心态，他就会成为什么样的人，也就会拥有一个什么样的人生。事情往往是这样，你相信会有什么结果，就可能会有什么结果。这说明一个人可以通过改变自己的心境来改变自己的生活。如果人的心是向着太阳的，那么就一定会"开花"。

伟大的心理学家阿德勒穷其一生都在研究人类及其潜能，他曾经宣称他发现了人类最不可思议的一种特性——"人具有一种反败为胜的力量"。戴尔·卡耐基讲述了一位叫汤姆森太太的故事，正好印证了这一点。

人可以通过改变自己的心境来改变自己的人生。这充分证明了心态的重要性，调整心态的能力对于每个人来说都是不可或缺的。

环境没有改变，改变的是一个人的心态；同样的环境，可能造就两个完全不同的人。改变一个人的心态，很可能就会改变这个人的世界。有这样一个故事：

英国有一个乐观的流浪汉，从不拜上帝，这令上帝很不开心，上帝觉得他的权威受到了挑战。

流浪汉死后，为了惩罚他，上帝便把他关在很热的房间里。7天后，上帝去看望这位乐观的流浪汉，看见他非常开心，上帝便问："身处如此闷热的房间7天，难道你一点儿也不觉得辛苦？"乐观的流浪汉说："待在这间房子里，我便想起在公园里晒太阳，当然十分开心啦！"（英国一年难得有好天气，一旦晴天，人们都喜欢去公园晒太阳。）

上帝很不开心，便把这位快乐的流浪汉关在一间寒冷的房间。7天过去了，上帝看到这位流浪汉依然很开心，便问："这次你为什么开心呢？"流浪汉回答说："待在这寒冷的房间，便让我联想起圣诞节快到了，这就可以收到很多圣诞礼物,能不开心吗?"

上帝又不开心,便把他关在一间阴暗又潮湿的房间里。7天又过去了,流浪汉仍然很高兴,这时上帝有点困惑不解,便说:"这次你能说出一个让我信服的理由,我便不再为难你。"这个快乐的人说:"我是一个足球迷,但我喜欢的足球队很少有机会赢。但有一次赢了,当时就是这样的天气,所以每次遇到这样的天气,我都会很高兴,因为这会让我联想起我喜欢的足球队赢了。"上帝无话可说,只好给了这个流浪汉自由。

在不同的环境中,这个快乐的流浪汉总能找到快乐的事,即使他面临的是困境,也不会把注意力放到严苛的现实,而是转移到与之相关的快乐方面。

美国著名心理学家威廉·詹姆斯说:"我们这一代人最重大的发现就是,人能通过改变心态从而改变自己的一生。"的确,如果人生是场牌局,那最终的结果往往是因为人的心态造成的,你觉得自己是什么样的结果,最终便会是什么结果。

不炒自己鱿鱼,保留赢牌的机会

打牌的时候,如果我们遇到一次又一次的挫败,沮丧之情肯定会油然而生,不过越是这个时候越不能放弃,只要你不放弃赢牌的机会,赢牌的机会也不会放弃你。

很多人在生活上、事业中屡屡受挫,经过多次打击后,会逐渐丧失了信心,变得自暴自弃,在成功的机会到来之前,就提前把自己给淘汰了。事实上,在成功的路上没有人去限制你,除了你自己,而我们常常会在别人没有炒自己鱿鱼的时候,自己把自己给炒了。人生的机遇有千千万,能把握住机遇的人才能够在人生的道路上越走越远。

美国前总统罗纳德·里根曾讲述过这样一段亲身经历：

每当里根失意时，他的母亲就这样说："最好的总会到来，如果你坚持下去，总有一天你会交上好运。并且你会认识到，要是没有从前的失望，那是不会发生的。"

他母亲说得很正确，当里根于1932年大学毕业后，也明白了这个道理。当时里根计划在电台找份工作，然后再设法去做一名体育播音员。于是，里根就搭便车去了芝加哥，敲开了每一家电台的门，但每次都碰一鼻子灰。在一间播音室里，一位很和气的女士告诉他，大电台是不会冒险雇用一名毫无经验的新手的，并且劝告里根去试试找家小电台，那里可能会有机会。

里根又搭便车回到了伊利诺伊州的迪克逊。虽然迪克逊没有电台，但里根的父亲说，蒙哥马利·沃德公司开了一家商店，需要一名当地的运动员去经营它的体育专柜。由于里根在迪克逊中学打过橄榄球，于是就提出了申请。那工作听起来正合适，却未能如愿。里根非常失望，母亲提醒他说："最好的总会到来。"父亲借车给他，于是里根驾车来到了特莱城。

里根试了试爱荷华州达文波特的WOC电台。节目部主任是位很不错的苏格兰人，名叫彼得·麦克阿瑟，他告诉里根说他已经雇用了一名播音员。当里根离开他的办公室时，受挫的郁闷心情一下子发作了，里根大声地说道："要是不能在电台工作，又怎么能当上一名体育播音员呢？"之后，里根突然听到了麦克阿瑟的叫声："你刚才说体育什么来着？你懂橄榄球吗？"接着他让里根站在一架麦克风前，叫里根凭想象播一场比赛。结果，里根被录用了。

里根正是因为有着这种坚持不懈的精神，相信总有一天会成功，他牢牢地抓住身边的每一次机会，才会最终让机会抓住了他。事实上每个人都有这样那样的机会，只是有的人抓住了机会，有的人没有耐性，放弃了机会。

历史上许多伟大的成功者，都是靠持久心而有所成就的，他们都在默默地等待着机会的来临。发明家在埋头研究的时候是何等的艰苦，一旦成功，又是何等的愉快。世界上一切伟大的事业，都在坚忍勇毅者的掌握之中，当别人开始放弃无法再做时，他们却仍然坚定地去做。他们都紧紧地抓住机会，努力展现自我，最终，机会也没有辜负他们。

很多人之所以放弃，不是他们追求不到成功，而是因为他们在心里默认了一个"心理高度"。这个高度常常暗示他们：我是不可能做到的，这个是没有办法做到的。于是，他们一次次地降低自己的标准，将本可胜任的成功机会拱手

第十二章
选择不了好的起点，但可以赢一个漂亮的终点

相让。其实，很多困难远没有你想象的那样恐怖，更不是牢不可破的。只要你摒弃固有的想法，尝试着重新开始，你就能摆脱以前的忧虑和消极心理，将机会牢牢地把握在自己的手中。

所以，我们应当及时摆脱自身"心理高度"的限制，打开制约成功的"盖子"，那么我们的发展空间和成功概率将会大大增加。现实中，一些有实力的职业者在职业发展过程中，特别是求职时，由于受到"心理高度"的限制，常常对一些比较好的工作机会(如合适的用人单位、升职机会、发展机会等)望而却步，结果痛失良机，甚至导致经常性的职场挫败感。

"心理高度"决定着我们的人生高度，一个人若想跳出人生的困局，有所作为，就要拨开心理阴霾，不能因为过去的挫败或眼前的困境而降低自己的人生标准，为自己的人生过早地盖上一个"盖子"。

面对人生各种境遇，要相信一切总会好的。抓住身边的每一次机会，说不准哪一次不经意的尝试，就会成为你人生的转折。只要你不放弃机会，机会也就会随时等着你的到来！

虽然每一步都走得很慢，但我不曾退缩过

"登泰山而小天下"，这是成功者的境界，如果达不到这个高度，就不会有这个视野。但是，若想到达这种境界亦非易事，人们从岱庙前起步上山，进中天门，入南天门，上十八盘，登玉皇顶，这一步步拾级而上，起初倒觉轻松，但愈到上面便愈感艰难。十八盘的陡峭与险峻曾使无数登山客望而却步。游人只有努力向前，才能登上泰山山顶，体验杜甫当年"一览众山小"的酣畅意境。

许多人盼望长命百岁，却不理解生命的意义；许多人渴求事业成功，却不愿持之以恒地努力。其实，人的生命是由许许多多的"现在"累积而成的，人

只有珍惜"现在",不懈奋斗,才能使生命焕发光彩,事业获得成功。

要成功,最忌"一日曝之,十日寒之","三天打鱼,两天晒网"。数学家陈景润为了求证哥德巴赫猜想,用过的稿纸几乎可以装满一个小房间;作家姚雪垠为了写成长篇历史小说《李自成》,竟耗费了40年的心血,大量的事实告诉我们:无论你多么聪明,成功都是在踏实中,一步一步、一年一年积累起来的。

莎士比亚说:"斧头虽小,但多次砍劈,终能将一棵挺拔的大树砍倒。"

现在有一种流行病,就是浮躁。许多人总想"一夜成名"、"一夜暴富"。他们不扎扎实实地长期努力,而是想靠侥幸一举成功。比如投资赚钱,不是先从小生意做起,慢慢积累资金和经验,再把生意做大,而是如赌徒一般,借钱做大投资、大生意,结果往往惨败。网络经济一度充满了泡沫。有的人并没有认真研究市场,也没有认真考虑它的巨大风险,只觉得这是一个发财成名的"大馅饼",一口吞下去,最后没撑多久,草草倒闭,白白"烧"掉了许多钞票。

俗话说:"滚石不生苔","坚持不懈的乌龟能快过灵巧敏捷的野兔"。如果能每天学习一小时,并坚持12年,所学到的东西,一定远比坐在学校里混日子的人所学到的多。

人类迄今为止,还不曾有一项重大的成就不是凭借坚持不懈的精神而实现的。

大发明家爱迪生也如是说:"我从来不做投机取巧的事情。我的发明除了照相术,也没有一项是由于幸运之神的光顾。一旦我下定决心,知道我应该往哪个方向努力,我就会勇往直前,一遍一遍地试验,直到产生最终的结果。"

要成功,就要强迫自己一件一件地去做,并从最困难的事做起。有一个美国作家在编辑《西方名作》一书时,应约撰写102篇文章。这项工作花了他两年半的时间。加上其他一些工作,他每周都要干整整七天。他没有从最容易阐述的文章入手,而是给自己定下一个规矩:严格地按照字母顺序进行,绝不允许跳过任何一个自感费解的观点。另外,他始终坚持每天都首先完成困难较大的工作,再干其他的事。事实证明,这样做是行之有效的。

一个人如果要成功,就应该学习这些名人的经验,从小事入手,坚持下去,总有一天你会看到成功的阳光。